网络空间安全专业规划教材

总主编　王东滨　杨义先

应用密码学

（第3版）

主编　雷　敏　杨义先

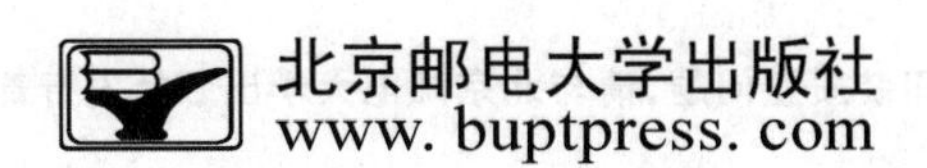

北京邮电大学出版社
www.buptpress.com

内 容 简 介

信息安全的核心是密码，而应用密码学则是信息安全应用领域需要掌握的基础知识之一。本书对分组密码、公钥密码、密码杂凑函数、数字签名、认证与访问控制、云计算安全等进行了深入而系统的讲解。

本书内容全面，既有密码学的基本理论，又有应用密码学的关键技术；图文并茂，文字流畅，表述严谨。

本书可作为信息安全、密码学、网络空间安全等相关专业本科生和研究生的教材，也可作为信息处理、通信保密、网络空间安全、信息安全等领域科研人员和工程技术人员的参考书。

图书在版编目(CIP)数据

应用密码学 / 雷敏，杨义先主编. -- 3 版. -- 北京：北京邮电大学出版社，2022.4

ISBN 978-7-5635-6612-9

Ⅰ. ①应… Ⅱ. ①雷… ②杨… Ⅲ. ①密码术—高等学校—教材 Ⅳ. ①TN918.1

中国版本图书馆 CIP 数据核字(2022)第 043636 号

策划编辑：马晓仟　**责任编辑**：刘春棠　**封面设计**：七星博纳

出版发行：北京邮电大学出版社

社　　址：北京市海淀区西土城路 10 号

邮政编码：100876

发 行 部：电话：010-62282185　传真：010-62283578

E-mail：publish@bupt.edu.cn

经　　销：各地新华书店

印　　刷：保定市中画美凯印刷有限公司

开　　本：787 mm×1 092 mm　1/16

印　　张：11

字　　数：270 千字

版　　次：2005 年 6 月第 1 版　2013 年 6 月第 2 版　2022 年 4 月第 3 版

印　　次：2022 年 4 月第 1 次印刷

ISBN 978-7-5635-6612-9　　定价：32.00 元

作为最新的国家一级学科，由于其罕见的特殊性，网络空间安全真可谓是典型的“在游泳中学游泳”。一方面，蜂拥而至的现实人才需求和紧迫的技术挑战促使我们必须以超常规手段来启动并建设好该一级学科；另一方面，由于缺乏国内外可资借鉴的经验，也没有足够的时间纠结于众多细节，所以，作为当初“教育部网络空间安全一级学科研究论证工作组”的八位专家之一，我有义务借此机会，向大家介绍一下2014年规划该学科的相关情况，并结合现状，坦陈一些不足，以及改进和完善计划，以使大家有一个宏观了解。

我们所指的网络空间，也就是媒体常说的赛博空间，意指通过全球互联网和计算系统进行通信、控制和信息共享的动态虚拟空间。它已成为继陆、海、空、太空之后的第五空间。网络空间里不仅包括通过网络互联而成的各种计算系统（各种智能终端）、连接端系统的网络、连接网络的互联网和受控系统，也包括其中的硬件、软件乃至产生、处理、传输、存储的各种数据或信息。与其他四个空间不同，网络空间没有明确的、固定的边界，也没有集中的控制权威。

网络空间安全研究网络空间中的安全威胁和防护问题，即在有敌手对抗的环境下，研究信息在产生、传输、存储、处理的各个环节所面临的威胁和防御措施，以及网络和系统本身的威胁和防护机制。网络空间安全不仅包括传统信息安全所涉及的信息保密性、完整性和可用性，还包括构成网络空间基础设施的安全和可信。

网络空间安全一级学科下设五个研究方向：网络空间安全基础、密码学及应用、系统安全、网络安全、应用安全。

方向1，网络空间安全基础，为其他方向的研究提供理论、架构和方法学指导；它主要研究网络空间安全数学理论、网络空间安全体系结构、网络空间安全数据分析、网络空间博弈理论、网络空间安全治理与策略、网络空间安全标准与评测等内容。

方向2,密码学及其应用,为后三个方向(系统安全、网络安全和应用安全)提供密码机制;它主要研究对称密码设计与分析、公钥密码设计与分析、安全协议设计与分析、侧信道分析与防护、量子密码与新型密码等内容。

方向3,系统安全,保证网络空间中单元计算系统的安全;它主要研究芯片安全、系统软件安全、可信计算、虚拟化计算平台安全、恶意代码分析与防护、系统硬件和物理环境安全等内容。

方向4,网络安全,保证连接计算机的中间网络自身的安全以及在网络上所传输的信息的安全;它主要研究通信基础设施及物理环境安全、互联网基础设施安全、网络安全管理、网络安全防护与主动防御(攻防与对抗)、端到端的安全通信等内容。

方向5,应用安全,保证网络空间中大型应用系统的安全,也是安全机制在互联网应用或服务领域中的综合应用;它主要研究关键应用系统安全、社会网络安全(包括内容安全)、隐私保护、工控系统与物联网安全、先进计算安全等内容。

从基础知识体系角度看,网络空间安全一级学科主要由五个模块组成:网络空间安全基础、密码学基础、系统安全技术、网络安全技术和应用安全技术。

模块1,网络空间安全基础知识模块,包括数论、信息论、计算复杂性、操作系统、数据库、计算机组成、计算机网络、程序设计语言、网络空间安全导论、网络空间安全法律法规、网络空间安全管理基础。

模块2,密码学基础理论知识模块,包括对称密码、公钥密码、量子密码、密码分析技术、安全协议。

模块3,系统安全理论与技术知识模块,包括芯片安全、物理安全、可靠性技术、访问控制技术、操作系统安全、数据库安全、代码安全与软件漏洞挖掘、恶意代码分析与防御。

模块4,网络安全理论与技术知识模块,包括通信网络安全、无线通信安全、IPv6安全、防火墙技术、入侵检测与防御、VPN、网络安全协议、网络漏洞检测与防护、网络攻击与防护。

模块5,应用安全理论与技术知识模块,包括Web安全、数据存储与恢复、垃圾信息识别与过滤、舆情分析及预警、计算机数字取证、信息隐藏、电子政务安全、电子商务安全、云计算安全、物联网安全、大数据安全、隐私保护技术、数字版权保护技术。

其实,从纯学术角度看,网络空间安全一级学科的支撑专业至少应该平等地包含信息安全专业、信息对抗专业、保密管理专业、网络空间安全专业、网络安全与执法专业等本科专业。但是,由于管理渠道等诸多原因,我们当初只重点考虑了信息安全专业,因此就留下了一些遗憾,甚至空白,比如,信息安全心理学、安全控制论、安全系统论等。不过值得庆幸的是,学界现在已经开始着手,填补这些空白。

北京邮电大学在网络空间安全相关学科和专业等方面,在全国高校中一直处于领先水平,从20世纪80年代初至今,已有30余年的全方位积累,而且一直就特别重视教学规范、课程建设、教材出版、实验培训等基本功。网络空间安全专业规划教材主要是由北京邮电大学的骨干教师们,结合自身特长和教学科研方面的成果,撰写而成。本系列教材暂由《信息安全数学基础》《网络安全》《汇编语言与逆向工程》《软件安全》《网络空间安全导论》《可信计算理论与技术》《网络空间安全治理》《大数据安全与隐私保护》《数字内容安全》《量子计算与后量子密码》《移动终端安全》《漏洞分析技术实验教程》《网络安全实验》《网络空间安全基础》《信息安全管理(第3版)》《网络安全法学》《信息隐藏与数字水印》等20余本本科生教材组成。这些教材主要涵盖信息安全专业和网络空间安全专业,今后,一旦时机成熟,我们将组织国内外更多的专家,针对信息对抗专业、保密管理专业、网络安全与执法专业等,出版更多、更好的教材,为网络空间安全一级学科提供更有力的支撑。

杨义先

教授、长江学者

国家杰出青年科学基金获得者

北京邮电大学信息安全中心主任

灾备技术国家工程实验室主任

公共大数据国家重点实验室主任

2017年4月,于花溪

前言

Foreword

没有网络安全,就没有国家安全;没有网络安全人才,就没有网络安全。

为了更多、更快、更好地培养网络安全人才,国务院学位委员会、教育部于 2015 年 6 月决定在“工学”门类下增设“网络空间安全”一级学科。如今,许多高校都在努力培养网络安全人才,都在下大功夫、下大本钱聘请优秀老师,招收优秀学生,建设一流的网络空间安全学院。优秀的教材是网络空间安全专业人才培养的关键之一。而撰写教材是一项十分艰巨的任务。原因有二:其一,网络空间安全的涉及面非常广,知识体系庞杂、难以梳理;其二,网络空间安全的相关技术发展很快,因此教材内容也需要不断地更新。

当前许多院校都有“网络空间安全”和“信息安全”本科专业、硕士点或博士点。“应用密码学”课程已经成为信息安全专业或网络空间安全专业的重要课程,许多高校的相关专业(如计算机科学与技术、信息与计算科学、通信工程、电子信息工程、电子科学与技术、电子信息科学与技术、信息工程、数学与应用数学、电子商务等)也开设密码学相关的课程。

2020 年 1 月 1 日,《中华人民共和国密码法》正式施行。国家鼓励和支持对密码科学技术的研究和应用,促进密码科学技术的进步和创新,加强密码人才培养和队伍建设,采取多种形式加强密码安全教育。2021 年 2 月,教育部正式发布《教育部关于公布 2020 年度普通高等学校本科专业备案和审批结果的通知》及《列入普通高等学校本科专业目录的新专业名单(2021 年)》,我国普通高等学校开设新专业“密码科学与技术”。近年来,密码学有了很大的发展,国产商用密码得到了大范围推广与应用。因此,作者对《应用密码学》第 2 版进行了修订。

《应用密码学》第 3 版对第 2 版的内容进行了调整,删除了第 2 版中的部分章节,使内容更加紧凑;在第 2 章公钥密码中增加了 ElGamal 公钥密码和国产商用密码算法 SM2 的相关内容;在第 3 章密码杂凑函数中增加了国产商用密码算法 SM3 的相关内容;将第 4 章数字签名修改为数字签名及其扩展,同时更新了该章的部分内容;将第 5 章访问控制修改为认证与访问控制,同时更新了该章的部分内容,增加了云计算安全的相关内容。另外,在每一章后面增加了思考题,在本书的最后增加了书中所有英文的缩略语。

本书可作为信息安全、密码学、网络空间安全等相关专业本科生和研究生的教材,也可作为信息处理、通信保密、网络空间安全、信息安全等领域科研人员和工程技术人员的参考书。

本书在撰写过程中参考了国内外大量的文献，在此对这些文献的作者一并表示感谢。

由于作者水平有限，书中难免存在不妥之处，欢迎大家批评指正。

目录

Contents

绪　论

1. 基本概念

密码学是一门综合性学科，所需知识涵盖数学、物理、计算机、信息论、编码学和通信技术等多门学科。密码学研究信息与信息系统的安全，在保护信息的机密性和完整性等方面发挥着重要作用，而且还可以防止信息在生成、传递、处理和保存等过程中被未授权者非法提取、篡改、删除、重放和伪造等。

密码学(Cryptology)包含密码编码学(Cryptography)和密码分析学(Cryptanalysis)两个分支。密码编码学是对信息进行编码从而实现隐蔽信息的科学，其主要目的是寻求信息保密性(Privacy)和认证性(Authentication)的方法。密码分析学是研究密码破译的科学，其主要研究加密消息的破译或消息的伪造。密码编码学和密码分析学研究既相互对立又互相促进地向前发展。

密码学的基本思想是为保障通信双方信息的安全，将一种形式的消息变换为另外一种无授权难以读懂的消息。因此，从某种意义上讲，密码学也是研究消息“变换”方法的一门学科，将密码学中所用的各种变换方法称为密码算法。一次变换能够将有意义的明文(Plaintext)信息按照一组编码规则变换成密文(Ciphertext)信息，那么这个过程就称为加密(Encryption)，这组变换规则称为加密算法。如果合法用户使用一组变换规则能够将非授权者读不懂的密文信息变换成能看得懂的明文信息，那么这个过程称为解密(Decryption)，这组变换规则称为解密算法。多数密码算法都有一个“逆”算法，一般是成对出现和存在的。例如，一个加密算法的“逆”算法称为解密算法，一个签名算法的“逆”算法称为验证算法等。

加解密运算通常都是在一组密钥(Key)控制下进行的，加密算法用到的密钥称为加密密钥，解密算法用到的密钥称为解密密钥，签名算法用到的密钥称为签名密钥，验证算法用到的密钥称为验证密钥等。例如，加密密钥是一串特定的字符串，加密过程是指对明文按照指定的算法并使用加密密钥运行而产生相应的密文。一般说来，密钥越长，生成的密文破解难度就越大。

2. 密码体制概述

密码体制也称为密码系统，能完整地解决信息安全中的机密性、完整性、认证、身份识别、可控性及不可抵赖性等问题中的一个或多个问题。一个密码体制可以用图 0.1 表示。它由以下几部分组成：明文消息空间 M；密文消息空间 C；密钥空间 K_1 和 K_2，单钥体制下 $K_1=K_2=K$，此时密钥 k 需经过安全的密钥信道由发送方传给接收方；加密变换 E_{k1}，

$M \to C$，其中 $k_1 \in K_1$，由加密器完成；解密变换 D_{k2}，$C \to M$，其中 $k_2 \in K_2$，由解密器实现。称 $(M, C, K_1, K_2, E_{k1}, D_{k2})$ 为一个密码体制，对于给定明文消息 $m \in M$、密钥 k(单钥体制下)或加密密钥 $k_1 \in K$(双钥体制下)，加密变换将明文 m 变换为密文 c：

$$c = f(m, k_1) = E_{k1}(m), \qquad m \in M, k_1 \in K_1$$

信息接收者利用安全信道传来的密钥 k(单钥体制下)或利用本地密钥发生器产生的解密密钥 $k_2 \in K_2$(双钥体制下)控制解密操作 D，对收到的密文 m 进行变换得到恢复的明文消息：

$$m = D_{k2}(c), \qquad m \in M, k_2 \in K_2$$

密码分析者是非授权的用户或机构，通过各种非法手段窃取信道中的密文信息，利用选定的变换函数 h，对截获的密文 c 进行变换，得到的明文是明文空间的某个元素：

$$m' = h(c), \qquad m \in M, k_2 \in K_2$$

若 $m' = m$，那么密码分析者便成功地破译了密文信息。

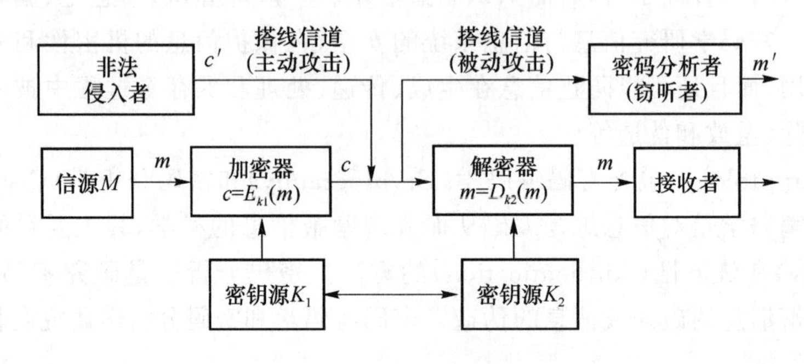

图 0.1 密码系统模型

3. 密码体制的分类

密码体制根据所使用加密算法的特点可分为单钥密码体制和双钥密码体制。

单钥密码体制又称为对称密码体制或私钥密码体制，加密和解密算法使用的密钥相同或实质上等同，即从一个密钥可以很容易推导出另一个密钥；双钥体制又称为公钥密码体制或非对称密码体制，加密和解密(签名和验证)算法使用的密钥不同，对于非授权者来说，很难从一个密钥推导出另一个密钥。

单钥密码体制的优点是保密强度高，而且计算的速度也比较快，缺点在于密钥必须通过安全可靠的途径传输，因此密钥管理成为影响系统安全性的关键因素，难以满足系统的开放性要求。

双钥加密的每个用户拥有一对密钥，称为公钥和私钥。公钥可以像电话号码一样公开，私钥仅对该用户可见，通信双方通过公钥传递信息，不需要交换私钥。双钥加密增加了私钥的安全性，密钥管理问题相对简单，适用于开放性的环境。它的主要缺点是加密效率不如单钥加密算法，尤其是在加密数据量较大的时候。

为充分利用双钥系统密钥分配的优点和单钥系统加密效率高的优点，在实际使用过程中常将双钥和单钥密码体制结合起来使用，工作原理是利用单钥密码算法对需要传输的明文信息进行加密，然后利用双钥密码算法对单钥密码的密钥进行加密，具体过程如下。

假设用户 A 与用户 B 要实现保密通信。首先用户 A 通过用户接口模块从双钥数据库中找到用户 B 的公钥，然后用户 A 选择一个随机数作为此次会话的加密密钥，即会话密钥，会话密钥只在此次会话期间有效。用户 A 以会话密钥作为秘密密钥,采用对称密钥算法作为加密算法,对会话信息加密得到会话密文。紧接着,用户 A 以用户 B 的公钥对会话密钥进行加密,利用公钥密码算法为加密算法,得到会话密钥的密文。最后,用户 A 将会话密钥的密文及会话密文发送给用户 B。

用户 B 在收到用户 A 发来的包含会话密钥及会话内容的密文后,首先输入自己的私钥,利用解密算法恢复出会话密钥,再用会话密钥恢复出会话内容,至此,会话密钥的分配及一次会话过程就完成了。

由此可见,将非对称密钥算法与对称密钥加密算法相结合的方法可以安全地实现经由公开信道的密钥分配以及快速有效的保密通道的目的。

密码系统根据功能不同还可分为保密系统(Privacy System)和认证系统(Authentication System),前者用来实现消息的保密性,后者用来完成消息认证。传统的加密只使用单钥密码体制,其主要作用是实现消息的保密性,一般不提供消息的认证。公钥密码体制的诞生使得密码学不仅能够实现信息的保密性,还能完成信息认证。

认证系统随着计算机通信的普遍应用而迅速发展,已经成为密码学一个非常重要的组成部分,主要有以下几个方面的内容:消息认证(Message Authentication)、身份认证(Identification)和数字签名(Digital Signature)。前两者的目的是解决在相互信任的通信双方中,如何防止第三方伪装和破坏的问题。而数字签名则解决互不信任的通信双方,如何远距离迅速地利用电子签名代替传统的手写签名和印签的问题。

密码还可分为分组密码和序列密码。其中分组密码是应用最为广泛、影响最大的一种密码体制,其主要任务是提供数据保密性。

4. 密码杂凑函数

如何保证数据的完整性,防止数据被非法篡改是信息安全中非常重要的一个问题。保证数据完整性的方法很多,包括加密和数字签名等。如果只需保证数据的完整性而不需提供机密性和消息认证的话,则可通过对受保护的数据使用基于密码杂凑函数(也称为 Hash 函数)的消息认证码(MAC)来实现。

密码杂凑函数能将任意长度的输入映射为固定长度的输出,该输出称为消息摘要或散列和。SHA-1 是一个很有代表性的密码杂凑函数,它可将最大长度为 2^{64} 比特的输入映射成 160 比特的输出。密码杂凑函数为每个消息产生独一无二的散列值,且这个过程不可逆。计算消息摘要的过程如图 0.2 所示。

具体地说,理想的密码杂凑函数 $y=h(x)$ 应满足以下条件:

- 对于任意给定的 y,求出 x 使得 $h(x)=y$ 是困难的;
- 对于任意给定的 x,求出 z 使得 $h(x)=h(z)$ 是困难的;
- 求出 (x,z) 使得 $h(x)=h(z)$ 是困难的。

密码杂凑函数通过 MAC 来实现数据认证。数据认证是认证和数据完整性的结合。所谓的 MAC 计算如下:

$$\text{MAC(message)} = f(\text{Secret Key, message})$$

其中,函数 f(Secret Key, message)基于特定的密码杂凑函数组合。如果发信方和收信方都已经知道密钥,则收信方就可以将已知的密码杂凑函数、密钥以及消息结合得到 MAC,来检查发信方身份的真实性以及消息的完整性。但目前已经发现将密码杂凑函数用于密钥及消息的连接,即计算 f(Secret Key, message)是不安全的,因此常使用嵌套的密码杂凑函数计算 MAC,如 f[Secret Key, f(Secret Key, message)]。

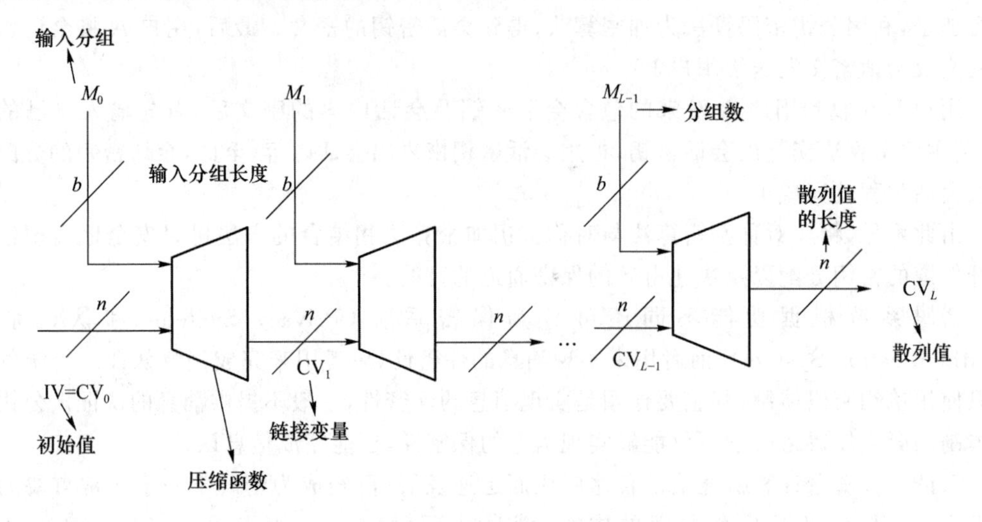

图 0.2 计算消息摘要的过程

密码杂凑函数的另一个重要应用是数字签名,它使消息的接收者能够验证发送者并且能验证消息自发送后未经改动。实现数字签名的过程如图 0.3 所示。

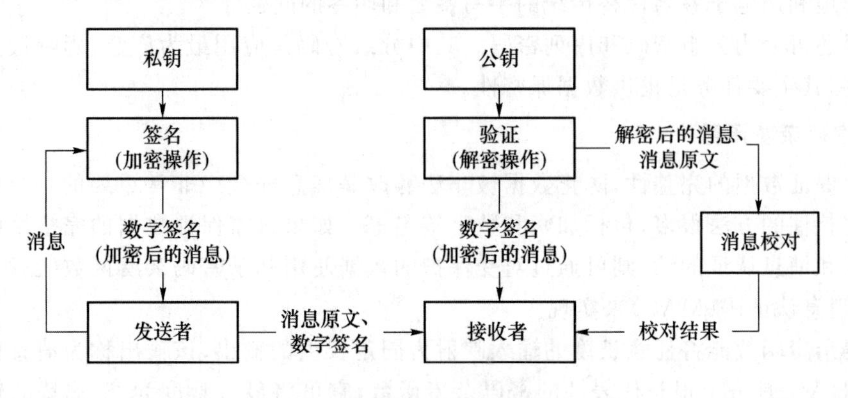

图 0.3 签名及验证过程

接收者将由签名解密得到的消息摘要与由明文经过密码杂凑函数得到的摘要进行对比,若两个摘要相同,则可以验证签名。

第1章　分组密码

1.1　分组密码

1.1.1　基本概念

分组密码是一种常用的密码体系，通俗地说就是利用密钥将一组一组明文消息等长地加密为密文消息，且一般情况下明文和密文等长。分组密码的优点是能够快速处理，而且节约存储空间，从而避免浪费带宽。分组密码的最大特点是容易标准化，由于其高强度、高速率、便于软硬件实现等特点成为标准化进程的首选体制。数据加密标准（Data Encryption Standard，DES）属于密码体制中的对称密码体制。作为数据加密标准，DES算法完全公开，任何个人和团体均可以使用，其信息的安全性取决于密钥的安全，这也正是现代分组密码的特征。

分组密码是将明文消息序列 $m_1,m_2,\cdots,m_k,\cdots$ 分成等长的消息组（$m_1,m_2,\cdots,m_n$），（$m_{n+1},m_{n+2},\cdots,m_{2n}$），…。各组在密钥控制下，按固定的算法 E_k 一组一组地进行加密，加密后输出等长密文组（$y_1,\cdots,y_m$），（$y_{m+1},\cdots,y_{2m}$），…。分组密码的加密过程如图1.1所示。一个分组长为 n 比特、密钥长为 t 比特的分组密码，在数学上可以看作在 2^t 个密钥控制下的 $GF(2)^n \rightarrow GF(2)^m$ 的置换，用来加密的置换只是全体置换所构成集合的一个子集。

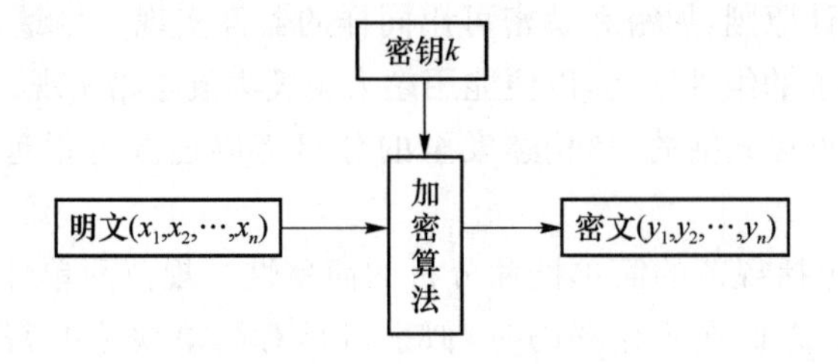

图1.1　分组密码的加密过程

一般地，分组密码可以定义为如下一种映射：

$$F_2^n \times F_2^t \rightarrow F_2^m$$

记为 $E(X,K)$ 或 $E_k(X)$，$X\in F_2^n$，$K\in F_2^t$，F_2^n 称为明文空间，F_2^m 称为密文空间，F_2^t 称为密钥空间。n 为明文分组长度，当 $n>m$ 时，称为有数据压缩的分组密码；当 $n<m$ 时，称为有数据扩展的分组密码；当 $n=m$ 且为一一映射时，$E_k(x)$ 就是 $GF(2)^n$ 到 $GF(2)^m$ 的置换。通常情况下 $n=m$。

1.1.2 设计原则

分组加密算法其实可以看成一个置换，用来加密的置换只是全体置换所构成集合的一个子集。设计分组密码的问题关键在于找到一种算法，能在密钥的控制下，从一个足够大且"好"的置换子集中，简单而迅速地选出一个置换。

影响分组密码安全性的因素有很多，诸如分组长度 n 和密钥长度 t 等。有关实用密码的两个一般设计原则是 Shannon 提出的混淆原则和扩散原则。

- 混淆原则：所设计的密码应使密钥和明文以及密文之间的依赖关系相当复杂，以至于这种依赖性对密码分析者来说是无法利用的。
- 扩散原则：所设计的密码应使明文每一位数字的影响迅速散布到多个输出的密文数字中去以便隐蔽明文数字统计特性，而且密钥的每一位数字尽可能影响密文中更多个数字以防止对密钥进行逐段破译。

乘积密码是实现 Shannon 提出的混淆原则和扩散原则的一种有效方法。DES 就是一种乘积密码。乘积密码是指依次使用两个或两个以上的基本密码，实质上就是扩散和混淆两种基本密码操作的组合变换，所得结果的密码强度将强于所有单个密码强度。乘积密码有助于利用少量的软硬件资源实现较好的扩散和混淆效果，再通过迭代方法，达到预期设计效果，这种思想在现代密码设计中使用非常广泛。

除上述两个原则外，分组密码的设计还应具有易实现性：分组密码可以用软件和硬件来实现。硬件实现的优点是可获得高速率，而软件实现的优点是灵活性强、代价低。基于软件和硬件的不同性质，分组密码的设计原则可根据预定的实现方法来考虑。

- 软件实现的设计原则：使用子块和简单的运算。密码运算在子块上进行，要求子块的长度能自然地适应软件编程，如 8 比特、16 比特、32 比特等。但在软件实现中，按比特置换难以实现，应尽量避免使用。子块上所进行的一些密码运算应该是易于软件实现的运算，最好是用一些标准处理器所具有的基本指令，如加法、乘法和移位等。
- 硬件实现的设计原则：加密和解密可用同样的器件实现。尽量使用规则结构，因为密码应有一个标准的组件结构，以便能用超大规模集成电路实现。

当然以上原则是非常概括的，离构造安全的分组密码还差得很远。下面一些原则也是常常需要考虑的。

- 简单性原则：包括规范的简单性和分析的简单性。规范简单性的明显优点是便于正确实现。此外，人们在研究密码时，似乎对具有简单规范的密码算法更有兴趣。分析简单性的好处是便于阐述和理解密码算法以何种方式来抵抗已知类型的密码分析。这样在设计阶段就开始考虑抵抗已知攻击，从而提供了一定程度的密码可信度。规范的简单性并不意味着分析的简单性，提出一个描述简单且已知攻击手段难以分析的密码算法是相对容易的。

- 必要条件:设计一个分组密码的最低要求是它必须能抵抗所有已知的攻击,特别是差分攻击和线性攻击。所以密码设计者不仅要熟悉现存的各种攻击方法,而且要预想到一些未知的攻击。
- 可扩展性原则:在密码设计时还应该充分考虑各种可能的扩展情况,如可变分组或密钥长度,这样才能灵活适应多级安全需要。
- 安全性原则:安全性原则是分组密码最重要的设计准则,它要求即使攻击者知道分组密码的内部结构,仍不能破译该密码。这也意味着,不存在任何针对该密码的、工作量小于穷密钥搜索的攻击方法。

一个安全的分组密码既要易于实现,又要难以分析。迭代型分组密码就是为了克服这种矛盾而产生的一种分组密码,其加密变换一般采取如下结构:由一个简单的函数 F 迭代若干次而形成,如图 1.2 所示。

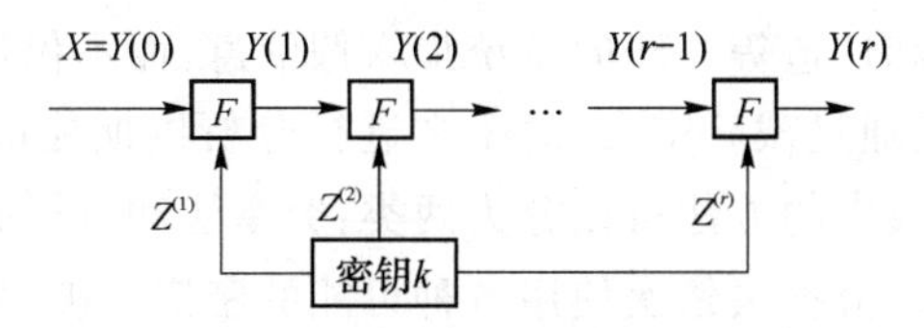

图 1.2 迭代型分组密码的结构

在图 1.5 中,$Y(r-1)$是第 r 轮置换的输入,$Y(r)$是第 r 轮的输出,$Z^{(r)}$是第 r 轮的子密钥,k 是种子密钥。每次迭代称为一轮,每轮的输出是输入和该轮子密钥的函数,每轮子密钥由 k(种子密钥)导出。这种密码即为迭代密码,如 DES 是 16-轮迭代密码。函数 F 称为圈函数或轮函数。轮函数 F 是分组密码的核心,是分组密码中的单轮加解密函数,其设计基本准则为:①F 是非线性的;②F 具有可逆性;③F 应满足严格雪崩准则,使加密算法具有良好的"雪崩效应"。适当选择的轮函数通过多次迭代可实现必要的混淆和扩散。

如果把一个 $GF(2)^n$ 到 $GF(2)^m$ 的变换看作一个网络的话,常用的轮函数 F 都是基于代换-置换的网络,即以多次变换的乘积构成。称为置换的变换提供扩散,而称为代换的变换提供混淆,其中代换网络是精心设计起关键作用的,人们常称其为黑盒子。为了增强安全性,n 一般都比较大。在代换的实现中,其难度将随 n 指数增长,因而难于处理,不易实现。因此,实际中常将 n 划分成一些较短的段,如将 n 分成长为 n_0 的 r 个段,将设计 n 长变换的"黑盒子"简化为设计 r 个较小的子代换网络,称为子代换盒,简称 S 盒,如 DES 中有 8 个 S 盒。S 盒的设计是分组密码设计的核心,其遵循的准则是保证整个密码系统安全性的关键所在。以上描述了在一个分组密码设计中为了实现既"复杂"(为了安全)又"简单"(为了实现方便)而采取的典型结构形式。DES 和高级加密标准(Advanced Encryption Standard, AES)体制是这种结构的典型代表。

分组密码采用 Feistel 网络和 SP(Substitution-Permutation)网络两种类型的总体结构。它们的主要区别在于:SP 结构每轮改变整个数据分组,而 Feistel 密码每轮只改变输入分组的一半。DES 和 AES 分别是这两种结构的代表。Feistel 网络(又称 Feistel 结构)可以把任何轮函数转化为一个置换,它是由 Horst Feistel 在设计 Lucifer 分组密码时发明的,并因 DES 的使用而流行。"加解密相似"是 Feistel 型密码实现的优点。SP 网络(又称 SP 结构)是 Feistel 网络的一种推广,其结构清晰,S 一般称为混淆层,主要起混淆作用,P 一般称为扩散层,主要起扩散作用。SP网络与Feistel网络相比,可以得到更快速的扩散,但是SP网络的加解密通常不相似。

1.1.3 安全性分析

1. 密码攻击

加密算法的目的是保证信息的保密性,也就是防止在加密信息传输和处理的过程中,被非授权接收者或恶意的攻击者通过各种途径攻击或者破译。密码攻击又称为密码分析,密码分析可分析密码算法、分析用来实现算法和协议的密码技术或者直接分析密码协议。密码攻击的行为有两种:一种是被动攻击(Passive Attack),被动攻击是通过截获密文进行分析;另一种是主动攻击(Active Attack),这种攻击是指非法入侵者主动对系统进行干扰,采取删除、更改、增添、重放和伪造等方法向系统加入假消息,而不仅仅是截获密文进行分析。

密码被动攻击方法是通过截获密文,对密文进行分析以期能破解密文消息对应的明文消息。从原理上讲,密码攻击的方法可以分为两类:穷举法和分析破译法。

穷举法又称为强力法,穷举法依次使用各种可能的密钥去破解密文信息,直至得到明文信息。从理论上讲,只要有足够的计算时间和存储容量,穷举法适用于所有的分组密码。在实际应用中,任何一种能保障安全要求的实用密码都会设计得使穷举法在实际上不可行。

为减少搜索计算量,可以采用较有效的方法改进穷举法。例如,将密钥空间划分成q个等可能的子集,对密钥可能落入哪个子集进行判断,至多需进行q次试验。在确定了正确密钥所在的子集后,就对该子集进行类似的划分并检验正确密钥所在的集。依此类推,最终可以判断出所用的正确密钥。实施这一攻击的关键在于如何实现密钥空间等概子集的划分。

通过对截获的密文进行分析,更高明的攻击者可以从中推断出明文,大大减小了攻击密码系统的难度,这一过程称为分析破译法。分析破译法又可以细分为确定性分析法和统计分析法两类。

确定性分析法是利用一个或几个已知量(例如,已知密文或明文-密文对),用数学关系式表示出所求未知量(如密钥等)。已知量和未知量的关系视加密和解密算法而定,寻求这种关系是确定性分析法的关键步骤。统计分析法是利用明文的已知统计规律进行破译的方法。密码破译者对截获的密文进行统计分析,总结其统计规律,并与明文的统计规律进行对比,从中推导出明文和密文之间的对应或变换关系。密码分析之所以能破译密码,其原因是明文中存在冗余。

目前常见的密码攻击有以下几种类型。

- 已知密文攻击:密码分析者仅仅拥有密文和加密算法,在这种情况下,解密成功的可能性不大。
- 已知明文攻击:密码分析者拥有密文和加密算法,还有一些明文消息和这些消息所对应的密文。密码分析者根据已知的明文和对应的密文,对密文进行合理的猜测,推算出用于加密的密钥。
- 选择明文攻击:密码分析者能够以某种方式把一个消息插入明文中使用同一未知密钥加密成密文,有选择地得到明文和其对应的密文。然后,密码分析者寻找密钥,以解密密文。

• 自适应选择明文攻击：该攻击法的核心是微分密码分析。这是一种交互式的循环过程，可以进行多圈分析，每圈以前一圈的结果作为输入，直至找到密钥。这种方法对以 DES 为代表的圈状加密算法比较有效。

目前常见的密码攻击技术有以下几种。

• 线形密码分析：线形密码分析技术是指分析一对明文和密文，使用线形近似技术确定分组密码的行为。这种技术也曾用于对 DES 和 FEAL-4 的破译。

• 代数攻击：代数攻击技术利用分组密码中的数学结构进行攻击。如果这个结构存在，则用一个密钥进行一次加密的结果有可能等同于用两个不同密钥进行两次加密的结果。

密码算法也可以看作一种协议，因此，分析协议的方法也可用于密码攻击。如果协议设计者对协议的需求定义不够完备，或者是对其安全性分析不够充分，就会导致协议设计的漏洞。通过对密码协议进行攻击，也能构成对密码系统的攻击和破坏。

协议由两方或多方为了完成某项任务所采取的一系列步骤构成。协议具有以下特点：

(1) 协议中的每个人必须了解协议，并且预先知道所有步骤；

(2) 协议中的每个人都必须同意遵循此协议；

(3) 协议必须是清楚的，每一步都必须明确定义，不会引起误解；

(4) 协议必须是完整的，对每种情况必须规定具体的动作。

对协议的攻击也可以分为主动攻击和被动攻击。与协议无关的人能够窃听协议的部分甚至全部，这种攻击叫作被动攻击。在这种攻击中，攻击者不会影响协议，攻击者能做的所有事情仅是观察协议并试图获取消息。由于被动攻击难以发现，因此协议重点在于阻止被动攻击而不是发现这种攻击。

另一种攻击可能通过改变协议以对攻击者有利。攻击者伪装成合法用户，在协议中引入新的消息、删除原有的消息、用其他的消息来代替原来的消息、重放消息、破坏通信信道或者改变存储在计算机中的消息等。这种攻击因为有攻击者的主动干预，被称为主动攻击。

与被动攻击相比，主动攻击严重得多，被动攻击中攻击者试图获取协议中各方的消息，并试图对它们进行密码分析。而主动攻击的攻击者可能对获取非授权的资源消息感兴趣，也可能降低系统性能或破坏已有的消息。攻击者不一定都是入侵者，可能是合法的系统用户，也可能是系统管理员，甚至有很多主动攻击者在一起工作，每个人都是合法的系统用户。

攻击者也可能是与协议有关的各方中的一方。攻击者可能在协议期间撒谎，或者根本不遵守协议，这类攻击者叫作骗子。被动骗子虽然遵守协议，但试图获取协议外的其他消息。主动骗子在协议的执行中试图通过欺骗来破坏协议。如果与协议有关的各方中大多数都是主动骗子，很难保证协议的安全性。

目前，比较典型的分组密码攻击方法有穷举密钥搜索、差分分析、截断差分分析、不可能性差分分析、高阶差分分析、线性分析、差分线性分析、Boomerang 攻击、相关密钥攻击、插值攻击、非双射攻击、Slide 攻击和 χ^2 攻击等。

2. 安全模型

对于一个密码算法，很难对其安全性给出一个精确的定量描述，一般采用定性的方法评估其安全性,常见的定性分析的安全模型有以下三种。

- 无条件安全性。假定攻击者具有无限的计算资源,在这种模式下,只有当密钥大小与明文大小一样,即"一次一密"时,安全的加密才存在。这种模式对于计算资源消耗过大,因此,无条件的安全性对实用的分组密码来说基本不可行。
- 计算安全性。计算安全性是指如果使用最好的方法攻破它所需要的计算资源远远超出攻击者所拥有的资源,则可以认为这个密码系统是安全的。
- "可证明"的安全性。第一,如果能证实破译一个分组密码与解决某个众所周知的困难问题(如离散对数或大数分解问题)一样困难,则该密码可认为是安全的。第二,一个分组密码可被证实抗击某种已知的攻击。典型的例子是某分组密码可被证实抗击差分和线性分析。然而,应该强调的是,这并不意味着密码可以抗击所有的攻击,所以把"可证明"加上引号,以免被误解。

1.2 数据加密标准

数据加密标准(DES)是由 IBM 公司在 1970 年设计的加密算法,是分组密码的典型代表。1977 年被美国国家标准局(National Bureau of Standards,NBS)采用,并作为联邦标准(FIPS PUB 46-2),成为金融界及其他各种产业应用最为广泛的对称密钥密码系统,也是最早被公开的标准算法。

DES 正式公布后,世界各国公司都推出实现 DES 算法的相应的软硬件产品。虽然 DES 的描述相当长,但它需完成的算术运算仍为比特串的异或,扩展函数 E、S 盒、置换 IP 以及 16 个子密钥的计算都能在一个固定时间内通过软件查表或电路中的硬件布线来完成。因此,它能以硬件或软件方式有效实现,并且能达到非常快的加密速度。

为提高 DES 的安全性,并充分利用已有 DES 的软硬件资源,可以使用多重 DES。多重 DES 就是使用多个密钥利用 DES 对明文进行多次加解密,使用多重 DES 可以增加密钥量,从而大大提高抵抗对密钥的穷举搜索攻击的能力。

虽然目前 DES 已被 AES 所取代,但由于 DES 的基本理论和设计思想仍有重要参考价值,下面简要描述 DES 算法。

1.2.1 设计思想

DES 运用了置换、代替和移位等多种密码技术,是一种乘积密码。DES 使用初始置换 IP 和逆初始置换IP^{-1}各一次,置换 P 16 次,将数据彻底打乱重排。另外,选择置换 E 一方面把数据打乱重排,另一方面把 32 位输入扩展为 48 位。算法中除了 S 盒是非线性变换外,其余变换均为线性变换,所以保密性的关键是选择 S 盒。美国国家安全局曾经确认过 S 盒的三条"设计准则"。

(1) S 盒是非线性函数。对任意一个 S 盒而言,没有任何线性方程式等价于此 S 盒的输入/输出关系。

(2) 任一输入位影响的输出位越多越好。改变 S 盒的任何一位输入,至少有两个以上的输出位会因此而改变。

(3) 当固定某一位的输入时,希望S盒的四个输出位之间"0"和"1"个数之差越小越好。

非线性变换S盒的本质是数据压缩,把6位输入压缩为4位输出。S盒函数的输入中任意改变1位,其输出至少变化2位,而算法中使用16次迭代,即使改变明文或密钥中的1位,密文都会发生约32位的变化,保密性大大提高。DES子密钥的产生与使用确保了原密钥中各位的使用次数基本上相等。试验表明,对于56位的密钥,每位的使用次数在12~15次之间,使保密性进一步提高。

总体上看,虽然DES是相当成功的,但它还有以下弱点和不足。

(1) 存在一些弱密钥和半弱密钥。在16次加密迭代中分别使用不同的子密钥是确保DES强度的一项重要措施。但由于子密钥产生过程的设计不当,实际上却存在着一些密钥,它们产生的16个子密钥是有重合的,如果16个子密钥全相同,即有 $k_1 = k_2 = \cdots = k_{16}$,则被称为弱密钥;如果16个子密钥只有两种,且每种都出现了8次,则被称为半弱密钥。此外,还有四分之一弱密钥和八分之一弱密钥。弱密钥或者半弱密钥等的使用会降低DES的安全性。若 k 为弱密钥,则下列关系式成立:

$$E_k(E_k(m)) = m \quad \text{及} \quad D_k(D_k(m)) = m$$

若 k 为半弱密钥,则下列关系式成立:

$$E_{k2}(E_{k1}(m)) = E_{k1}(E_{k2}(m)) = m$$

但由于弱密钥和半弱密钥的数量与密钥的总数相比仍是微不足道的,所以这并不对DES构成太大的威胁,只要在实际应用中避免使用这些密钥即可。

(2) 存在互补对称性。在DES的明文 m、密文 C 与密钥 k 之间存在着互补的特性,可以用下列两个式子表示:

若

$$E_k(m) = C$$

则

$$E_{\overline{k}}(\overline{m}) = \overline{C}$$

上式中,如果以密钥 k 对明文 m 加密,得到密文 C,则相应地,以密钥 $\overline{k}$ 对明文 $\overline{m}$ 加密,亦可得到 $\overline{C}$,其中 $\overline{X}$ 表示 X 逐位取补。该性质使得破译者有机可乘,假设破译者 A 要破解使用者 B 的密钥 k,而且 A 又拥有 B 使用密钥 k 对明文 m 及 $\overline{m}$ 加密的密文 $E_k(m)$ 及 $E_k(\overline{m})$,则 A 可利用DES的互补性来找出密钥 k。这种攻击方法比穷举密钥搜索法少花了一半的时间(时间复杂度为 2^{55})。尽管如此,在实际上却不太可行。因为两个明文互为补码的概率相当小,所以破译者获得 $E_k(m)$ 及 $E_k(\overline{m})$ 也相当困难。

1.2.2 算法描述

DES是对二元数字分组加密的分组密码算法,分组长度为64比特,每64位明文加密成64位密文,没有数据压缩和扩展。密钥长度为56比特,若输入64比特的密钥,则第8、16、24、32、40、48、56和64为奇偶检验位,因此实际密钥只有56位。DES算法完全公开,其保密性完全依赖密钥。DES结构框图如图1.3所示。

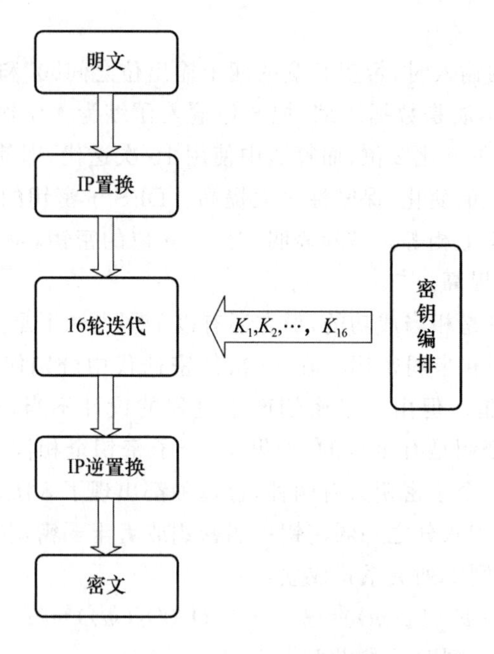

图 1.3　DES 结构框图

图 1.3 中最上方输入的数据可以是明文,也可以是密文,根据使用者要加密或解密而定。加密与解密的不同之处仅在于 16 个子密钥的使用顺序不同,加密的子密钥顺序为 K_1, K_2,…,K_{16},而解密的子密钥顺序正好相反,为 K_{16},K_{15},…,K_1。

DES 算法首先对输入的 64 位明文 X 进行一次初始置换 IP (表 1.1),以打乱原来的次序。将置换后的数据 X_0 分成左右两半,左边记为 L_0,右边记为 R_0。对 R_0 进行在密钥控制下的变换 f,其结果记为 $f(R_0,K_1)$,得到的 32 比特输出再与 L_0 做逐位异或(XOR)运算。其结果成为下一轮的 R_1,R_0 则成为下一轮的 L_1。对 L_1、R_1 进行和 L_0、R_0 同样的过程得 L_2、R_2。如此循环 16 次,最后得了 L_{16}、R_{16}。再对 64 位数字 R_{16}、L_{16}进行初始置换的逆置换IP^{-1}(表 1.1),即得密文 y。运算过程可简洁地表示如下:

$$R_i = L_{i-1} \oplus f(R_{i-1},K_i)$$

$$L_i = R_{i-1}, \quad i=1,2,\cdots,16$$

在 16 次加密后并未交换 L_{16}、R_{16},而是直接将 R_{16}、L_{16} 作为IP^{-1} 的输入。这样使得 DES 的解密和加密流程相同。

以上是对 DES 加解密过程的描述。把从 $L_{i-1}R_{i-1}$ 到 L_iR_i 的变换过程称为一轮加密,所以 DES 要经过 16 轮加密,或称为 16 轮迭代。每一轮进行的变换完全相同,只是每轮输入的数据不同。

表 1.1　初始置换 IP 和初始置换的逆置换 IP^{-1}

初始置换的逆 IP^{-1}								初始置换 IP							
58	50	42	34	26	18	10	2	40	8	48	16	56	24	64	32
60	52	44	36	28	20	12	4	39	7	47	15	55	23	63	31
62	54	46	38	30	22	14	6	38	3	46	14	54	22	62	30
64	56	48	40	32	24	16	8	37	5	45	13	53	21	61	29

续表

初始置换的逆 IP^{-1}								初始置换 IP							
57	49	41	33	25	17	9	1	36	4	44	12	52	20	60	28
59	51	43	35	27	19	11	3	35	3	43	11	51	19	59	27
61	53	45	37	29	21	13	5	34	2	42	10	50	18	58	26
63	55	47	39	31	23	15	7	33	1	41	9	49	17	57	25

初始置换 IP 及其逆置换IP^{-1}没有密码学意义，因为 X 与 IP(X)(Y 与$IP^{-1}(Y)$)的一一对应关系是已知的。例如，X 的第 58 比特是 IP(X)的第 1 比特，X 的第 50 比特是 IP(X)的第 2 比特等。它们的作用在于打乱原来的输入 X 的 ASCII 码字划分关系，并将原来明文的第 $x_8, x_{16}, \cdots, x_{64}$位变成 IP 的输出的一个字节。$f$ 函数是整个 DES 加密法中最重要的部分，而其中的重点又在 S 盒上。f 函数可记作 $f(A,J)$，其中 A 为 32 位输入，J 为 48 位输入，在第 i 轮 $A=R_{i-1}$，$J=K_i$，K_i 为由初始密钥(亦称种子密钥)导出的第 i 轮子密钥。$f(A,J)$输出为 32 比特。

$f(A,J)$的计算过程如下：将 A 经过一个选择扩展运算 E(图 1.4)变为 48 位，记为 $E(A)$。计算 $E(A)\oplus J=B$，对 B 进行代换 S，此代换由 8 个代换盒组成，就是前面说过的 S 盒。每个 S 盒有 6 个输入、4 个输出，将 B 依次分为 8 组，每组 6 位，记 $B=B_1B_2B_3B_4B_5B_6B_7B_8$，其中 B_j 作为第 j 个 S 盒 S_j 的输入，S_j 的输出为 C_j，$C=C_1\cdots C_8$ 就是代换 S 的输出，所以代换 S 是一个 48 位输入、32 位输出的选择压缩运算，将结果 C 再进行一个压缩置换 P(图 1.4)，即得 $f(A,J)$。

32	1	2	3	4	5
4	2	6	7	8	9
8	9	10	11	12	13
12	13	14	15	16	17
16	17	18	19	20	21
20	21	22	23	24	25
24	25	26	27	28	29
28	29	30	31	32	1

16	7	20	21
29	12	28	17
1	15	23	26
5	18	31	10
2	8	24	14
32	27	3	9
19	13	30	6
22	11	4	25

图 1.4 扩展置换 E 与压缩置换 P

其中，E 与 P 用增加算法的扩散效果，具体运算如图 1.5 所示。

S 盒是 DES 算法中唯一的非线性部件，是整个算法的安全性所在，但是它的设计原则与过程一直未被公布。每个 S 盒将 6 个输入变换为 4 个输出，其变换规则为：取$\{0,1,\cdots,15\}$上的 4 个置换，即它的 4 个排列排成 4 行，得到 4×16 的矩阵。若给定该 S 盒的输入 $b_0b_1b_2b_3b_4b_5$，其输出对应该矩阵第 L 行第 n 列所对应的数的二进制表示。这里 L 的二进制表示为 b_0b_5，n 的二进制表示为 $b_1b_2b_3b_4$。每个 S 盒可用一个 4×16 的矩阵或数表来表示。8 个 S 盒的表示可用表 1.2 给出。

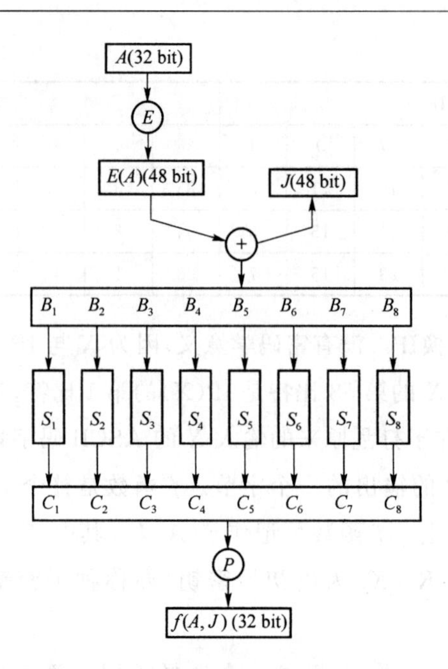

图 1.5 f 函数运算框图

表 1.2 DES 的 S 盒

	行																
列	0	1	2	3	4	5	6	7	8	9	10	11	12	13	14	15	
0	14	4	13	1	2	15	11	8	3	10	6	12	5	9	0	7	
1	0	15	7	4	14	2	13	1	10	6	12	11	9	5	3	8	S_1
2	4	1	14	8	13	6	2	11	15	12	9	7	3	10	5	0	
3	15	12	8	2	4	9	1	7	5	11	3	14	10	0	6	13	
0	15	1	8	14	6	11	3	4	9	7	2	13	12	0	5	10	
1	3	13	4	7	15	2	8	14	12	0	1	10	6	9	11	5	S_2
2	0	14	7	11	10	4	13	1	5	8	12	6	9	3	2	15	
3	13	8	10	1	3	15	4	2	11	6	7	12	0	5	14	9	
0	10	0	9	14	6	3	15	5	1	13	12	7	11	4	2	8	
1	13	7	0	9	3	4	6	10	2	8	5	14	12	11	15	1	S_3
2	13	6	4	9	8	15	3	0	11	1	2	12	5	10	14	7	
3	1	10	13	0	6	9	8	7	4	15	14	3	11	5	2	12	
0	7	13	14	3	0	6	9	10	1	2	8	5	11	12	4	15	
1	13	8	11	5	6	15	0	3	4	7	2	12	1	10	14	9	S_4
2	10	6	9	0	12	11	7	13	15	1	3	14	5	2	8	4	
3	3	15	0	6	10	1	13	8	9	4	5	11	12	7	2	14	

续表

	行																
列	0	1	2	3	4	5	6	7	8	9	10	11	12	13	14	15	
0	2	12	4	1	7	10	11	6	8	5	3	15	13	0	14	9	S_5
1	14	11	2	12	4	7	13	1	5	0	15	10	3	9	8	6	
2	4	2	1	11	10	13	7	8	15	9	12	5	6	3	0	14	
3	11	8	12	7	1	14	2	13	6	15	0	9	10	4	5	3	
0	12	1	10	15	9	2	6	8	0	13	3	4	14	7	5	11	S_6
1	10	15	4	2	7	12	9	5	6	1	13	14	0	11	3	8	
2	9	14	15	5	2	8	12	3	7	0	4	10	1	13	11	6	
3	4	3	2	12	9	5	15	10	11	14	1	7	6	0	8	13	
0	4	11	2	14	15	0	8	13	3	12	9	7	5	10	6	1	S_7
1	13	0	11	7	4	9	1	10	14	3	5	12	2	15	8	6	
2	1	4	11	13	12	3	7	14	10	15	6	8	0	5	9	2	
3	6	11	13	8	1	4	10	7	9	5	0	15	14	2	3	12	
0	13	2	8	4	6	15	11	1	10	9	3	14	5	0	12	7	S_8
1	1	15	13	8	10	3	7	4	12	5	6	11	0	14	9	2	
2	1	11	4	1	9	12	14	2	0	6	10	13	15	3	5	8	
3	2	1	14	7	4	10	8	13	15	12	9	0	3	5	6	11	

DES密钥产生方案如下：子密钥产生过程中的输入为使用者所持有的64比特初始密钥。在加密或解密时，使用者将初始密钥输入子密钥的产生过程（如图1.6所示）中。首先经过密钥置换PC-1（表1.3），将初始密钥的8个奇偶校验位剔除，留下真正的56比特初始密钥。接着56比特密钥被平分为两个28比特的分组 C_0 及 D_0，再分别经过一个循环左移函数 LS_i，得到 C_1 与 D_1，连成56比特数据，再经过密钥置换PC-2（表1.4）重排，便可输出子密钥 K_1，依此类推，产生密钥 $K_2 \sim K_{16}$。两轮置换过程中，置换PC-1的输入和输出分别为64比特和56比特；密钥置换PC-2的输入和输出分别为56比特和48比特。

对每个 i，$1 \leqslant i \leqslant 16$，计算 $C_i = LS_i(C_{i-1})$，$D_i = LS_i(D_{i-1})$，$K_i = PC\text{-}2(C_iD_i)$。其中，$LS_i$ 表示一个或两个位置的左循环移位，当 $i=1,2,9,16$ 时，移一个位置；当 $i=3,4,5,6,7,8,10,11,12,13,14,15$ 时，移两个位置。

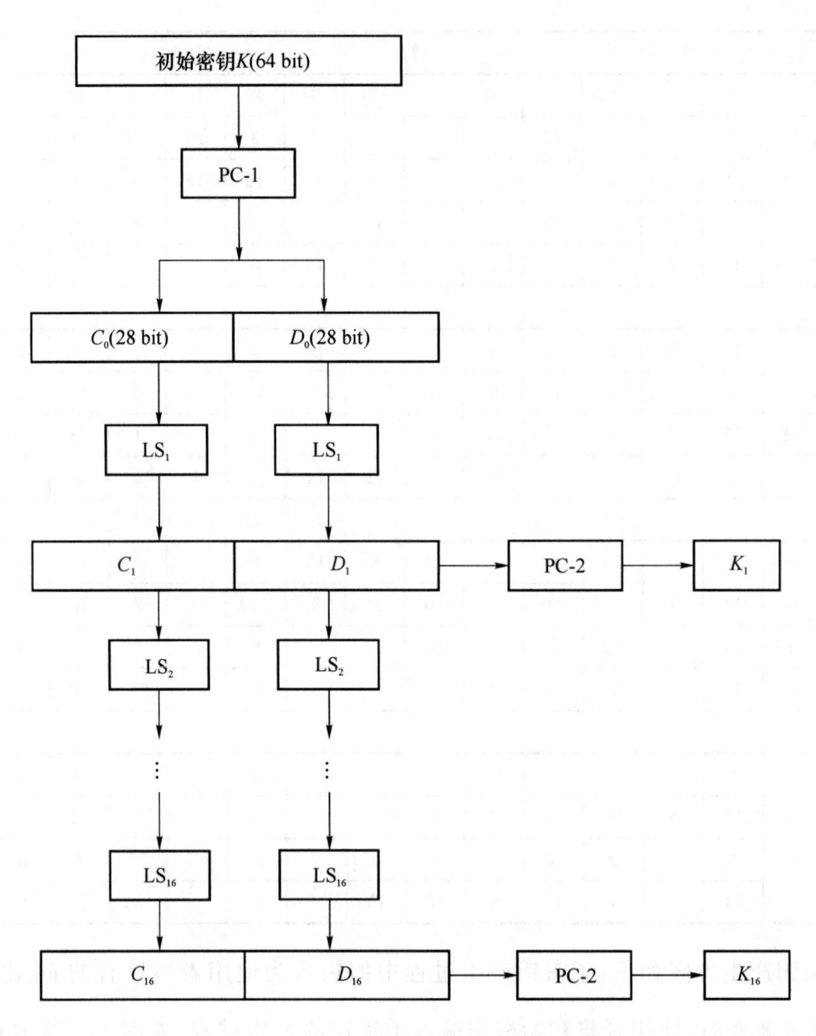

图 1.6 子密钥的产生过程

表 1.3 密钥置换 PC-1

PC-1						
57	49	41	33	25	17	9
1	58	50	42	34	26	18
10	2	59	51	43	35	27
19	11	3	60	52	44	36
63	55	47	39	31	23	15
7	62	54	46	38	30	22
14	6	61	53	45	37	29
21	13	5	28	20	12	4

表 1.4 密钥置换 PC-2

PC-2					
14	17	11	24	1	5
3	28	15	6	21	10
23	19	12	4	26	8
16	7	27	20	13	2
41	52	31	37	47	55
30	40	51	45	33	48
44	49	39	56	34	53
46	42	50	36	29	32

1.2.3 安全性分析

1. 宏观评价

目前尚不存在一个统一的标准来评价DES密码系统的安全性，只能从系统本身抵抗现有密码分析手段的能力来评价它的好坏，自1975年后，许多机构、公司和学者都对DES进行了大量的研究与分析。DES的不足之处主要集中在以下几点。

① DES的密钥长度(56 bit)可能太小。

② DES的迭代次数可能太少。

③ S盒中可能有不安全因素。

④ DES的一些关键部分不应当保密。

比较一致的看法是DES的密钥太短，密钥量仅为2^{56}(约为10^{17})个，难以抵抗穷尽密钥搜索攻击。实际上，1997年1月28日，美国的RSA数据安全公司在RSA安全年会上宣布开展一项"秘密密钥挑战"竞赛，悬赏1万美元破译密钥长度为56 bit的DES。RSA发起这场挑战赛是为了调查Internet上分布式计算的能力，并测试密钥长度为56 bit的DES的相对强度。美国科罗拉多州的程序员Verser从1997年3月13日起，用了96天的时间，在Internet上数万名志愿者的协助下，于6月17日成功地找到了DES的密钥，获得了RSA公司颁发的1万美元奖励。这一事件表明，依靠Internet的分布式计算能力，用穷尽密钥搜索攻击方法破译已成为可能。1998年7月，电子边境基金会(Electronic Frontier Foundation，EFF)使用一台25万美元的计算机在56小时内破解了56 bit的DES。1999年1月，RSA数据安全会议期间，电子边境基金会用22小时15分钟就宣告完成RSA公司发起的DES第三次挑战。

对DES而言，到目前为止最具杀伤力的攻击是"差分攻击"和"线性攻击"。"差分攻击"是由Biham和Shamir于1993年提出的一种选择明文攻击，涉及带有某种特性的密文和明文对的比较，其中分析者寻找与明文有某种差分的密文，在这些密文和明文对中有的有较高的重现概率，差分攻击利用这些特征来计算可能密钥的概率，最终定位最可能的密钥。DES的轮数对差分分析影响较大。假如DES仅使用8轮，则在个人计算机上只需几分钟就可破译密码。使用完全16轮加密，差分攻击仅比穷尽密钥搜索稍微有效。然而，如果增加到17轮或18轮，则差分攻击和穷尽密钥搜索攻击花费同样的时间。如果DES被增加到19轮，则穷尽密钥搜索攻击比差分攻击更容易。因此，尽管差分攻击是理论可破的，但因为需要花费大量的时间和数据支持，所以并不实用。然而，差分攻击显示的是，对任何少于16轮的DES在已知明文攻击下比穷尽密钥搜索更有效。1994年，Matsui又发现了比"差分攻击"更有效的"线性攻击"，这也是一种已知明文攻击，它用线性近似来描述分组密码的行为。"线性攻击"能用2^{21}个已知明文破译8轮DES，用2^{43}个已知明文破译16轮DES。

正是由于"差分攻击"和"线性攻击"等密码攻击手段的不断涌现，1997年4月15日，美国国家标准与技术研究所(National Institute of Standards and Technology，NIST)发起了征集AES算法的活动，目的是确定一个公开披露的、全球免费使用的分组密码算法来代替DES算法。

2. 差分攻击

密码攻击(又称为密码分析)与密码设计既相互对立，又相互依存。对于任何一种密码算法,分析者都会千方百计从该密码中寻找漏洞和缺陷,进行攻击。自从DES诞生以来,对它的分析工作一刻也没有停止过。归纳起来,对分组密码的分析方法主要有如下几种类型:①穷尽密钥搜索(强力攻击);②线性分析方法;③差分分析方法;④相关密钥密码分析;⑤中间相遇攻击等。下面以DES为背景介绍差分分析。

(1)差分分析的理论基础

因为DES中的初始置换IP及其逆置换IP^{-1}是公开的,所以为了方便起见,可以忽略掉初始置换IP及其逆IP^{-1},这并不影响分析。人们一般说的DES是16轮DES,实际上它可以扩展为任意轮DES。这里只考虑n轮DES,$n\leqslant 16$。在n轮DES中,将L_0R_0视作明文,L_nR_n是密文(注意,这里也没有交换L_n和R_n的位置)。差分分析的基本观点是比较两个明文的异或与相应的两个密文的异或。一般地,将考虑两个具有确定的异或值$L_0'R_0'=L_0R_0\oplus L_0^*R_0^*$的明文$L_0R_0$和$L_0^*R_0^*$。

定义1 设S_j是一个给定的S盒($1\leqslant j\leqslant 8$),(B_j,B_j^*)是一对长度为6比特的串,则S_j的输入异或是$B_j\oplus B_j^*$,S_j的输出异或是$S_j(B_j)\oplus S_j(B_j^*)$。

对任何$B_j'\in Z_2^6$,记$\Delta(B_j')=\{(B_j,B_j^*)\,|\,B_j\oplus B_j^*=B_j'\}$。已知,$|\Delta(B_j')|=2^6=64$,且$\Delta(B_j')=\{(B_j,B_j\oplus B_j')\,|\,B_j\in Z_2^6\}$。对$\Delta(B_j')$中的每一对,都能计算出$S_j$的一个输出异或,共可计算出64个输出异或,它们分布在$2^4=16$个可能的值上。将这些分布列成表,其分布的不均匀性将是差分攻击的基础。

例1.1 设第一个S盒S_1的输入异或为110100,那么$\Delta(110100)=\{(000000,110100),(000001,110101),\cdots,(111111,001011)\}$。现在对集合$\Delta(110100)$中的每一个有序对计算$S_1$的输出异或。例如,$S_1(000000)=E_{16}=1110$,$S_1(110100)=9_{16}=1001$,所以有序对(000000,110100)的输出异或为0111。对$\Delta(110100)$中的每一对都做这样的处理后,可获得图1.7所示的输出异或分布。

0000	0001	0010	0011	0100	0101	0110	0111
0	8	16	6	2	0	0	12

1000	1001	1010	1011	1100	1101	1110	1111
6	0	0	0	0	8	0	6

图1.7 输出异或分布

在例1.1中,16个可能的输出异或中实际上只有8个出现。一般地,如果固定一个S盒S_j和一个输入异或B_j',那么平均来讲,所有可能的输出异或实际上出现75%~80%。

对于$1\leqslant j\leqslant 8$,长度为6比特的串B_j'和长度为4比特的串C_j',定义

$$\mathrm{IN}_j(B_j',C_j')=\{B_j\in Z_2^6\,|\,S_j(B_j)\oplus S_j(B_j\oplus B_j')=C_j'\}$$

$$N_j(B_j',C_j')=|\mathrm{IN}_j(B_j',C_j')|$$

$N_j(B_j',C_j')$表示对S盒S_j具有输入异或为B_j'、输出异或为C_j'的对的数量。已知,$\mathrm{IN}_j(B_j',C_j')$可分成$N_j(B_j',C_j')/2$对,使得每一对的异或为B_j'。

例1.1中的分布由值$N_1(110100,C_1')$,$C_1'\in Z_2^4$构成。集合$\mathrm{IN}_1(110100,C_1')$中的元素如表1.5所示。

表 1.5 具有输入异或 110100 的所有可能输入

输出异或	可能的输入
0000	
0001	000011,001111,011110,011111,101010,101011,110111,111011
0010	000100,000101,001110,010001,010010,010100,011010,011011,100000,100101,010110,101110,101111,110000,110001,111010
0011	000001,000010,010101,100001,110101,110110
0100	010011,100111
0101	
0110	
0111	000000,001000,001101,010111,011000,011101,100011,101001,101100,110100,111001,111100
1000	001001,001100,011001,101101,111000,111101
1001	
1010	
1011	
1100	
1101	000110,010000,010110,011100,100010,100100,101000,110010
1110	
1111	000111,001010,001011,110011,111110,111111

对 8 个 S 盒中的每一个,都有 64 个可能的输入异或,所以共需计算 512 个分布。这些通过计算机很容易算出。

在第 i 轮,S 盒的输入可写作 $B=E\oplus J$,其中 $E=E(R_{i-1})$是 R_{i-1} 的扩展,$J=K_i$ 由第 i 轮的密钥比特构成。此时,输入异或(对所有 8 个 S 盒)可通过下式计算:

$$B\oplus B^*=(E\oplus J)\oplus(E^*\oplus J)=E\oplus E^*$$

显然,输入异或不依赖于密钥比特 J。然而输出异或必定依赖于密钥比特。

将 B、E、J 均写成长为 6 比特的比特串的级联:

$$B=B_1B_2B_3B_4B_5B_6B_7B_8$$

$$E=E_1E_2E_3E_4E_5E_6E_7E_8$$

$$J=J_1J_2J_3J_4J_5J_6J_7J_8$$

将 B^*、E^*、J^* 也写作类似的形式。此时,假定对某一个 j,$1\leqslant j\leqslant 8$,如果知道 E_j 和 E_j^* 的值以及 S_j 的输出异或的值 $C_j'=S_j(B_j)\oplus S_j(B_j^*)$,则必然有 $E_j\oplus J_j\in \mathrm{IN}_j(E_j',C_j')$,其中 $E_j'=E_j\oplus E_j^*$。

设 E_j 和 E_j^* 是长度为 6 比特的串,C_j'是长度为 4 比特的串,定义:

$$\mathrm{test}_j(E_j,E_j^*,C_j')=\{B_j\oplus E_j \mid B_j\in \mathrm{IN}_j(E_j',C_j')\}$$

这里 $E_j'=E_j\oplus E_j^*$,$\mathrm{test}_j\{E_j,E_j^*,C_j'\}$也就是 E_j 和集合 $\mathrm{IN}_j(E_j',C_j')$中的每一个元素取异或所得的异或值构成的集合。

综上所述,可以得出如下定理。

定理 1.1 设 E_j 和 E_j^* 是 S 盒 S_j 的两输入,S_j 的输出异或是 C_j',记 $E_j'=E_j\oplus E_j^*$,则密

钥比特 J_j 出现在集合 $\text{test}_j(E_j, E_j^*, C_j')$ 之中，即 $J_j \in \text{test}_j(E_j, E_j^*, C_j')$。

在集合 $\text{test}_j(E_j, E_j^*, C_j')$ 中恰有 $N_j(E_j', C_j')$ 个长度为 6 比特的串，J_j 的正确值必定是这些可能值中的一个。

例 1.2 设 $E_1=000001, E_1^*=110101, C_1'=1101$，因为 $N_1(110100,1101)=8$，所以在集合 $\text{test}_1(000001,110101,1101)$ 中恰有 8 个比特串。

$$\text{IN}_1(110100,1101)=\{000110,010000,010110,011100,100010,100100,101000,110010\}$$

因此

$$\text{test}_1(000001,110101,1101)=\{000111,010001,010111,011101,100011,100101,101001,110011\}$$

如果有第二个这样的三重组 E_1、E_1^*、C_1'，那么就能获得包含密钥比特 J_1 的第二个集合 test_1，则 J_1 必定是在这两个集合的交集之中。如果有这样的三重组，就能很快地确定密钥比特 J_1。一个直接的方法是：建立一个有 64 个计数器的计数矩阵来记录密钥比特 J_1 的 64 种可能的取值情况。每计算一个 test_1，如果某一 6 比特字符串在 test_1 之中，那么该 6 比特的串对应的计数器增加 1，否则不增加。给定 t 个三重组 (E_j, E_j^*, C_j')，希望在计数矩阵中找到一个唯一的计数器，其计数值为 t，则这个计数器对应的 6 比特字符串即为密钥比特 J_1。

(2) 差分分析的应用实例

现在以攻击 3 轮 DES 作为差分分析的一个应用实例。设 L_0R_0 和 $L_0^*R_0^*$ 是两对明文，对应的密文分别为 L_3R_3 和 $L_3^*R_3^*$。可将 R_3 表示为

$$R_3=L_2\oplus f(R_2,K_3)=R_1\oplus f(R_2,K_3)=L_0\oplus f(R_0,K_1)\oplus f(R_2,K_3)$$

同样地

$$R_3^*=L_0^*\oplus f(R_0^*,K_1)\oplus f(R_2^*,K_3)$$

因此

$$R_3'=R_3\oplus R_3^*=L_0'\oplus f(R_0,K_1)\oplus f(R_0^*,K_1)\oplus f(R_2,K_3)\oplus f(R_2^*,K_3)$$

其中，$L_0'=L_0\oplus L_0^*$。

现在，假定选择明文使得 $R_0=R_0^*$，即 $R_0'=R_0\oplus R_0^*=00\cdots0$(因为是选择明文攻击，所以这种假定是合理的)，则

$$R_3'=L_0'\oplus f(R_2,K_3)\oplus f(R_2^*,K_3)$$

因为 L_0、L_0^*、R_3、R_3^* 为已知，所以 R_3' 和 L_0' 可计算出。这样 $f(R_2,K_3)\oplus f(R_2^*,K_3)$ 可由下式算出：

$$f(R_2,K_3)\oplus f(R_2^*,K_3)=R_3'\oplus L_0'$$

又因为 $f(R_2,K_3)=P(C)$，$f(R_2^*,K_3)=P(C^*)$，C、C^* 分别表示 8 个 S 盒的两个输出，所以 $P(C)\oplus P(C^*)=R_3'\oplus L_0'$。而 P 是固定的、公开的、线性的，故 $C\oplus C^*=P^{-1}(R_3'\oplus L_0')$，这正是 3 轮 DES 的 8 个 S 盒的输出异或。

另外，由于 $R_2=L_3$ 和 $R_2^*=L_3^*$ 也是知道的(因为它们是密文的一部分)，所以可使用公开知道的扩展函数 E 计算 $E=E(L_3)$ 和 $E^*=E(L_3^*)$。

对 3 轮 DES 的第 3 轮，已经知道 E、E^* 和 C'，现在的问题是构造 test_j，$1\leqslant j\leqslant 8$，$J_i\in\text{test}_j$。其构造如下：

输入：L_0R_0、$L_0^*R_0^*$、L_3R_3 和 $L_3^*R_3^*$，其中，$R_0=R_0^*$。

① 计算 $C'=P^{-1}(R_3'\oplus L_0')$；

② 计算 $E=E(L_3)$ 和 $E^*=E(L_3^*)$；

③ 对 $j=1,2,\cdots,8$，计算 $\text{test}_j(E_j,E_j^*,C_j')$。

通过建立 8 个具有 64 个计数器的计数矩阵，最终只能确定 K_3 中的 $6\times8=48$ 比特密钥，而其余的 $56-48=8$ 比特可通过搜索 $2^8=256$ 种可能的情况来确定。

下面用一个实例来展示 3 轮 DES 的攻击过程。

例 1.3 假定有表 1.6 所示的三对明文和密文，这里明文具有确定的异或，并且使用同一个密钥加密。为简单起见，使用十六进制表示。

表 1.6 S 盒的输出异或

明文	密文
748502CD38451097 3874756438451097	03C70306D8A09F10 78560A0960E6D4CB
486911026ACDFF31 375BD31F6ACDFF31	45FA285BE5ADC730 134F7915AC253457
357418DA013FEC86 12549847013FEC86	D8A31B2F28BBC5CF 0F317AC2B23CB944

先从第 1 对计算第 3 轮 S 盒的输入，它们分别是

$$E=E(L_3)=000000000111111000001110100000000001101000000001100$$

$$E^*=E(L_3^*)=101111110000001010101100000001010100000001010010$$

S 盒的输出异或是

$$C'=C\oplus C^*=P^{-1}(R_3'\oplus L_0')=10010110010111010101101101100111$$

从第 2 对计算第 3 轮 S 盒的输入，它们分别是

$$E=101000001011111111110100000101010000001011110110$$

$$E^*=100010100110101001011110101111110010100010101010$$

S 盒的输出异或是

$$C'=10011100100111000001111101010110$$

从第 3 对计算第 3 轮 S 盒的输入，它们分别是

$$E=111011110001010100000110100011110110100101011111$$

$$E^*=000001011110100110100010101111110101011000000100$$

S 盒的输出异或是

$$C'=11010101011101011101101100101011$$

现在，建立 8 个具有 64 个计数器的计数矩阵，将这三对中的每一对都进行计数。

下面具体说明第 1 对关于 J_1 的计数矩阵的计数过程。在第 1 对中，

$$E_1'=101111$$

$$C_1'=1001$$

$$\text{IN}_1(101111,1001)=\{000000,000111,101000,101111\}$$

因为 $E_1=000000$，所以有

$$J_1\in\text{test}_1(000000,101111,1001)=\{00000,000111,101000,101111\}$$

因此，在 J_1 的计数矩阵中位置 0、7、40 和 47 处增加 1。

这里是将一个长度为 6 比特的比特串视作一个 0～63 之间的整数的二元表示，用 64 个值对应位置 0,1,2,…, 63。最终的计数矩阵如图 1.8 所示。

J_1															
1	0	0	0	0	1	0	1	0	0	0	0	0	0	0	0
0	0	0	0	0	1	1	0	0	0	0	1	1	0	0	0
0	1	0	0	0	1	0	0	1	0	0	0	0	0	0	3
0	0	0	0	0	0	0	0	0	0	0	0	0	0	0	1

J_2															
0	0	0	1	0	3	0	0	1	0	0	1	0	0	0	0
0	1	0	0	0	2	0	0	0	0	0	0	1	0	0	0
0	0	0	0	0	1	0	0	1	0	1	0	0	0	1	0
0	0	1	1	0	0	0	0	1	0	1	0	2	0	0	0

J_3															
0	0	0	0	1	1	0	0	0	0	0	0	0	0	1	0
0	0	0	3	0	0	0	0	0	0	0	0	0	0	1	1
0	2	0	0	0	0	0	0	0	0	0	0	1	1	0	0
0	0	0	0	0	0	1	0	0	0	0	0	1	0	0	0

J_4															
3	1	0	0	0	0	0	0	0	0	2	2	0	0	0	0
0	0	0	0	1	1	0	0	0	0	0	0	1	0	1	1
1	1	1	0	1	0	0	0	0	1	1	1	0	0	1	0
0	0	0	0	1	1	0	0	0	0	0	0	0	0	2	1

J_5															
0	0	0	0	0	0	1	0	0	0	1	0	0	0	0	0
0	0	0	0	2	0	0	0	3	0	0	0	0	0	0	0
0	0	0	0	0	0	0	0	0	0	0	0	0	0	0	0
0	0	2	0	0	0	0	0	0	1	0	0	0	0	2	0

J_6															
1	0	0	1	1	0	0	3	0	0	0	0	1	0	0	1
0	0	0	0	1	1	0	0	0	0	0	0	0	0	0	0
0	0	0	0	1	1	0	1	0	0	0	0	0	0	0	0
1	0	0	1	1	0	1	1	0	0	0	0	0	0	0	0

J_7															
0	0	2	1	0	1	0	3	0	0	0	1	1	0	0	0
0	1	0	0	0	0	0	0	0	0	0	1	0	0	0	1
0	0	2	0	0	0	2	0	0	0	0	1	2	1	1	0
0	0	0	0	0	0	0	0	0	0	1	0	0	0	1	1

J_8															
0	0	0	0	0	0	0	0	0	0	0	0	0	0	0	0
0	0	0	0	0	0	0	0	0	0	0	0	0	0	0	0
0	0	0	0	0	0	0	0	1	0	1	0	0	1	0	1
0	3	0	0	0	0	1	0	0	0	0	0	0	0	0	0

图 1.8　最终的计数矩阵

在 8 个计数矩阵的每一个中，都有唯一的一个计数器具有值 3。这些计数器的位置确定 $J_1, J_2, \cdots, J_8$ 中的密钥比特。这些位置分别是 47,5,19,0,24,7,7,49。将这些整数转化为二进制数，可获得 $J_1, J_2, \cdots, J_8$：

$J_1=101111$ $J_2=000101$ $J_3=010011$ $J_4=000000$

$J_5=011000$ $J_6=000111$ $J_7=000111$ $J_8=110001$

现在可通过查找第3轮的密钥方案构造出密钥的48比特。密钥K具有下列形式:

0001101 0110001 01?01?0 1?00100

0101001 0000??0 111?11? ?100011

这里已经略去了校验比特,"?"表示一个未知的密钥比特。完全的密钥是(用十六进制表示,并包括校验比特)1A624C89520DEC46。

1.3 高级数据加密标准

1.3.1 产生背景

随着计算机技术的不断发展,DES密码的安全性受到了极大的挑战,因此需要设计一个新的密码算法取代DES算法。这个新算法必须是非保密的、在全球能免费使用,并能取代DES算法,它就是AES密码算法,成为新一代数据加密标准。

1997年4月15日,美国国家标准与技术研究所(NIST)发起征集AES算法的活动,并专门成立了AES工作组。1997年9月12日,在联邦登记处公布征集AES候选算法的通告。截至1998年6月15日,NIST共收到21个算法。1998年8月10日,NIST召开第一次AES候选会议,公布了15个候选算法。1999年3月22日,NIST召开第二次AES候选会议,公布了15个AES候选算法的讨论结果,并从中选择5个算法作为进一步讨论的对象。2000年10月2日,在对这5个算法进行进一步的分析和讨论后,正式公布由比利时的Joan Daemen和Vincent Rijmen设计的算法Rijndael成为AES算法。NIST发表了一篇长达116页的报告,陈述了选择Rijndael作为AES的理由:无论使用反馈模式还是无反馈模式,Rijndael在广泛计算环境的硬件和软件实现性能上都有很好的表现。它的密钥建立时间极短,且灵敏性良好。且Rijndael极低的内存需求使它非常适合在存储器受限的环境中使用,运算易于抵抗强力和时间选择攻击。它的内部循环结构将会从指令级并行处理中获得潜在的益处。

NIST还确认Rijndael满足当初选择AES时公布的若干要求和评估准则,AES的基本要求为:比三重DES快而且至少和三重DES一样安全,分组长度为128比特,密钥长度为128/192/256比特。

- 安全性评估准则:包括算法抗密码分析的能力强,算法有可靠的数学基础,算法输出的随机性很好,AES算法与其他候选算法比较相对更安全。
- 成本评估准则:包括许可成本低(最终的AES算法要在世界范围内免费使用,因此在选择AES算法时必须考虑知识产权方面的问题),并且在各种平台上的计算效率

(速度)和内存空间的需求不大,算法在各种平台上的实现速度(特别是128比特密钥时的速度)很快。

- 算法和实现特性准则:主要包括灵活性、硬件和软件适应性以及算法的简单性等。算法的灵活性应包括下述要点:①处理的密钥和分组长度必须超出最小的支持范围;②在许多不同类型的环境中能够安全和有效地实现;③可以作为序列密码、杂凑算法实现,并且可提供附加的密码服务。另外,算法必须能够用软件和硬件两种方法实现,并且有利于有效的固件实现;算法设计相对简单。

比利时的Joan Daemen和Vincent Rijmen设计的AES算法的原型是Square算法,其设计策略是宽轨迹策略(Wide Trail Strategy)。该策略是针对差分分析和线性分析而提出的,其最大优点是能给出算法的最佳差分特征的概率及最佳线性逼近的偏差的界,由此可以分析算法抵抗差分密码分析及线性密码分析的能力。

AES采用的是代替/置换网络,即SP结构。每一轮由三层组成:线性混合层(确保多轮之上的高度扩散)、非线性层(由16个S盒并置而成,起到混淆的作用)、密钥加层(子密钥简单地异或到中间状态上)。S盒选取的是有限域GF(2^8)中的乘法逆运算,它的差分均匀性和线性偏差都达到了最佳。

1.3.2 数学基础

在AES算法中,是以8比特的字节和32比特的字为单位进行操作的。有限域GF(2^8)是由不可约多项式$m(x)=x^8+x^4+x^3+x+1$(或记作十六进制'11B')定义的,其中的元素可以表示GF(2)上的多项式、字节或表示成十六进制的形式。例如,一个由01010111组成的字节可表示成多项式$x^6+x^4+x^2+x+1$,也可以是十六进制'57'。在实际操作过程中,到底采用哪种表示方法,要看具体的情况。这里所选的$m(x)$是所有次数为8的不可约多项式列表中的第一个。

例如:'57'+'83'='D4',即是简单的二进制位异或结果。或者也可用多项式来表示:

$$(x^6+x^4+x^2+x+1)+(x^7+x+1)=x^7+x^6+x^4+x^2$$

再如:'57'*'83'='C1'。

$$\begin{aligned}&(x^6+x^4+x^2+x+1)*(x^7+x+1)\\&=x^{13}+x^{11}+x^9+x^8+x^6+x^5+x^4+x^3+1\\&\quad x^{13}+x^{11}+x^9+x^8+x^6+x^5+x^4+x^3+1 \bmod m(x)\\&=x^7+x^6+1\end{aligned}$$

如果$a(x)*b(x) \bmod m(x)=1$,则称$b(x)$为$a(x)$的逆元。

在AES算法中还要用到有限环GF(2^8)[x]/(x^4+1)中的运算。该环中的加法定义为简单的比特位异或,乘法运算相对复杂。假定有两个系数为GF(2^8)上的多项式:

$$a(x)=a_3x^3+a_2x^2+a_1x+a_0 \quad 和 \quad b(x)=b_3x^3+b_2x^2+b_1x+b_0$$

则显然$c(x)=a(x)b(x)$定义如下:

$$c(x)=c_6x^6+c_5x^5+c_4x^4+c_3x^3+c_2x^2+c_1x^1+c_0$$

其中

$$c_0 = a_0 * b_0$$
$$c_1 = a_1 * b_0 \oplus a_0 * b_1$$
$$c_2 = a_2 * b_0 \oplus a_1 * b_1 \oplus a_0 * b_2$$
$$c_3 = a_3 * b_0 \oplus a_2 * b_1 \oplus a_1 * b_2 \oplus a_0 * b_3$$
$$c_4 = a_3 * b_1 \oplus a_2 * b_2 \oplus a_1 * b_3$$
$$c_5 = a_3 * b_2 \oplus a_2 * b_3$$
$$c_6 = a_3 * b_3$$

因为 $x^i \bmod x^4+1 = x^{i \bmod 4}$，所以该环中 $d(x)=a(x)\otimes b(x)$ 可计算为

$$d(x)=d_3x^3+d_2x^2+d_1x+d_0$$

其中

$$d_3 = a_3 * b_0 \oplus a_2 * b_1 \oplus a_1 * b_2 \oplus a_0 * b_3$$
$$d_2 = a_2 * b_0 \oplus a_1 * b_1 \oplus a_0 * b_2 \oplus a_3 * b_3$$
$$d_1 = a_1 * b_0 \oplus a_0 * b_1 \oplus a_3 * b_2 \oplus a_2 * b_3$$
$$d_0 = a_0 * b_0 \oplus a_3 * b_1 \oplus a_2 * b_2 \oplus a_1 * b_3$$

简记为

$$\begin{pmatrix} d_0 \\ d_1 \\ d_2 \\ d_3 \end{pmatrix} = \begin{pmatrix} a_0 & a_3 & a_2 & a_1 \\ a_1 & a_0 & a_3 & a_2 \\ a_2 & a_1 & a_0 & a_3 \\ a_3 & a_2 & a_1 & a_0 \end{pmatrix} \begin{pmatrix} b_0 \\ b_1 \\ b_2 \\ b_3 \end{pmatrix}$$

注意：之所以选取 x^4+1 是为了算法的对称性，表述简单，且运算线性。由于 x^4+1 不是 $GF(2^8)$ 上的不可约多项式，因此多项式 $a(x)=a_3x^3+a_2x^2+a_1x+a_0$，$a_i \in GF(2^8)$ 不一定有可逆元素，但是如果 $\gcd(a(x), x^4+1)=1$，则 $a(x)$ 在 $GF(2^8)[x]/(x^4+1)$ 中有可逆元。

1.3.3 算法描述

AES 算法是一个数据块长度和密钥长度都可变的迭代分组加密算法，数据块长和密钥长可分别为 128 位、192 位、256 位。在加密之前，要对数据块做预处理。首先，把数据块写成字的形式，每个字包含 4 个字节，每个字节包含 8 比特信息。其次，把字记为列的形式。这样数据块就可以记为表 1.7 所示的形式。

表 1.7 形式(一)

$a_{0,0}$	$a_{0,1}$	$a_{0,2}$	$a_{0,3}$	$a_{0,4}$	$a_{0,5}$	…
$a_{1,0}$	$a_{1,1}$	$a_{1,2}$	$a_{1,3}$	$a_{1,4}$	$a_{1,5}$	…
$a_{2,0}$	$a_{2,1}$	$a_{2,2}$	$a_{2,3}$	$a_{2,4}$	$a_{2,5}$	…
$a_{3,0}$	$a_{3,1}$	$a_{3,2}$	$a_{3,3}$	$a_{3,4}$	$a_{3,5}$	…

其中，每列表示一个字 $\boldsymbol{a}_j=(a_{0,j}, a_{1,j}, a_{2,j}, a_{3,j})$，每个 $a_{i,j}$ 表示一个 8 比特的字节，即 $\boldsymbol{a}_j \in GF(2^8)[x]/(x^4+1)$，$a_{i,j} \in GF(2^8)$。

用Nb表示一个数据块中字的个数，那么Nb=4，6，8。类似地，用Nk表示密钥中字的个数，那么Nk=4，6，8。例如，Nk=6的密钥可以记为表1.8所示的形式。

表1.8 形式(二)

$k_{0,0}$	$k_{0,1}$	$k_{0,2}$	$k_{0,3}$	$k_{0,4}$	$k_{0,5}$
$k_{1,0}$	$k_{1,1}$	$k_{1,2}$	$k_{1,3}$	$k_{1,4}$	$k_{1,5}$
$k_{2,0}$	$k_{2,1}$	$k_{2,2}$	$k_{2,3}$	$k_{2,4}$	$k_{2,5}$
$k_{3,0}$	$k_{3,1}$	$k_{3,2}$	$k_{3,3}$	$k_{3,4}$	$k_{3,5}$

算法轮数Nr由Nb和Nk共同决定，具体值如表1.9所示。

表1.9 形式(三)

Nr	Nb=4	Nb=6	Nb=8
Nk=4	10	12	14
Nk=6	12	12	14
Nk=8	14	14	14

AES算法的加密和解密过程可由图1.9表示：明文块经过白化技术处理后，进入轮函数，而轮函数又由字节代换、行移变换、列混合变换、与子密钥异或四个变换组成，这样经过Nr轮之后，把明文块变换成密文块。为了在同一算法中实现加密和解密，需要对最后一轮做必要的调整，最后一轮没有列变换。

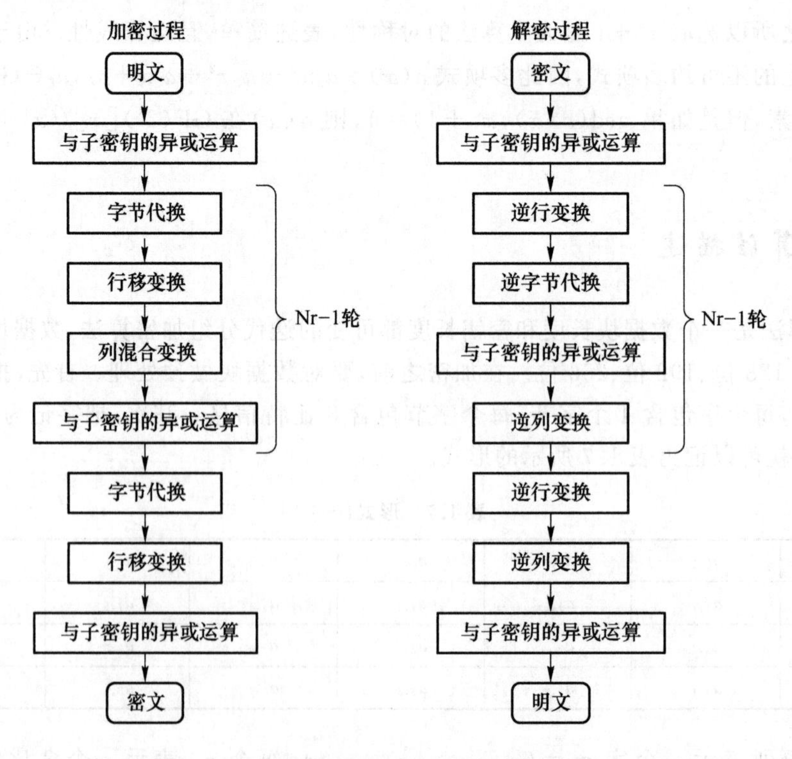

图1.9 AES算法的加密和解密过程

(1) 字节代换(ByteSub)是作用在字节上的一种非线性字节变换,这个变换(或称S盒)是可逆的,它定义为

$$\text{ByteSub}(a_{i,j})=\begin{pmatrix}1&0&0&0&1&1&1&1\\1&1&0&0&0&1&1&1\\1&1&1&0&0&0&1&1\\1&1&1&1&0&0&0&1\\1&1&1&1&1&0&0&0\\0&1&1&1&1&1&0&0\\0&0&1&1&1&1&1&0\\0&0&0&1&1&1&1&1\end{pmatrix}a_{i,j}^{-1}+\begin{pmatrix}1\\1\\0\\0\\0\\1\\1\\0\end{pmatrix}$$

其中,$a_{i,j}^{-1}$是$a_{i,j}$在$GF(2^8)$中的乘法逆。记

$$\text{ByteSub}(\boldsymbol{a}_j)=(\text{ByteSub}(a_{0,j}),\text{ByteSub}(a_{1,j}),\text{ByteSub}(a_{2,j}),\text{ByteSub}(a_{3,j}))$$

这种利用有限域上的逆映射来构造S盒的好处是:表述简单,使人相信没有陷门,最重要的是其具有良好的抗差分分析和线性分析的能力。附加的仿射变换的目的是复杂化S盒的代数表达,以防止代数插值攻击。当然具体实现时,S盒也可用查表法来实现。

(2) 行移变换(ShiftRow):在此变换的作用下,数据块第0行保持不变,第1行循环左移C_1位,第2行循环左移C_2位,第3行循环左移C_3位,其中移位值C_1、C_2和C_3与加密块长Nb有关,具体值如表1.10所示。

表1.10 不同块长的移位值

Nb	C_1	C_2	C_3
4	1	2	3
6	1	2	3
8	1	3	4

(3) 列混合变换(MixColumn):$\text{MixColumn}(\boldsymbol{a}_j)=\boldsymbol{a}_j\otimes\boldsymbol{c}$,这里的$\boldsymbol{a}_j$看成环$GF(2^8)[x]/(x^4+1)$中的元素,$\boldsymbol{c}=('03','01','01','02')='03'x^3+'01'x^2+'01'x+'02'$,乘法是在环$GF(2^8)[x]/(x^4+1)$中进行的。注意,因为$\boldsymbol{c}$与$x^4+1$互素,所以$\boldsymbol{c}$有可逆元$\boldsymbol{d}=('0B','0D','09','0E')='0B'x^3+'0D'x^2+'09'x+'0E'$。例如,如果$a(x)=x^3+1$,则$a(x)\otimes c(x)=5x^3+4x^2+2x+3$。

行移变换和列混合变换相当于SP结构密码中的P层或称线性层,起着扩散作用。这里的常量之所以选$\boldsymbol{c}='03'x^3+'01'x^2+'01'x+'02'$是为了运算简单,且最大化线性层的扩散能力。

(4) 子密钥的生成:根据密钥长度的不同,AES算法的密钥扩展有两种不同的方案。密钥长度为128位、192位的为同一扩展方案,密钥长度为256位的为另一个扩展方案。密钥长度为128位、192位的密钥扩展方案描述如下:

```
For Nk< = 6, we have:
KeyExpansion(byte Key[4 * Nk] word W[Nb * (Nr + 1)])
{
for(i = 0; i < Nk; i+ +)
   W[i] = (Key[4 * i],Key[4 * i + 1],Key[4 * i + 2],Key[4 * i + 3]);
for(i = Nk; i < Nb * (Nr + 1); i+ +)
{
temp = W[i - 1];
if (i % Nk == 0)
      temp = SubByte(RotByte(temp)) ^ Rcon[i / Nk];
W[i] = W[i - Nk] ^ temp;
}
}
```

而对密钥长度为256位的密钥扩展方案,描述如下:

```
For Nk > 6, we have:
KeyExpansion(byte Key[4 * Nk] word W[Nb * (Nr + 1)])
{
for(i = 0; i < Nk; i+ +)
W[i] = (key[4 * i],key[4 * i + 1],key[4 * i + 2],key[4 * i + 3]);
for(i = Nk; i < Nb * (Nr + 1); i+ +)
{
temp = W[i - 1];
if (i % Nk == 0)
temp = SubByte(RotByte(temp)) ^ Rcon[i / Nk];
else if (i % Nk == 4)
temp = SubByte(temp);
W[i] = W[i - Nk] ^ temp;
}
}
```

上述两个扩展方案中,符号"^"表示差分运算(即异或运算),Nk是密钥长度与32的商,Nb是分组长度与32的商,Nr是该分组长度的AES算法所需的轮数。

AES子密钥生成过程还可以用另一种方式描述如下:AES算法的加密和解密过程分别需要Nr+1个子密钥。子密钥的生成包括主密钥$k_0 k_1 \cdots k_{\mathrm{Nk}-1}$的扩展和子密钥的选取两个步骤,其中根据Nk≤6和Nk>6两种不同的情况,采取不同的主密钥扩展方式。

① 对于Nk≤6。

- 当$i=0,1,\cdots,\mathrm{Nk}-1$时,定义$\boldsymbol{w}_i=\boldsymbol{k}_i$。
- 当$\mathrm{Nk}\leqslant i\leqslant \mathrm{Nb}(\mathrm{Nr}+1)-1$时,若$i \bmod \mathrm{Nk}\neq 0$,定义$\boldsymbol{w}_i=\boldsymbol{w}_{i-\mathrm{Nk}}\oplus \boldsymbol{w}_{i-1}$;若$i \bmod \mathrm{Nk}=0$,令$\mathrm{RC}[i]=x^{i-1}\in \mathrm{GF}(2^8)$,$\boldsymbol{Rcon}[i]=(\mathrm{RC}[i],'00','00','00')\in \mathrm{GF}(2^8)[x]/(x^4+1)$,定

义$w_i = w_{i-\mathrm{Nk}} \oplus \mathrm{ByteSub}(\mathrm{Rotate}(w_{i-1})) \oplus \boldsymbol{Rcon}[i/\mathrm{Nk}]$，其中 $\mathrm{Rotate}(a,b,c,d)$是左移位，即 $\mathrm{Rotate}(a,b,c,d)=(b,c,d,a)$。

② 对于 Nk>6。

- 当 $i=0,1,\cdots,\mathrm{Nk}-1$ 时，定义$w_i=k_i$。
- 当 $\mathrm{Nk} \leqslant i \leqslant \mathrm{Nb}(\mathrm{Nr}+1)-1$ 时，若 $i \bmod \mathrm{Nk} \neq 0$ 且 $i \bmod \mathrm{Nk} \neq 4$，定义 $w_i = w_{i-\mathrm{Nk}} \oplus w_{i-1}$；若 $i \bmod \mathrm{Nk}=0$，令 $\mathrm{RC}[i]=x^{i-1} \in \mathrm{GF}(2^8)$，$\boldsymbol{Rcon}[i]=(\mathrm{RC}[i],'00','00','00') \in \mathrm{GF}(2^8)[x]/(x^4+1)$，定义 $w_i = w_{i-\mathrm{Nk}} \oplus \mathrm{ByteSub}(\mathrm{Rotate}(w_{i-1})) \oplus \boldsymbol{Rcon}[i/\mathrm{Nk}]$；若 $i \bmod \mathrm{Nk}=4$，定义 $w_i = w_{i-\mathrm{Nk}} \oplus \mathrm{ByteSub}(w_{i-1})$。这样就得到了 Nb(Nr+1)个字 w_i。第 i 个子密钥就是$w_{\mathrm{Nb} \cdot i} w_{\mathrm{Nb} \cdot i+1} \cdots w_{\mathrm{Nb}(i+1)-1}$。

AES 解密算法的结构与 AES 加密算法的结构相同，其中的变换为加密算法变换的逆变换，且使用了一个稍有改变的密钥编制。行移变换的逆是状态的后三行分别移动 $\mathrm{Nb}-C_1$、$\mathrm{Nb}-C_2$、$\mathrm{Nb}-C_3$ 个字节，这样在 i 行 j 处的字节移到$(j+\mathrm{Nb}-C_i) \bmod \mathrm{Nb}$ 处。字节代换的逆是 AES 的 S 盒的逆作用到状态的每个字节，这可由如下方法得到：先进行仿射的逆变换，然后把字节的值用它的乘法逆代替。列混合变换的逆类似于列混合变换，状态的每一列都乘以一个固定的多项式 $d(x)$：$d(x)='0B'x^3+'0D'x^2+'09'x+'0E'$。

1.3.4 安全性分析

AES 加、解密算法中，每轮常数的不同消除了密钥的对称性，密钥扩展的非线性消除了密钥相同的可能性，加解密使用不同的变换消除了在 DES 里出现的弱密钥和半弱密钥的可能性。总之，在 AES 的加解密算法中，对密钥的选择没有任何限制。

经过验证，AES 加、解密算法能有效地抵抗目前已知的攻击方法的攻击，如部分差分攻击、相关密钥攻击和插值攻击等。对于 AES，最有效的攻击还是穷尽密钥搜索攻击。

有限域/有限环的有关性质给 AES 加密和解密提供了良好的理论基础，使算法设计者既可以高强度地隐藏信息，又同时保证了算法可逆。AES 算法在一些关键常数(如 $m(x)$)的选择上非常巧妙，使得该算法可以在整数指令和逻辑指令的支持下高速完成加、解密，在专用的硬件上，速率可高于 1 GB/s，从而得到了良好的效率。除了加、解密功能外，AES 算法还可以实现诸如 MAC、密码杂凑函数、同步流密码、生成随机数和自身同步流密码等功能。

AES 算法已经经受了全世界密码学家、美国政府相关部门和安全人士的研究和分析，能够抵抗当今各种密码分析和攻击，例如，四轮以上的 AES 算法对差分攻击和线性攻击基本上是免疫的。但从现在人们对密码算法分析和攻击的情况来看，对迭代型密码算法的攻击往往是先得到算法的第一轮或最后一轮的轮密钥，并根据轮密钥与种子密钥的关系，得出种子密钥的绝大多数比特位，然后进行较少量计算的穷举攻击，就得到种子密钥(如针对 DES 算法的差分攻击、线性攻击)。下面再研究 AES 算法轮密钥与种子密钥之间的关系，并给出 AES 算法密钥扩展方案的数学模型。

从 AES 算法的密钥扩展方案可知，整个扩展思路如下：先是由种子密钥用密钥扩展方案生成 Nb(Nr+1)个字子密钥空间，其元素分别记为 $W[0], W[1], W[2], \cdots, W[\mathrm{Nb}(\mathrm{Nr}+1)-1]$。而在 AES 算法中，第 i 轮所用到的轮密钥是 $W[4i], W[4i+1], W[4i+2], \cdots$,

$W[4i+\mathrm{Nb}-1]$，而前期白化技术中所用到的密钥(即第0轮)是$W[0],W[1],\cdots,W[\mathrm{Nb}-1]$。这样使得每次需用到轮密钥的地方，就可以按一定顺序依次取Nb个字子密钥。

假设分组长为n位($n=128,192,256$)，于是把种子密钥K分成4Nk个字节，记为$\mathrm{Key}[i]$，$i=0,1,\cdots,4\mathrm{Nk}-1$。则对于$\mathrm{Nk}\leqslant 6$的情况，密钥扩展方案有如下的数学模型：

$$W[i]=\begin{cases}\mathrm{Key}[4i]\parallel \mathrm{Key}[4i+1]\parallel \mathrm{Key}[4i+2]\parallel \mathrm{Key}[4i+3], & 0\leqslant i\leqslant \mathrm{Nk}-1\\ W[i-\mathrm{Nk}]\oplus \mathrm{SubByte}(\mathrm{RotByte}(W[i-1]))\oplus \mathrm{Rcon}[i/\mathrm{Nk}], & \mathrm{Nk}\mid i\\ W[i-\mathrm{Nk}]\oplus W[i-1], & \text{其他}\end{cases}$$

其中，$i=0,1,2,\cdots,\mathrm{Nb}(\mathrm{Nr}+1)-1$，符号“$\mid$”表示数的整除，符号“$\parallel$”表示级联。

对于$\mathrm{Nk}>6$(即$\mathrm{Nk}=8$)的情况，密钥扩展方案也有类似的数学模型：

$$W[i]=\begin{cases}\mathrm{Key}[4i]\parallel \mathrm{Key}[4i+1]\parallel \mathrm{Key}[4i+2]\parallel \mathrm{Key}[4i+3], & 0\leqslant i\leqslant 7\\ W[i-8]\oplus \mathrm{SubByte}(\mathrm{RotByte}(W[i-1]))\oplus \mathrm{Rcon}[i/\mathrm{Nk}], & 8\mid i\\ W[i-8]\oplus \mathrm{SubByte}(W[i-1]), & 8\mid i-4\\ W[i-8]\oplus W[i-1], & \text{其他}\end{cases}$$

其中，“$\oplus$”就是平常所见的异或运算(或差分运算)。RotByte()是一种向左旋转一个字节的运算，例如，$W[i-1]=a,b,c,d$(a,b,c,d都为8位字节)，则$\mathrm{RotByte}(W[i-1])=b,c,d,a$。SubByte()是AES算法中的非线性层(即平常所说的S盒)。$\mathrm{Rcon}[i/\mathrm{Nk}]$是独立于Nk的轮常数。由以上可见，整个密钥扩展方案是一个数列递推关系式。

由密钥扩展方案及其数学模型可知，轮密钥和种子密钥之间的关系如下：轮密钥是由种子密钥扩展而成的，因此知道了种子密钥就知道了轮密钥。下面重点研究在不知道种子密钥而只知道轮密钥的情况下，怎样由知道的轮密钥信息推出种子密钥的信息。

(1) 知道某轮(假设第i轮)的轮密钥$W[4i],W[4i+1],\cdots,W[4i+\mathrm{Nb}-1]$。则由密钥扩展方案的数学模型不仅可以推导种子密钥，而且所有轮密钥都可以推出，以$\mathrm{Nb}=4$，$\mathrm{Nk}=4$为例说明。

由$\mathrm{Nk}\leqslant 6$的数学模型可以求$\mathrm{Nk}=4$递推关系式的逆为

$$\begin{cases}W[4j-1]=W[4j+3]\oplus W[4j+2]\\ W[4j-2]=W[4j+2]\oplus W[4j+1]\\ W[4j-3]=W[4j+1]\oplus W[4j]\\ W[4j-4]=W[4j]\oplus \mathrm{SubByte}(\mathrm{RotByte}(W[4j-1]))\oplus \mathrm{Rcon}[4j/\mathrm{Nk}]\end{cases}$$

其中，$j=i,i-1,\cdots,2,1$。因此，可以求出$W[4i-1],W[4i-2],\cdots,W[1],W[0]$。而$W[0],W[1],W[2],W[3]$即为种子密钥，且$W[4i+\mathrm{Nb}-1]$后的字子密钥可以根据密钥扩展的数学模型推出。

更进一步，根据其数学模型的特点，可以得到如下结论：只要知道连续Nb个字子密钥$W[i],W[i+1],\cdots,W[i+\mathrm{Nb}-1]$，就可以把整个轮密钥求出来，从而可以得出相应的种子密钥。

(2) 知道某轮密钥(假设第i轮)中某个字子密钥$W[4i+j]$，$0\leqslant j\leqslant \mathrm{Nb}-1$。则由密钥扩展方案可知(以$\mathrm{Nk}\leqslant 6$为例)：

$$W[4i+j]=\begin{cases}W[4i+j-1]\oplus W[4i+j-\mathrm{Nk}], & \text{其他}\\ W[4i-\mathrm{Nk}]\oplus \mathrm{SubByte}(\mathrm{RotByte}(W[4i-1]))\oplus \mathrm{Rcon}[(4i+j)/\mathrm{Nk}], & \mathrm{Nk}\mid 4i+j\end{cases}$$

而$\mathrm{Rcon}[(4i+j)/\mathrm{Nk}]$是已知的，从而对于差分为$W[4i+j]$的所有情形，由差分运算的特性，可以求出 $W[4i+j-1]$，总共有 2^{32} 种情形。对每种情形的 $W[4i+j-1]$，可以类似地推出 $W[4i+j-2]$，…，$W[4i+j+1-\mathrm{Nb}]$。这样就得到 Nb 个连续的字子密钥 $W[4i+j+1-\mathrm{Nb}]$，…，$W[4i+j-2]$，$W[4i+j-1]$，$W[4i+j]$。这样 4 个连续字子密钥总共有 $2^{32}(\mathrm{Nb}-1)$ 种可能。而在每种可能中，由(1)可得出种子密钥，这对于已知明文攻击来说，在满足前提条件时，是很容易找出加密所用的种子密钥的。同样，对 Nk＝8 时，也可以这样推出。

(3) 只知道轮密钥中某些位的比特值。假设知道第 i 轮中某个字子密钥中的 k_1 位，从而在 $W[4i+j]$ 有 $32-k_1$ 位比特值是不知道的，显然 $W[4i+j]$ 可能的取值就有 2^{32-k_1} 种。对 $W[4i+j]$ 的每种取值，利用(2)可求出相应的种子密钥。这样总共有 $2^{32\mathrm{Nb}-k_1}$ 种可能。这样，利用轮密钥的某些信息可以减少对算法攻击的复杂度。

可以看出，AES 算法在设计时避免了轮密钥和种子密钥之间的简单关系，但由于其密钥扩展方案本身的可逆性，该算法的轮密钥和种子密钥在密码分析中具有同等重要地位。因此，只要知道轮密钥的某些信息，就可以利用它来减少求出种子密钥的工作量和复杂度。目前还没有有效方法来攻击 AES 算法，因此必须寻找一种全新的、更有效的方法，一般来说，这种方法肯定离不开轮密钥和种子密钥之间关系的研究。如何找出一种全新的攻击方法，这必将成为密码学界今后研究和分析的热点。

1.4　SM4 密码算法

1.4.1　产生背景

我国于 2003 年颁布了以无线局域网鉴别和保密基础结构(WLAN Authentication and Privacy Infrastructure，WAPI)为安全协议的 GB 15629.11 无线局域网系列标准。WAPI 针对 IEEE 802.11 中的 WEP 协议安全问题，充分考虑各种应用模式，在无线局域网国家标准 GB 15629.11 中提出 WLAN 安全解决方案。同时，该方案已由 ISO/IEC 授权机构 IEEE 注册权威机构(IEEE Registration Authority)审查并认可，分配了用于 WAPI 协议的以太类型字段。

SMS4 分组加密算法是 WAPI 中使用的分组加密算法，在 2012 年已经被国家商用密码管理局确定为国家密码行业标准，标准编号为 GM/T 0002－2012，改名为 SM4 算法，与 SM2 椭圆曲线公钥密码算法、SM3 密码杂凑算法共同作为国家密码的行业标准，在我国密码行业中有着极其重要的位置。SM4 算法实现了设备的身份鉴别、链路验证、访问控制和用户信息在无线传输状态下的加密保护。SM4 加密算法的公布有利于系统全面地了解其安全性和密码特性。

SM4 算法的分组长度为 128 比特，密钥长度为 128 比特。加密算法与密钥扩展算法都采用 32 轮非线性迭代结果，解密算法与加密算法的结构相同，只是轮密钥的使用顺序相反，解密轮密钥是加密轮密钥的逆序。SM4 采用 CBC-MAC 方式的 MIC 计算，以及 OFB 模式的加解密。

1.4.2 算法描述

1. 密钥参量及轮函数

加密密钥长度为128比特,表示为$MK=(MK_0,MK_1,MK_2,MK_3)$,其中$MK_i(i=0,1,2,3)$为字。轮密钥表示为$(rk_0,rk_1,\cdots,rk_{31})$,其中$rk_i(i=0,1,\cdots,31)$为字。轮密钥由加密密钥生成。

$FK=(FK_0,FK_1,FK_2,FK_3)$为系统参数,$CK=(CK_0,CK_1,\cdots,CK_{31})$为固定参数,用于密钥扩展算法,$FK_i(i=0,1,2,3)$和$CK_i=(i=0,1,\cdots,31)$为字。

SM4算法采用非线性迭代结构,以字为单位进行加密运算,称一次迭代运算为一轮变换,一共有32轮迭代变换。

设输入为$(X_0,X_1,X_2,X_3)\in(Z_2^{32})^4$,轮密钥为$rk\in Z_2^{32}$,则轮函数$F$为$F(X_0,X_1,X_2,X_3,rk)=X_0\oplus T(X_1\oplus X_2\oplus X_3\oplus rk)$。其中$T$为$Z_2^{32}\rightarrow Z_2^{32}$的一个可逆变换,由非线性变换$\tau$和线性变换$L$复合而成,即$T(.)=L(\tau(.))$。

- 非线性变换τ:是由4个并行的S盒构成的。设输入为$A=(a_1,a_2,a_3,a_4)\in(Z_2^8)^4$,输出为$B=(b_1,b_2,b_3,b_4)\in(Z_2^8)^4$,则有

$$(b_1,b_2,b_3,b_4)=\tau(A)=(\mathrm{Sbox}(a_1),\mathrm{Sbox}(a_2),\mathrm{Sbox}(a_3),\mathrm{Sbox}(a_4))$$

- 线性变换L:非线性变换τ的输出即为线性变换L的输入。设输入为$B\in Z_2^{32}$,则有

$$C=L(B)=B\oplus(B\lll 2)\oplus(B\lll 10)\oplus(B\lll 18)\oplus(B\lll 24)$$

其中,$\lll i$为32比特循环左移i位。

2. S盒

S盒为固定的8比特输入8比特输出的置换,记为Sbox。表1.11为S盒的数据(十六进制)。

表1.11 SM4算法的S盒数据

	0	1	2	3	4	5	6	7	8	9	A	B	C	D	E	F
0	D6	90	E9	FE	CC	E1	3D	B7	16	B6	14	C2	28	FB	2C	05
1	2B	67	9A	76	2A	BE	04	C3	AA	44	13	26	49	86	06	99
2	9C	42	50	F4	91	EF	98	7A	33	54	0B	43	ED	CF	AC	62
3	E4	B3	1C	A9	C9	08	E8	95	80	DF	94	FA	75	8F	3F	A6
4	47	07	A7	FC	F3	73	17	BA	83	59	3C	19	E6	85	4F	A8
5	68	6B	81	B2	71	64	DA	8B	F8	EB	0F	4B	70	56	9D	35
6	1E	24	0E	5E	63	58	D1	A2	25	22	7C	3B	01	21	78	87
7	D4	00	46	57	9F	D3	27	52	4C	36	02	E7	A0	C4	C8	9E
8	EA	BF	8A	D2	40	C7	38	B5	A3	F7	F2	CE	F9	61	15	A1
9	E0	AE	5D	A4	9B	34	1A	55	AD	93	32	30	F5	8C	B1	E3
A	1D	F6	E2	2E	82	66	CA	60	C0	29	23	AB	0D	53	4E	6F
B	D5	DB	37	45	DE	FD	8E	2F	03	FF	6A	72	6D	6C	5B	51

续表

	0	1	2	3	4	5	6	7	8	9	A	B	C	D	E	F
C	8D	1B	AF	92	BB	DD	BC	7F	11	D9	5C	41	1F	10	5A	D8
D	0A	C1	31	88	A5	CD	7B	BD	2D	74	D0	12	B8	E5	B4	B0
E	89	69	97	4A	0C	96	77	7E	65	B9	F1	09	C5	6E	C6	84
F	18	F0	7D	EC	3A	DC	4D	20	79	EE	5F	3E	D7	CB	39	48

3. 加/解密算法

定义反序变换 R 为

$$R(A_0,A_1,A_2,A_3)=(A_3,A_2,A_1,A_0),\quad A_i\in Z_2^{32},i=0,1,2,3$$

设明文输入为$(X_0,X_1,X_2,X_3)\in(Z_2^{32})^4$，密文输出为$(Y_0,Y_1,Y_2,Y_3)\in(Z_2^{32})^4$，轮密钥为$\mathrm{rk}_i\in Z_2^{32}$，$i=0,1,\cdots,31$，则 $SM4$ 加密算法的加密变换为

$$X_{i+4}=F(X_i,X_{i+1},X_{i+2},X_{i+3},\mathrm{rk}_i)=X_i\oplus T(X_{i+1}\oplus X_{i+2}\oplus X_{i+3}\oplus \mathrm{rk}_i),\quad i=0,1,\cdots,31$$

$$(Y_0,Y_1,Y_2,Y_3)=R(X_{32},X_{33},X_{34},X_{35})=(X_{35},X_{34},X_{33},X_{32})$$

具体的加密算法结构如图 1.10 和图 1.11 所示。

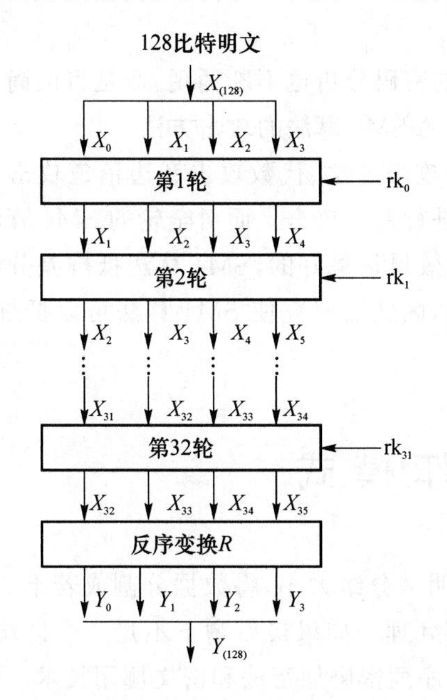

图 1.10　SM4 加密算法

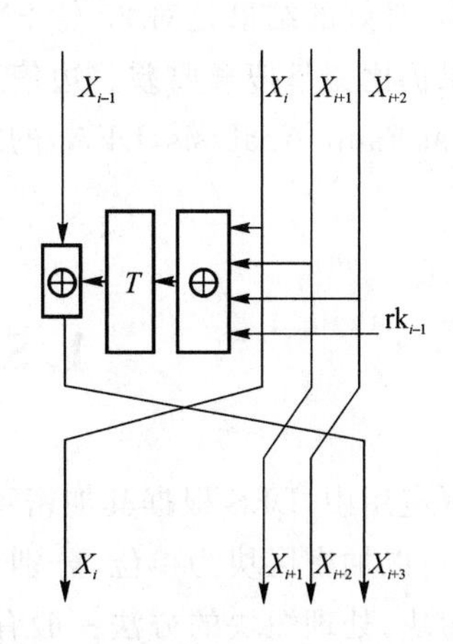

图 1.11　第 i 轮 SM4 加密算法

SM4 算法的加、解密变换结构相同，不同的仅是轮密钥的使用顺序：

- 加密时轮密钥的使用顺序为$(\mathrm{rk}_0,\mathrm{rk}_1,\cdots,\mathrm{rk}_{31})$；
- 解密时轮密钥的使用顺序为$(\mathrm{rk}_{31},\mathrm{rk}_{30},\cdots,\mathrm{rk}_0)$。

1.4.3 密钥生成

SM4 算法中加密算法的轮密钥由加密密钥通过密钥扩展算法生成。加密密钥为

$MK=(MK_0, MK_1, MK_2, MK_3)$，$MK_i \in Z_2^{32}$，$i=0,1,2,3$。令 $K_i \in Z_2^{32}$，$i=0,1,\cdots,35$，轮密钥为 $rk_i \in Z_2^{32}$，$i=0,1,\cdots,31$，则密钥生成方法为

$$(K_0, K_1, K_2, K_3)=(MK_0 \oplus FK_0, MK_1 \oplus FK_1, MK_2 \oplus FK_2, MK_3 \oplus FK_3), \quad i=0,1,\cdots 31$$

而 $rk_i = K_{i+4} = K_i \oplus T'(K_{i+1} \oplus K_{i+2} \oplus K_{i+3} \oplus CK_1)$，其中 T' 变换与轮函数中的 T 变换基本相同，只将其中的线性变换 L 修改为以下 L'：

$$L'(B)=B \oplus (B \lll 13) \oplus (B \lll 23)$$

系统参数 FK 的取值采用十六进制表示为 $FK=(FK_0, FK_1, FK_2, FK_3)$，其中 $FK_0=$ (A3B1BAC6)，$FK_1=$(56AA3350)，$FK_2=$(677D9197)，$FK_3=$(B27022DC)，固定参数 CK $=(CK_0, CK_1, \cdots, CK_{31})$为 32 个固定参数，其具体值如下：

00070e15，1c232a31，383f464d，545b6269，70777e85，8c939aa1，a8afb6bd，c4cbd2d9，e0e7eef5，fc030a11，181f262d，343b4249，50575e65，6c737a81，888f969d，a4abb2b9，C0c7ced5，dce3eaf1，f8ff060d，141b2229，30373e45，4c535a61，686f767d，848b9299，a0a7aeb5，bcc3cad1，d8dfe6ed，f4fb0209，10171e25，2c333a41，484f565d，646b7279。

1.4.4 安全性分析

自 2006 年 SM4 算法公开以来，对其进行的密码分析也不断涌现，但是目前尚未出现对完整 SM4 算法的成功攻击，只有几种对约减轮的 SM4 算法的攻击方法。

迄今为止，对 SM4 算法的攻击包括传统的攻击方法、代数攻击和边信道攻击。传统的攻击方法中，最好的结果是对 23 轮 SM4 算法进行差分攻击。而对全轮的 SM4 算法的代数攻击的效果仍比穷举搜索要差。边信道攻击的效果是最好的，SM4 算法抵抗差分故障攻击(Differential Fault Analysis，DFA)的能力很弱，因此需研究使 SM4 算法可以抵抗 DFA 的策略。

1.5 工作模式

在实际应用中，DES 根据其加密算法定义明文分组大小，将数据分割成若干 64 比特的加密区块，再以加密区块为单位，分别进行加密处理。如果最后剩下不足一个区块的大小，则称之为短块，处理短块的方法一般有填充法、序列密码加密法和密文挪用技术。根据加密时各个加密区块的关联方式来区分，可以分为四种加密模式，分别为电子密文(Electronic Code Book，ECB)模式、密文分组链接(Cipher Block Chaining，CBC)模式、密文反馈(Ciphertext Feedback，CFB)模式及输出反馈(Output Feedback，OFB)模式。

1. 电子密文(ECB)模式

ECB 模式是分组密码的基本工作方式，其加密模式如图 1.12 所示。在 ECB 模式下，各个加密区块依次独立加密，产生独立的密文区块，各个加密区块的加密结果不受其他区块的影响。该模式的优点在于可以利用平行处理来加速加解密运算，且在网络传输数据时任一区块有任何错误发生，均不会影响到其他区块的传输结果。

ECB模式的缺点是容易暴露明文的数据模式。在计算机系统中，由于数据结构和数据冗余，许多数据都具有固有的模式。加密过程中，如果不对冗余部分采取措施，该部分多次以明文方式出现，若此部分明文恰好是加密区块的大小，可能会产生数个相同的密文，且密文内容若遭剪贴、替换，会不易被发现。

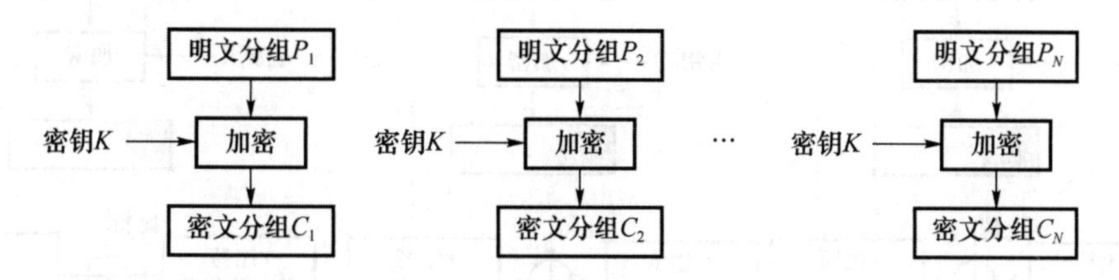

图 1.12 ECB加密模式

2. 密文分组链接(CBC)模式

在CBC模式中，第一个加密区块与初始向量(Initialization Vector，IV)进行异或(XOR)运算后，再进行加密。其他加密区块加密之前，必须与前一个加密区块的密文进行异或运算，再进行加密。这个过程使得每一个区块的加密结果均会受到它之前所有区块内容的影响，所以即使在明文中出现多次相同内容，产生的密文也会不同。CBC加密模式如图 1.13 所示。

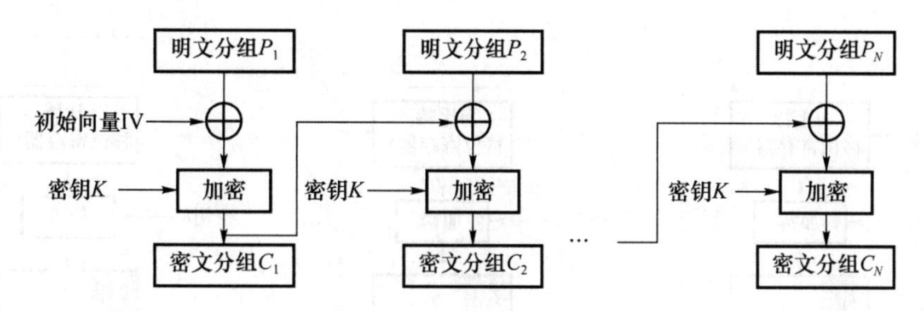

图 1.13 CBC加密模式

该模式的缺点在于各个区块的加密过程不独立，密文内容若遭剪贴、替换，或在网络传输过程中发生错误，则其后续的密文将被破坏，无法顺利解密还原。

再者，必须选择一个初始向量用来加密第一个区块，且在进行加密作业时无法利用平行处理来加速加密运算，但其解密运算进行异或运算的加密区块结果已存在，则仍可以利用平行处理来加速。

3. 密文反馈(CFB)模式

CFB加密模式如图 1.14 所示，可以将区块加密算法当作流密码加密器(Stream Cipher)使用，流密码加密器可以按照实际上的需要自定义每次加密区块的大小，每个区块的明文与它前一个区块的密文进行异或后，得到该区块密文。因此，每个区块的加密结果也受之前所有区块内容的影响，使得多次相同内容的明文产生不同的密文。与CBC模式一样，为了加密第一个区块，必须选择一个初始向量，且此初始向量必须唯一，每次加密时必须不一样，难以利用平行处理来加快加密作业。

4. 输出反馈(OFB)模式

OFB加密模式如图 1.15 所示，该模式与CFB模式大致相同，唯一的差异是CFB模式

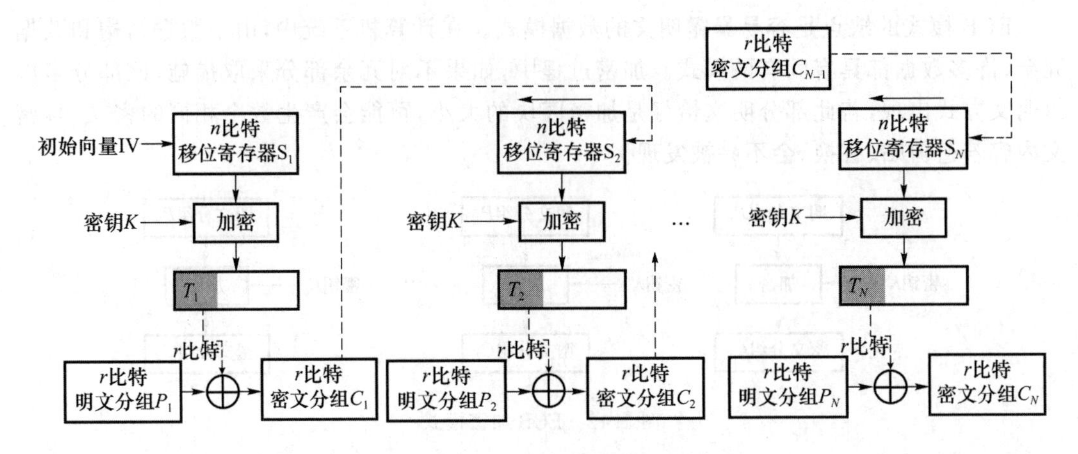

图 1.14　CFB 加密模式

每个区块的明文与之前区块的密文进行异或后得到密文,OFB 模式每个区块的明文与加密算法的前一个输出进行异或运算得到密文,每个区块的加密结果不受之前所有区块内容的影响,如果有区块在传输过程中遗失或发生错误,不至于无法完全解密。因此,该模式下也会使得在明文中出现多次的内容产生相同的密文,也容易遭受剪贴攻击。和 CFB 模式相同,为了加密第一个区块,必须设置一个初始向量。

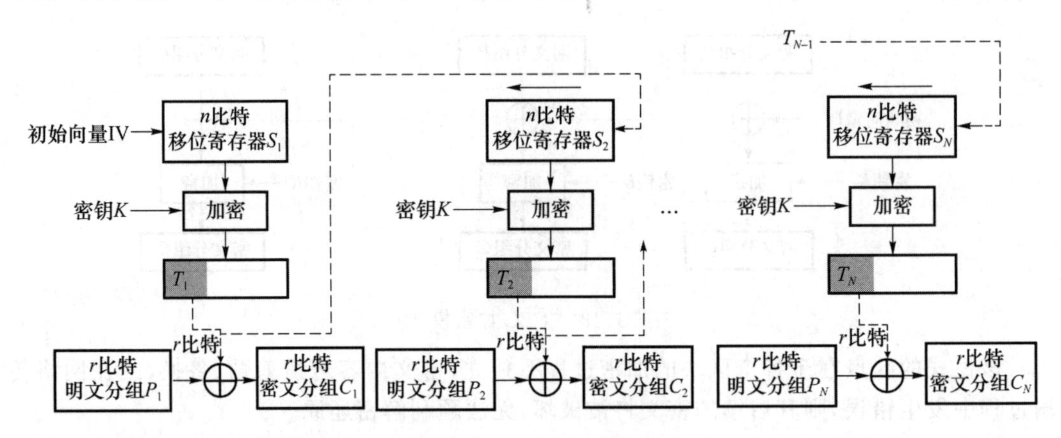

图 1.15　OFB 加密模式

容易看出,以上四种操作模式各有优点和缺点。在 ECB 模式和 OFB 模式中改变一个明文块将引起相应的密文块的改变,而其他密文块不变。有些情况下这是一个好的特性,例如,OFB 模式通常用来加密卫星传输。另外,如果在 CBC 模式和 CFB 模式中改变一个明文块,那么相应的密文块及其后的所有密文块将会改变,这个特性意味着 CBC 模式和 CFB 模式适用于鉴别的目的。更明确地说,这些模式能用来产生消息鉴别码,将其附在明文块序列的后面可保护消息的完整性。

思　考　题

1. 简述现代密码体制的分类。

2. 简述分组密码的含义以及设计的原则。
3. 简述分组密码的基本特点。
4. 简述 DES 的设计思想。
5. DES 有哪些工作模式?
6. 简述 AES 的设计思想。
7. 试比较 DES 和 AES 的安全性。
8. 简述 SM4 密码算法的设计思想。
9. 对 SM4 算法的攻击有哪些?

第2章 公钥密码

2.1 公钥密码体制

1976年，斯坦福大学的 Whitfield Diffie 和 Martin Hellman 联合发表了《密码学的新方向》一文，首次提出了公开密钥体制（简称为“公钥密码”）的思想，为密码学的发展提供了新的理论和技术支持。

2.1.1 公钥密码体制的原理

公钥密码算法在加密和解密时使用两个不同的密钥。加密时使用的密钥是公开的，称为公开密钥（简称公钥）；解密时使用的密钥是保密的，称为私密密钥（简称私钥）。公钥和私钥是一一对应的，所以使用公钥加密的密文只能用与其对应的私钥才能解密，并且从公钥推出私钥在计算上是不可能的。

如图2.1所示，A和B在使用公钥密码体制进行通信时，分别产生一对密钥，将自己的公钥传送给对方，而私钥自己保管。A向B发送密信时，用B的公钥对明文 m 进行加密得到密文 c，再将密文 c 发送给B，B收到密文后用自己的私钥解密得到明文 m，反之通信同理。

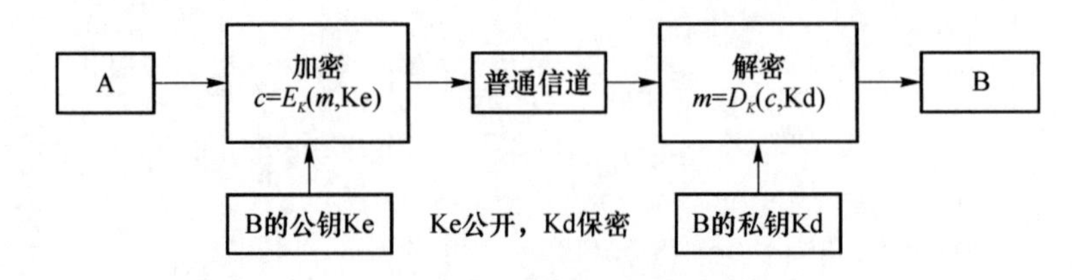

图2.1 公钥密码体制通信系统

若对于密文 c，用公开的加密密钥 Ke 进行加密的算法表示为 $E(m,\mathrm{Ke})$，用秘密的解密密钥 Kd 进行解密的算法表示为 $D(c,\mathrm{Kd})$，则公钥密码体制应满足以下条件。

(1) 给出 Ke 时，$c=E_K(m,\mathrm{Ke})$ 的计算很容易；给出 Kd 时，$m=D_K(c,\mathrm{Kd})$ 的计算也不难。

(2) 如果不知道Kd,那么即使知道Ke、算法E和D以及密文c,确定明文m的计算也不可行。

(3) 对明文m,$E_K(\mathrm{Ke},m)$有定义,且$D_K(\mathrm{Kd},E_K(\mathrm{Ke},m))=m$。

满足条件(1)、(2)的函数叫作单向函数。要实现公钥密码体制,必须使密钥Ke和Kd进行的变换互为逆变换,且从公开的加密密钥推出解密密钥在计算上是不可能的。这就需要单向陷门函数。单向陷门函数首先是一个单向函数,它在一个方向上易于计算而反方向却难于计算,若知道秘密陷门,也能较容易地在反方向计算这个函数。否则,将因其计算量过大而不可能计算出反函数。即如果同时知道加密消息c和私有密钥,则反向计算明文也容易。这里的私有密钥相当于陷门。

2.1.2 公钥密码体制的优缺点

与对称密码相比,公钥密码的优点如下。

(1) 密钥分发简单。由于加密密钥与解密密钥不同,并且不能由加密密钥推断出解密密钥,从而使加密密钥表可以公开。

(2) 需秘密保存的密钥量减少。网络中每个用户只需秘密保存自己的解密密钥,N个成员只需产生N对密钥。

(3) 可以满足互不认识的人之间私人谈话的保密性要求。

(4) 可以完成数字签名和认证。发信者用只有自己才知道的密钥进行签名,收信者利用公钥进行检查,且第三者不能对签名进行篡改和伪造,既方便又安全。

在这里举一个简单的例子说明一下它是怎样提供认证的。假设用户A给用户B发了一个消息,B不能证明该消息是由A发出的。如果公钥密码体制满足附加的特性,即对于所有的$m\in M$, $D_K(E_K(m))=E_K(D_K(m))$(也就是加解密是可交换的),此时认证的功能可被包含在加密的过程中:A先用他的私钥D_K然后用接收者B的公钥E_K加密消息m,产生密文$c=E_K(D_K(m))$。而B先用他的私钥D_K然后利用A的公钥E_K解密。由于仅有A知道他的私钥,因此B就能确定消息确实是由A发出的。

当然,公钥密码也有很多缺点,主要表现如下。

(1) 设计公钥密码算法与对称密码算法相比要受到更大的限制,自由度降低,这是因为公开密钥可以提供更多的信息对算法进行攻击。

(2) 至今发明的公钥密码算法都容易用数学术语来描述,它们的强度总是建立在求解特定数学难题的困难上,但这种困难性只是一种设想,随着数学的发展,许多现在很难解决的问题将来可能变得容易。

(3) 公钥密码体制的安全性完全建立在计算复杂性理论的基础上,而这个基础是否能够保证密码系统的安全呢?一方面,在安全的加密算法中,合法用户应该能很容易地应用其秘密信息从密文恢复明文,而攻击者(不知道秘密信息)却不能有效地对密文解密(在多项式时间内)。而另一方面,一个非确定性图灵机却能很快地将密文解密(通过猜测私人信息)。因此,安全加密算法的存在,就意味着有这样一种工作(如“破译”加密算法),这种工作只能由非确定性多项式时间图灵机,而不能由确定性多项式时间图灵机(即使是随机的)来完成。换句话说,安全加密算法存在的一个必要条件是P≠NP,而P≠NP是否成立仍然是计算理论界的一个悬而未解的难题。

尽管P≠NP是现代密码编码学的一个必要条件,却不是一个充分条件。假设破译一个加密算法是NP完全的,那么P≠NP意味着这种加密算法在最坏的情况下是难攻破的,但它仍然不能排除一个加密算法在多数情况下容易被攻破的可能性。实际上,可以构造一个破译问题为NP完全的,但同时存在一个能以99%概率成功的破译算法,因此最坏情况下难破译不是安全性的一个好的评估。安全要求在绝大多数情况下难破译,或至少“在通常情况下是难破译的”。

(4) 只考虑通常情况下难以计算的NP问题的存在性也没有取得满意的结果。为了能应用在通常情况下难计算的问题,必须有能很快解决这些难题的辅助信息(陷门)。否则,对合法用户也是难处理的。因此,公钥密码是建立在单向函数的基础上的。但单向函数的存在性至今没有被证明。虽然如此,密码学界普遍相信单向函数是存在的。

2.2 RSA密码算法

2.2.1 算法描述

RSA密码是由马萨诸塞理工学院的Ron Rivest、Adi Shamir、Leonard Adleman研究出的利用素因数分解的困难性而设计的一种公钥密码算法。他们的研究成果在1977年4月以《数字签名和公开密钥密码体制》为题公开发表,并受到高度评价。现在国际标准组织如ISO、ITU以及SWIFT等均已接受RSA公钥体制为标准。因此,RSA可以被认为是现在民间和商业上使用最为广泛的公开密钥体制和数字签名体制。

RSA密码的具体描述如图2.2所示。

> **系统参数**:取两个大素数p和q,$n=pq$,$\varphi(n)=(p-1)(q-1)$,随机选择整数e,满足$\gcd(e,\varphi(n))=1$,$ed\equiv 1(\bmod\ \varphi(n))$。
>
> **公开密钥**:n,e。
>
> **私有密钥**:p,q,d。
>
> **加密算法**:对于待签消息m,其对应的密文为$c=E(m)\equiv m^e(\bmod\ n)$。
>
> **解密算法**:$D(c)\equiv c^d(\bmod\ n)$。

图2.2 RSA密码的具体描述

2.2.2 算法介绍

为了说明RSA密码的加密和解密算法的正确性,先介绍如下的欧拉定理。

欧拉定理:若整数a和m互素,则$a^{\varphi(m)}\equiv 1(\bmod\ m)$,其中$\varphi(m)$是比$m$小但与$m$互素的正整数个数。

基于欧拉定理,RSA的证明过程可描述为:当$(m,n)=1$时,则由欧拉定理可知$m^{\varphi(n)} \equiv 1(\mathrm{mod}\ n)$。

当$(m,n)>1$时,由于$n=pq$,故(m,n)必含p、q之一。不妨设$(m,n)=p$,则$m=cp(1\leqslant c<q)$,由欧拉定理知$m^{\varphi(q)}\equiv 1(\mathrm{mod}\ q)$。因此,对于任何$k$,总有$m^{k(q-1)}\equiv 1(\mathrm{mod}\ q)$,$m^{k(p-1)(q-1)}\equiv(1)^{k(p-1)}\equiv 1(\mathrm{mod}\ q)$,即$m^{k\varphi(n)}\equiv 1(\mathrm{mod}\ q)$。于是存在$h$($h$是某个整数)满足$m^{k\varphi(n)}+hq=1$。由假定$m=cp$,故$m=m^{k\varphi(n)+1}+hcpq=m^{k\varphi(n)+1}+hcn$。这就证明了$m=m^{k\varphi(n)+1}(\mathrm{mod}\ n)$。因此对于$n$及任何$m$($m<n$),恒有$m^{k\varphi(n)+1}\equiv m(\mathrm{mod}\ n)$。所以,$D(c)\equiv c^d=m^{ed}=m^{l\varphi(n)+1}=m(\mathrm{mod}\ n)$。

RSA密码中产生密钥的方法是:首先任选两个足够大的素数p和q,令$n=p\times q$,这里p和q都必须保密。接着求出$\Phi(n)=(p-1)\times(q-1)$,任选一个与其互素的较大整数e,使得e与$\Phi(n)$互素,即$\gcd(e,\Phi(n))=1$。求出e在$\Phi(n)$中的乘法逆函数d,即$e\times d\equiv 1 \bmod \Phi(n)$。这样求得的$(e,n)$为加密密钥(公开密钥),$(d,n)$为解密密钥(秘密密钥)。在实际中,$p$和$q$可以毁去不用,以增加安全性;若保留$p$和$q$,可以根据中国余数定理来加快解密运算的速度。

2.2.3 安全性分析

RSA公钥体制是第一个将安全性基于分解因数的系统。很明显,在公开密钥(e,n)中,若n能被分解因数,则p和q被泄露,解密密钥d也就不再是秘密,进而整个RSA系统不安全。因此,在使用RSA系统时,对于n的选择是很重要的,必须使得公开n后,任何人无法从n得到p和q。提高n的位数无疑将大大提高RSA的安全性。另外,还有一些参数选择上的注意事项。在不知道陷门信息d的情况下,想要从公开密钥n,e算出d只有分解大整数n的因子,但是大数分解是一个十分困难的问题。Rivest、Shamir和Adleman用已知的最好算法估计了分解n的时间与n的位数的关系,用运算速度为100万次/秒的计算机分解500 bit的n,计算机分解操作数是1.3×10^{39},分解时间是4.2×10^{25}年。因此,一般认为RSA公钥体制保密性能良好。

人们无法从数学上证明一定需要分解n才能从c和e中计算出m。可能会发现一种完全不同的方法来对RSA进行密码分析。因此,如果这种新方法能让密码分析者推算出d,它也可作为分解大数的一种新方法。

也可猜测$(p-1)(q-1)$的值来攻击RSA。但是,这种攻击没有分解n容易。

有一些RSA的变形已被证明和大数分解同样困难,从RSA加密的密文中恢复某一比特与恢复出整个文本同样困难。

有些攻击是针对RSA的实现。它们并不是攻击基本的算法,而是攻击协议。仅会使用RSA而不重视它的实现是不够的。下面介绍几种协议攻击的情况。

情况1:攻击者在发方A的通信过程中窃听,设法选取一个用他的公开密钥加密的密文c。攻击者想计算出相应的明文。从数学上讲,他想得到m,这里$m=c^d$。为此,他首先选取一个随机数r,满足r小于n。他得到A的公钥e,然后计算:

$$x=r^e \bmod n$$

$$y=x^c \bmod n$$

$$t=r^{-1} \bmod n$$

如果 $x=r^e \bmod n$,那么 $r = x^d \bmod n$。

现在,攻击者让 A 用他的私钥对 y 签名,以便解密 y。由于 A 以前从未见过 y。A 发送给攻击者:

$$u=y^d \bmod n$$

现在攻击者计算:

$$tu = r^{-1}y^d = r^{-1}x^d c^d = c^d = m \bmod n$$

因此攻击者获得了明文 m。

情况 2:T 是一个公开的公证人。如果 A 打算让一份文件被公证,他将文件发送给 T,T 将文件用 RSA 进行数字签名,然后发送回来。

M 想让 T 对一个 T 本来不愿签名的消息签名,或许它有一个假的时间标记,或是另外的人所为。将这个消息称作 m'。首先,M 选取任意一个值 x,计算 $y=x^e \bmod n$。他能很容易地获得 e,它是 T 的公开密钥。然后,他计算 $m=ym' \bmod n$,将 m 发送给 T 并让 T 对它签名。T 回送 $m^d \bmod n$,现在 M 计算$(m^d \bmod n)x^{-1} \bmod n$,它等于$(m')^d \bmod n$,是 m' 的签名。

实际上,M 有几种方法可用来完成相同的事。他们利用的缺陷都是指数运算保持了输入的乘积结构,即$(xm)^d = x^d m^d \bmod n$。

情况 3:E 想让 A 对 m_3 签名。他产生两份消息 m_1、m_2,满足

$$m_3 \equiv m_1 m_2 \pmod n$$

如果他能让 A 对 m_1 和 m_2 签名,他能计算 m_3:

$$m_3{}^d = (m_1^d \bmod n)(m_2^d \bmod n)(\bmod n)$$

因此绝对不要对一个陌生人提交给你的随机消息进行签名。

从 RSA 发明至今,针对 RSA 算法的众多攻击大致可分为以下几类。

- 强行攻击:包含对所有的私有密钥都进行尝试。这种攻击不具有威胁性,因为一般不可能在有效时间内成功。
- 数学攻击:有几种方法,实际上都等效于对两个素数乘积的因子分解。大数分解近年来取得不少进展,431 位以内的 RSA 密钥目前已经不再安全。一直以来因子分解攻击都采用所谓二次筛的方式,最新的攻击算法是广义素数筛(Generalized Number Filed Sieve, GNFS)。目前选择一个 1 024 比特到 2 048 比特的密钥比较合适。
- 基础攻击:公共模数攻击和盲签名攻击。
- 低指数攻击:包括低私钥指数攻击和低公钥指数攻击。
- 执行攻击:这包含时间攻击(Timing Attack)和随机数缺陷攻击以及针对 PKCS#1 的攻击。
- 能量攻击:差分能量攻击(Differential Power Attack)是针对 RSA 加密硬件的攻击。
- 硬件错误攻击:利用硬件在低温、高温、振动等非正常环境下指令错误或运算错误的攻击方法。

2.3　ElGamal 公钥密码

本节主要讨论基于有限域上离散对数问题的公钥密码体制，其中最著名的是 ElGamal 密码体制，它是由 T. ElGamal 在 1985 年提出的。该密码体制既可用于加密，又可用于数字签名，也是最有代表性的公钥密码体制之一。由于 ElGamal 密码体制有较好的安全性，且同一明文在不同时刻会生成不同密文，在实际中得到广泛的应用，尤其在数字签名方面，著名的美国数字签名标准（Digital Signature Standard，DSS）其实就是 ElGamal 签名方案的一种变形。

2.3.1　ElGamal 密钥对的生成

ElGamal 密码体制的公私密钥对生成过程如下：

（1）随机选择一个满足安全要求的大素数 p，且要求 $p-1$ 有大素数因子，$g\in Z_p^*$（Z_p 是一个有 p 个元素的有限域，Z_p^* 是 Z_p 中的非零元构成的乘法群）是一个本原元；

（2）选一个随机数 $x(1<x<p-1)$，计算 $y\equiv g^x \bmod p$，则公钥为(y,g,p)，私钥为 x。

2.3.2　ElGamal 加解密算法

1. 加密过程

与 RSA 密码体制相同，加密时首先将明文比特串分组，使得每个分组对应的十进制数小于 p，即分组长度小于$\log_2 p$，然后对每个明文分组作加密运算。具体过程分为如下几步：

（1）得到接收方的公钥(y,g,p)；

（2）把消息 m 分组为长度为 $L(L<\log_2 p)$的消息分组 $m=m_1m_2\cdots m_t$；

（3）随机选择整数 r_i，$1<r_i<p-1(1\leqslant i\leqslant t)$；

（4）计算 $c_i\equiv g^{r_i} \bmod p$，$c_i'\equiv m_i y^{r_i} \bmod p(1\leqslant i\leqslant t)$；

（5）将密文 $C=(c_1,c_1')(c_2,c_2')\cdots(c_t,c_t')$发送给接收方。

2. 解密过程

（1）接收方收到的密文 $C=(c_1,c_1')(c_2,c_2')\cdots(c_t,c_t')$；

（2）使用私钥 x 和解密算法 $m_i\equiv(c_i'/c_i^x) \bmod p(1\leqslant i\leqslant t)$进行计算；

（3）得到明文 $m=m_1m_2\cdots m_t$。

3. 小结

下面证明 ElGamal 公钥密码加解密算法的正确性。

因为

$$y\equiv g^x \bmod p,c_i\equiv g^{r_i} \bmod p,c_i'\equiv m_i y^{r_i} \bmod p$$

所以

$$(c_i'/c_i^x) \bmod p\equiv(m_i y^{r_i}/g^{xr_i}) \bmod p\equiv(m_i g^{xr_i}/g^{xr_i}) \bmod p\equiv m_i$$

故

$$m_i \equiv (c_i'/c_i^x) \bmod p$$

得证。

表2.1总结了 ElGamal 公钥密钥体制。

ElGamal 加密过程需要两次模指数运算和一次模乘积运算,解密过程需要模指数运算和模乘积运算各一次(求逆运算忽略不计)。每次加密运算需要选择一个随机数,所以密文既依赖于明文,又依赖于选择的随机数,对于同一个明文,不同的时刻生成的密文不同。另外,ElGamal 加密使得消息扩展了两倍,即密文的长度是对应明文长度的两倍。

表 2.1　ElGamal 公钥密码体制

公钥	p:大素数 g:$g<p$ y:$y\equiv g^x \bmod p$
私钥	x:$1<x<p-1$
加密算法	r_i:随机选择,$1<r_i<p-1$ 密文:$c_i\equiv g^{r_i} \bmod p$ $c_i'\equiv m_i y^{r_i} \bmod p$
解密算法	明文:$m_i=(c_i'/c_i^x) \bmod p$

4. 实例

下面举一个简单的例子来说明如何用 ElGamal 公钥密码算法来对一段消息进行加解密。

例 2.1　假设发送方为 A,接收方为 B,B 选择素数 $p=13171$,生成元 $g=2$,私钥 $x=23$。A 用 ElGamal 算法将消息 $m=\text{bupt}$ 加密为密文 C 后传送给 B。消息 m 按英文字母表 a=00,b=01,…,z=25 编码,求加解密过程。

解　密钥生成:

$$y\equiv g^x \bmod p=2^{23} \bmod 13171=11852$$

则公钥为($p=13171$,$g=2$,$y=11852$),私钥为 $x=23$。

加密过程:消息按英文字母表编码。

分组明文:　　$m_1=\text{bu}$　　$m_2=\text{pt}$

对应编码:　　0120　　1519

对明文的加密过程如下:

$$c_1\equiv g^{r_1} \bmod p\equiv 2^{31} \bmod 13171\equiv 4782(\text{注:随机数为 }31)$$

$$c'_1\equiv m_1 y^r \bmod p\equiv 120\times 11852^{31} \bmod 13171\equiv 8218$$

$$c_2\equiv g^{r_2} \bmod p\equiv 2^{16} \bmod 13171\equiv 12852(\text{注:随机数为 }16)$$

$$c'_2\equiv m_2 y^r \bmod p\equiv 1519\times 11852^{16} \bmod 13171\equiv 4511$$

得密文

$$C=(c_1,c_1')(c_2,c_2')=(4782,8218)(12852,4511)$$

解密过程:对密文 C 的解密过程如下。

根据密文

$$C=(4782,8218)(12852,4511)$$

$$(c_1'/c_1^x) \bmod p \equiv (8218/4782^{23}) \bmod 13171 \equiv 0120$$

$$(c_2'/c_2^x) \bmod p \equiv (4511/12852^{23}) \bmod 13171 \equiv 1519$$

0120 所对应的明文为 $m_1=\text{bu}$，1519 所对应的明文为 $m_2=\text{pt}$。

故解密出明文 $m=m_1m_2=\text{bupt}$。

2.3.3 ElGamal 公钥密码的安全性

目前，对离散对数问题的研究取得了一些重要的研究成果，已经设计出了一些计算离散对数的算法。这里，主要介绍著名的小步-大步(Baby-step Giant-step)算法和速度较快的指数积分法(Index Calculus)。

1. 小步-大步算法

设 G 是以 g 为生成元的循环群，若求解离散对数问题 $y\equiv g^x(\bmod p)$，相当于已知 g 和 y 求 x。令 n 为群 G 的阶，即 $n=\#G$，并令 $m=\lfloor\sqrt{n}\rfloor$，即 m 为恰好不超过 $\sqrt{n}$ 的整数。当 $x=\log_g y$ 时，可以记 $x=mi+j$，其中 $0\leqslant i<m, 0\leqslant j<m$。这样首先对 $0\leqslant j<m$，计算 m 个 g^j，并把它们放在某个有序的查询表中。然后连续计算如下 m 个值：

$$y, yg^{-m}, yg^{-2m}, \cdots, yg^{-mi}, \cdots$$

在第 i 步，比较 yg^{-mi} 和 g^j，如果相等，则 $\log_g y=mi+j$。

注意，关于可查询表 g^j 的构造，最初需要 $\sqrt{n}$ 步。yg^{-mi} 和 g^j 的比较共有 $O(\sqrt{n})$ 次，每一次应该在不超过 $O(\sqrt{n})$ 的时间内完成，否则总共就需要 $O(n)$ 步，这就与穷举法没有区别了，因此查询表 g^j 的编排必须保证能非常快速地判断一个元素 yg^{-mi} 是否在表中。例如，在简单的情况，这个判断应只需要 $\log_2 m$ 次比较即可以完成，即查询表 g^j 是有序表。

例 2.2 计算 $\log_2 3 \bmod 101$。

解 这里 $p=101, g=2, y=3, m=\lfloor\sqrt{101}\rfloor=10$。

计算 $(0, g^0 \bmod 101), (1, g^1 \bmod 101), \cdots, (9, g^9 \bmod 101)$。即得到这样一个表：(0,1)，(1,2)，(2,4)，(3,8)，(4,16)，(5,32)，(6,64)，(7,27)，(8,54)，(9,7)。

按照数对第二分量由小到大排列，则得到

(0,1)，(1,2)，(2,4)，(9,7)，(3,8)，(4,16)，(7,27)，(5,32)，(8,54)，(6,64)

令 $a\equiv g^{-m} \bmod p\equiv 2^{-10} \bmod 101\equiv 65$，初始化 $b=y=3$，发现 3 不在表中，用 $ba \bmod p$ 代替 b，并且只要 b 不在表中就继续计算：

$$3\times 65 \bmod 101\equiv 94$$

$$94\times 65 \bmod 101\equiv 50$$

$$50\times 65 \bmod 101\equiv 18$$

$$18\times 65 \bmod 101\equiv 59$$

$$59\times 65 \bmod 101\equiv 98$$

$$98\times 65 \bmod 101\equiv 7$$

这一次发现 7 在表中，即 $3\times(2^{-10})^6 \bmod 101\equiv 7\equiv 2^9 \bmod 101$，此时 $i=6, j=9$。

所以，$\log_2 3 \bmod 101\equiv 6\times 10+9\equiv 69$。

为使计算更加有效方便,G 中的元素的大小或其他数字标识的记法是必要的。作为一个求解离散对数问题的算法,小步-大步攻击算法是通用且高效的,但较大的存储开销是它的一个明显不足。

2. 指数积分法

最迅速的计算离散对数的算法应为指数积分法,也称为亚指数时间算法。在实际操作中通常是结合筛法(如二次筛法和数域筛法)使用,故其计算复杂度的估计时间等同于使用相同筛法的因数分解。指数积分法适用于乘法群 Z_p^* 上的离散对数计算,但对椭圆曲线上的离散对数问题的计算是不合适的。

对于求解离散对数问题 $y \equiv g^x \pmod p$,指数积分法分如下几个步骤。

(1) 选取因子基 S

如同筛法选取小素数集基一样,选择 G 的一个较小的子集,$S=\{p_1, p_2, \cdots, p_m\}$。

(2) 建构同余方程组

对若干随机整数 $k(0 \leqslant k \leqslant p)$,计算 g^k。尝试将 g^k 写成 S 中的元素幂次的乘积,即 $g^k \equiv \prod_i p_i^{e_i} \bmod p$,式子两边取离散对数,得 $k \equiv \sum_i e_i \log_g(p_i) \bmod (p-1)$。

重复这个过程,直到有超过 i 个方程。

(3) 求$\log_g(p_i)$

求解方程组以求得因子基中元素以 g 为底的对数。如果方程组是不定的,则返回上一步并生成更多的方程。

(4) 计算 x

随机取整数 r,计算值 $yg^r \bmod p$,使得其值可表示为 S 中元素幂次的乘积,即 $yg^r = \prod_i p_i^{d_i} \bmod p$,取离散对数可得 $x \equiv \log_g(y) \bmod (p-1) \equiv -r + \sum_i d_i \log_g(p_i) \bmod (p-1)$,如果成功,即求得此解 x;如果不成功,选择不同的 r,并返回重新计算。

例 2.3 计算$\log_{11} 7 \bmod 29$。

解 取因子基 $S=\{2,3,5\}$。

考虑 g 的随机方幂,构建同余方程组:

$11^2 \bmod 29 \equiv 5$

$11^3 \bmod 29 \equiv 26$(失败,不能表为 S 中元素的乘积)

$11^5 \bmod 29 \equiv 14$(失败,不能表为 S 中元素的乘积)

$11^6 \bmod 29 \equiv 9 = 3^2$

$11^7 \bmod 29 \equiv 12 = 2^2 \times 3$

$11^9 \bmod 29 \equiv 2$

恰好在本例中,可以通过解模 28 的方程组获得 S 中元素的对数。由第 1 个关系式就可直接得到$\log_{11} 5 \bmod 28 \equiv 2$。由第 4 个关系式则可得 $6 \equiv 2 \times \log_{11} 3 \bmod 28$,因为对数前的系数 2 与模数 28 有一个公因子,因此不能唯一地确定$\log_{11} 3$。但是由最后一个关系式可直接得到$\log_{11} 2 \equiv 9$。然后再利用倒数第二个关系式,则有 $7 \equiv 2 \times \log_{11} 2 + \log_{11} 3 \bmod 28$,可得 $\log_{11} 3 \equiv 7$。

这就完成对因子基 $S=\{2,3,5\}$的预计算。为了求$\log_{11} 7 \bmod 29$,用 $g=11$ 的“随机”方幂乘以 $y \equiv 7 \bmod 29$,然后寻找可表示为因子基元素乘积的结果:

$$7 \times 11 \bmod 29 \equiv 19\text{(失败)}$$

$$7 \times 11^2 \bmod 29 \equiv 2 \times 3$$

因此，$\log_{11} 7 \bmod 28 \equiv \log_{11} 2 + \log_{11} 3 - 2 \equiv 9 + 17 - 2 \equiv 24$。

考虑到 Z_p^* 上离散对数问题的最新进展，512 bit 的模数 p 已经不足以抵挡联合攻击。从 1996 年起，推荐模数 p 至少为 768 bit，为了安全，建议使用 1 024 bit 或更大的数。另外，在加密中使用的随机数 r 必须是一次性的。因为如果使用的 r 不是一次性的，则攻击者获得 r 就能够在不知道私钥的情况下解密新的密文。例如，假设用同一个 r 加密两个消息 m_1 和 m_2，结果为(c_1, c_1')和(c_2, c_2')。由于 $c_1'/c_2' = m_1/m_2$，若 m_1 是已知的，则 m_2 就可以很容易计算出来。

2.4 椭圆曲线密码

2.4.1 椭圆曲线基础

椭圆曲线在代数学和几何学中已广泛研究了 150 多年之久，是代数几何、数论等多个数学分支的一个交叉点。后来在 RSA 密码体制所要求的素数越来越大、工程实现变得越来越困难时，人们发现椭圆曲线是克服此困难的一个较好的方法。

1985 年，Koblitz 和 Miller 提出了椭圆曲线密码体制（Elliptic Curve Cryptosystem，ECC）。ECC 自引入以来逐步形成了密码学分支的一个研究热点，尤其是在移动通信安全方面得到更加广泛的应用。特别地，以椭圆曲线上的(有理)点构成的 Abel 群为背景结构，实现各种密码体制已是公钥密码学领域的一个重要课题。

椭圆曲线并不是椭圆，之所以称为椭圆曲线是因为它们的曲线方程与计算椭圆周长的方程类似。一般来讲，椭圆曲线的曲线方程是用三次方程来表示的，它的一般形式为

$$y^2 + a_1 xy + a_3 y = x^3 + a_2 x^2 + a_4 x + a_5$$

其中，系数 $a_i (i=1,\cdots,5)$ 定义在某个域上，可以是有理数域、实数域、复数域，还可以是有限域。椭圆曲线密码是基于有限域上椭圆曲线有理点群的一种密码系统，其数学基础是利用椭圆曲线上的点构成的 Abelian 加法群构造的离散对数的计算困难性。而该 Abelian 加法群是利用椭圆曲线上的点构成的。

2.4.2 有限域上的椭圆曲线

1. 有限域 F_q 上的椭圆曲线

设 Q 是一个大于 3 的素数，有限域 F_q 上的椭圆曲线 $E(F_q)$ 是定义在仿射平面上的 3 次方程 $E: y^2 = x^3 + ax + b$ 的所有解与无穷远点 O 的并集，记作 $E(F_q) = \{(x,y) \mid y^2 = x^3 + ax + b, (x,y) \in F_q * F_q\} \cup \{O\}$，其中 Q 是素数，F_q 的特征值 $\mathrm{char}(F_q) \neq 2,3$，$a,b \in F_q$，且 $4a^2 + 27b^2 \neq 0$。

有限域 F_q 上的椭圆曲线的阶：$E(F_q)$中的点数是椭圆曲线的阶数，记作 $\# E(F_q)$，且有

$$q + 1 - 2\sqrt{q} \leqslant \# E(F_q) \leqslant q + 1 + 2\sqrt{q}$$

椭圆曲线 $E(F_q)$ 上点集对点的加法构成阿贝尔群,椭圆曲线上的点满足:

- 单位元 0:$P+0=0+P=P$,$-0=0$。
- 逆元 $-P$:若 $P=(x,y)\neq 0$,则 $-P=(x,-y)$ 且 $P+(-P)=0$。
- 结合律:$P,Q,R\in E(F_q)$,则 $(P+Q)+R=P+(Q+R)$。

椭圆曲线的运算应满足以下规则。

(1) 点的加法:令 $P_1,P_2\in E(F_q)$,$P_1=(x_1,y_1)$,$P_2=(x_2,y_2)$,则 $R=P_1+P_2=(x_3,y_3)\in E(F_q)$,其中

$$x_3=\mu^2-x_1-x_2,\ y_3=\mu(x_1-x_3)-y_1$$

$$\mu=\begin{cases}\dfrac{y_2-y_1}{x_2-x_1}, & P\neq Q\\ \dfrac{3x_1^2+a}{2y_1}, & P=Q\end{cases}$$

(2) 点 P 的数乘

点 P 的阶:令 $P=(x,y)\neq 0$,k 是整数,则 $kP=(x,y)+(x,y)+\cdots+(x,y)$($k-1$ 次加法)。点 P 的阶数 n 是满足 $nP=0$ 的最小整数。

在椭圆曲线密码体制中,一般在 $E(F_q)$ 上选取 $P=(x,y)$ 作为公共基点,要求这个公共基点的阶 n 为一个素数阶,并使 n 足够大,P 为生成元,阿贝尔群 $<P>=\{P,2P,3P,\cdots,nP\}\subseteq E(Fq)$ 是由点 P 生成的 n 阶循环子群,以 $<P>$ 来构建密码体制。

给定椭圆曲线 $E(F_q)$,点 $P\in E(F_q)$,P 的阶数为 n。对于给定点 $Q\in <P>$,求整数 $x\in[2,n-1]$,使得 $xP=Q$,这就是椭圆曲线离散对数问题(ECDLP),ECDLP 是一个 NPC 问题。

椭圆曲线在密码学中有广泛的应用,最简单、最直接的应用是基于椭圆曲线的密钥协商问题,即 ECC Diffie-Hellman 问题。

① A:选择随机数 $d_A\in[1,n-1]$,计算 $Q_A=d_AP$,A→B: Q_A;

② B:选择随机数 $d_B\in[1,n-1]$,计算 $Q_B=d_BP$,B→A: Q_B;

③ A 收到 Q_B 计算 $K=d_AQ_B=d_Ad_BP$;

④ B 收到 Q_A 计算 $K=d_BQ_A=d_Ad_BP$。

通过以上协议,通信双方 A 和 B 能够获得同一个密钥 K。

2. 有限域 GF(2^m)上的椭圆曲线

在密码学中主要用到的是特征值 char(F_q) $\neq 2,3$ 的有限域 F_q 中的椭圆曲线,下面简要介绍特征为 2 的有限域 GF(2^m)上的非超奇异(Non-super Singular)椭圆曲线。

非超奇异椭圆曲线 $E_{(a,b)}(\mathrm{GF}(2^m))$ 定义为满足方程 $y^2+xy=x^3+ax^2+b$ 的点 $(x,y)\in \mathrm{GF}(p)\times\mathrm{GF}(p)$ 和曲线上的无穷远点 O 所组成的集合,这里 $a,b\in\mathrm{GF}(2^m)$ 且 $b\neq 0$。一般的,将 $E_{(a,b)}(\mathrm{GF}(2^m))$ 简记为 E。这些点在下面定义的加法运算下构成一个 Abelian 群:设 P 和 Q 是椭圆曲线 $E_{(a,b)}(\mathrm{GF}(2^m))$ 上的两个点,若 $P=0$,则 $-P=0$,且 $P+Q=Q+P=Q$;令 $P=(x_1,y_2)$,$Q=(x_2,y_2)$,则 $-P=(x_1,y_1+x_1)$,且 $P+(-P)=(-P)+P=O$;若 $Q\neq -P$,则 $P+Q=(x_3,y_3)$,这里

$$x_3=\mu^2+\mu+x_1+x_2+a$$

$$y_3=\mu(x_1+x_3)+x_3+y_1$$

$$\mu=\begin{cases}\dfrac{y_2+y_1}{x_2+x_1}, & P\neq Q\\ \dfrac{x_1^2+y_1}{x_1}, & P=Q\end{cases}$$

2.4.3 参数选择

虽然椭圆曲线点运算的概念很容易理解,但产生合适的符合安全性条件的椭圆曲线和有效执行点乘运算的方法却非常复杂。合适的椭圆曲线参数一旦产生即可形成一椭圆曲线群,并可为许多用户公用,这些用户可基于此群生成其公/私密钥对。

对于超奇异椭圆曲线,可以利用 MOV 方法将 $E(F_q)$ 上的椭圆曲线离散对数问题归约为 F_q 的一个小的扩展域 F_q^k 上的椭圆曲线离散对数问题,然后在 F_q^k 上使用指数计算法求解。目前,相对来说,求解椭圆曲线离散对数问题最好的算法是 Polard ρ-方法和 Phling-Hellman 方法,时间复杂度都是指数级的。但当椭圆曲线的阶含有较大素因子时,这两种方法也是无效的,因此用来建立密码体制的椭圆曲线最好是非超奇异的。

给定有限域上的椭圆曲线后,要判断其是否属于非超奇异的椭圆曲线是很困难的,必须先计算它的阶,但精确计算有限域上椭圆曲线的阶目前还没有通用的有效算法。同时,利用有限域上的椭圆曲线建立加密及数字签名体制时,曲线的阶应当是已知的。因此,在选择椭圆曲线的时候,一般使用构造法。即先确定有限域 F_q 和其上的椭圆曲线的阶,再构造满足要求的椭圆曲线。

2.5 SM2 密码算法

2.5.1 产生背景

国家密码管理局于 2010 年 12 月 17 日发布了 SM2 算法,并要求现有的基于 RSA 算法的电子认证系统、密钥管理系统、应用系统进升级改造,使用支持国密 SM2 算法的证书。基于 ECC 椭圆曲线算法的 SM2 算法,则普遍采用 256 位密钥长度,它的单位安全强度相对较高,在工程应用中比较难以实现,破译或求解难度基本上是指数级的。因此,SM2 算法可以用较少的计算能力提供比 RSA 算法更高的安全强度,而所需的密钥长度却远比 RSA 算法低。

下面对 SM2 椭圆曲线公钥密码算法进行介绍,因为篇幅有限,部分内容未全部详细介绍。

2.5.2 算法描述

SM2 椭圆曲线公钥密码算法主要分为四个部分,分别是总则、数字签名算法、密钥交换协议以及公钥加密算法。四个部分的参数定义、符号描述和辅助函数等是通用的,因此先对这一方面介绍。

1. 算法参数与符号定义

(1) 符号定义

- $E(F_q)$:F_q 上椭圆曲线 E 的所有有理点(包括无穷远点 O)组成的集合。
- F_q:包含 q 个元素的素域。
- q:素域 F_q 中元素的数量。
- G:椭圆曲线的一个基点,其阶 n 为素数。
- n:基点 G 的阶。(n 是 $\# E(F_q)$的素因子。)
- O:椭圆曲线上的一个特殊点,称为无穷远点或零点,是椭圆曲线加法群的单位元。
- M:待签名的消息。
- M':待验证消息。
- $H_v(\ )$:消息摘要长度为 v 比特的密码杂凑函数。
- e:密码杂凑函数作用于消息 M 的输出值。
- e':密码杂凑函数作用于消息 M'的输出值。
- A, B:使用该密码系统的两个用户。
- d_A, d_B:用户 A 和用户 B 的私钥。
- P_A, P_B:用户 A 和用户 B 的公钥,这里$P_A=[d_A]G=(x_A, y_A)$,$P_B=[d_B]G=(x_B, y_B)$。
- ID_A, ID_B:用户 A 和用户 B 的可辨别标识。
- $x \| y$:x 与 y 的拼接,其中 x、y 可以是比特串或字节串。
- Z_A, Z_B:分别为用户 A 和用户 B 的可辨别标识、部分椭圆曲线系统参数和公钥的散列值。
- (r, s):发送的签名。
- (r', s'):收到的签名。

(2) 系统参数

椭圆曲线系统参数包括有限域 F_q 的规模 q(当 $q=2^m$ 时,还包括元素表示法的标识和约化多项式);定义椭圆曲线 $E(F_q)$的方程的两个元素 $a, b\in F_q$;$E(F_q)$上的基点 $G=(x_G, y_G)$($G\neq O$),其中 x_G 和 y_G 是 F_q 中的两个元素;G 的阶 n 及其他可选项(如 n 的余因子 h 等)。

(3) 辅助函数

在本节介绍的 SM2 椭圆曲线算法中,共涉及三类辅助函数:密码杂凑算法、密钥派生函数和随机数发生器。这三类辅助函数的强弱直接影响 SM2 算法的安全性。

对于杂凑算法,规定使用国家密码管理局批准的密码杂凑算法,如 SM3 密码杂凑算法。同样,随机数发生器也使用国家密码管理局批准的随机数发生器。

密钥派生函数,顾名思义,是从共享的秘密比特串中派生出密钥数据的函数。在密钥协商过程中,密钥派生函数作用在双方共享的秘密比特串上,从中产生所需的会话密钥或进一步加密所需的密钥数据。对于密钥派生函数的具体流程描述如下。

密钥派生函数需要调用密码杂凑函数。设密码杂凑函数为 $H_v()$,其输出是长度恰为 v 比特的散列值。

密钥派生函数 KDF(Z,klen)：

① 输入：比特串 Z，整数 klen(表示要获得的密钥数据的比特长度，要求该值小于$(2^{23}-1)v$)。

② 输出：长度为 klen 的密钥数据比特串 K。

③ 初始化一个 32 比特构成的计数器 ct＝0x00000001。

④ 对 i 从 1 到$\lceil \text{klen}/v \rceil$执行：

- 计算 $H_{a_i}=H_v(Z \parallel \text{ct})$；
- ct＋＋；
- 若 klen/v 是整数，令 $Ha!_{\lceil \text{klen}/v \rceil}=Ha_{\lceil \text{klen}/v \rceil}$，否则令 $Ha!_{\lceil \text{klen}/v \rceil}$ 为 $Ha_{\lceil \text{klen}/v \rceil}$ 最左边的 $(\text{klen}-(v \times \lfloor \text{klen}/v \rfloor))$ 比特；
- 令 $K=Ha_1 \parallel Ha_2 \parallel \cdots \parallel Ha_{\lceil \text{klen}/v \rceil -1} \parallel Ha!_{\lceil \text{klen}/v \rceil}$。

2. SM2 数字签名算法

SM2 椭圆曲线公钥密码算法中的数字签名算法包括数字签名生成算法和验证算法。该算法适用于商用密码应用中的数字签名和验证，同时也可满足多种密码应用中对身份认证和数据完整性、真实性的安全需求。

(1) 算法综述

数字签名算法由一个签名者对数据产生数字签名，并由一个验证者来验证签名的可靠性。每个签名者有一对公私钥，其中私钥用于产生签名，验证者用签名者的公钥来验证签名。这里用户 A 是签名者，用户 B 是验证者。在用户 A 生成签名之前，要用密码杂凑函数对 $\overline{M}$(包含 Z_A 和待签消息 M)进行压缩；在用户 B 验证签名之前，要用密码杂凑函数对 M'(包含 Z_A 和验证消息 M')进行压缩。

作为签名者的用户 A 具有长度为entlen_A 比特的可辨别标识ID_A，记ENTL_A 是由整数 entlen_A 转换而成的两字节数据，作为签名者的用户 A 和作为验证者的用户 B 都需要用密码杂凑算法来计算用户 A 的杂凑值 Z_A，即 $Z_A=H_{256}(\text{ENTL}_A \parallel \text{ID}_A \parallel a \parallel b \parallel x_G \parallel y_G \parallel x_A \parallel y_A)$。

(2) 数字签名生成算法

设待签名的消息为 M，为了获取对消息 M 的数字签名(r,s)，用户 A 需要实现以下操作步骤。

- A1：计算$\overline{M}=Z_A \parallel M$。
- A2：计算 $e=H_v(\overline{M})$，并将 e 的数据类型转换为整数。
- A3：用随机数发生器获取随机数 $k \in [1,n-1]$。
- A4：计算椭圆曲线点$(x_1,y_1)=[k]G$，并将 x_1 的数据类型转换为整数。
- A5：计算 $r=(e+x_1) \bmod n$，若 $r=0$ 或 $r+k=n$，则返回 A3。
- A6：计算 $s=((1+d_A)^{-1} \cdot (k-r \cdot d_A)) \bmod n$，若 $s=0$，则返回 A3。
- A7：将 r、s 的数据类型转换为字节串，(r,s)即为消息 M 的签名。

SM2 数字签名生成算法的流程如图 2.3 所示。

(3) 数字签名验证算法

用户 A 经过上述签名生成操作后，将计算所得的(r,s)发送给用户 B。用户 B 为了检验收到的消息 M'及其数字签名(r',s')，需要实现以下操作步骤。

- B1：验证 $r' \in [1,n-1]$是否成立，若不成立则签名验证不通过。
- B2：验证 $s' \in [1,n-1]$是否成立，若不成立则签名验证不通过。
- B3：求得$\overline{M}'=Z_A \parallel M'$。

- B4:计算$e'=H_v(\overline{M'})$,并将 e'的数据类型转换为整数。
- B5:将 r'、s'的数据类型转换为整数,计算 $t=(r'+s') \bmod n$,若 $t=0$,则签名验证不通过。
- B6:计算椭圆曲线点$(x'_1,y'_1)=[s']G+[t]P_A$。
- B7:将 x'_1的数据类型转换为整数,计算 $R=(e'+x'_1) \bmod n$,检验 $R=r'$是否成立,若成立则签名验证通过;否则签名验证不通过。

数字签名验证流程如图 2.4 所示。注:如果 Z_A 不是用户 A 所对应的杂凑值,验证自然通不过。

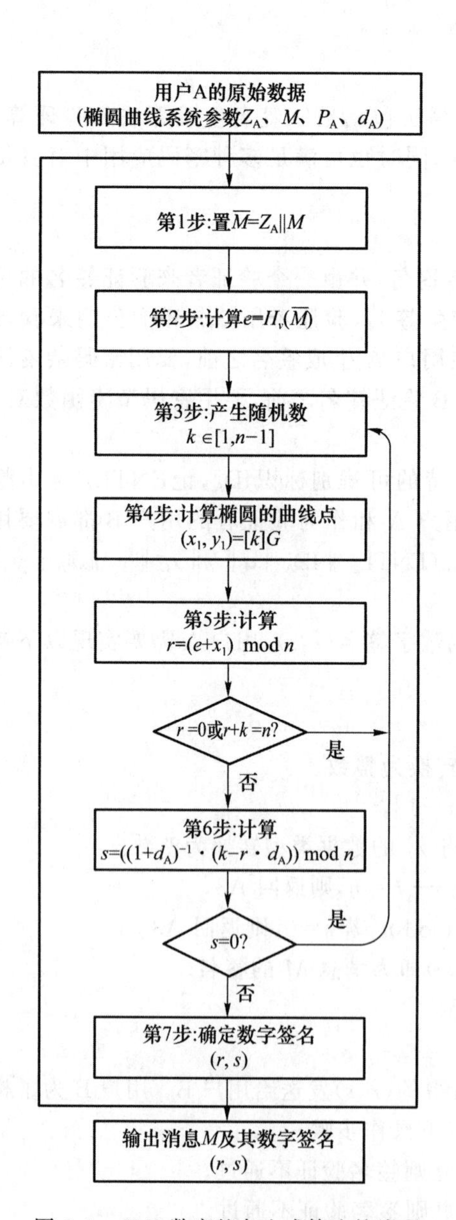

图 2.3 SM2 数字签名生成算法的流程

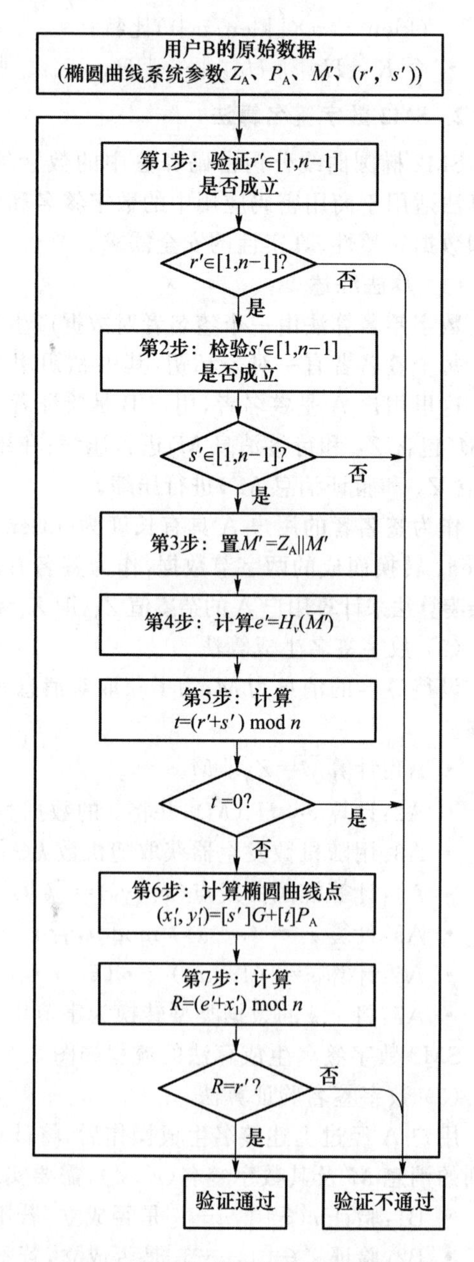

图 2.4 SM2 数字签名验证流程

3. SM2 密钥交换协议

SM2 椭圆曲线公钥密码算法中的密钥交换协议适用于商用密码应用中的密钥交换，即通信双方经过两次(或可选三次)信息传递过程，通过计算获取一个由双方共同决定的共享秘密密钥(会话密钥)。

(1) 协议概述

密钥交换协议是指用户 A 和用户 B 通过交互的信息传递，用各自的私钥和对方的公钥来协商出一个只有他们知道的秘密密钥的过程。这个共享的秘密密钥通常用在后续的某个对称密码算法中。该密钥交换协议可以用于密钥管理和协商等方面。

在前面数字签名算法的介绍中，已经细致阐述了用户 A 的散列值 Z_A 的计算方法。而在椭圆曲线密钥交换协议中，参与密钥协商的 A、B 双方都需要使用密码杂凑函数来计算获取用户 A 的散列值 Z_A 和用户 B 的散列值 Z_B。这里 Z_B 的计算方法与 Z_A 相同。

(2) 密钥交换协议的具体步骤

设用户 A 和用户 B 协商所获的密钥数据的长度为 klen 比特，其中用户 A 为协商发起方，用户 B 为响应方。用户 A 和用户 B 双方为了协商出相同的密钥，需要实现如下的操作步骤：记 $w=\mathrm{d}\lceil(\lceil\log_2(n)\rceil/2)\rceil-1$。

对于用户 A，

- A1：使用随机数发生器来生成随机数 $r_A\in[1,n-1]$。
- A2：计算椭圆曲线点 $R_A=[r_A]G=(x_1,y_1)$。
- A3：将 R_A 发送给用户 B。

对于用户 B，

- B1：使用随机数发生器来生成随机数 $r_B\in[1,n-1]$。
- B2：计算椭圆曲线点 $R_B=[r_B]G=(x_2,y_2)$。
- B3：从 R_B 中取出域元素 x_2，并将 x_2 的数据类型转换为整数，随后计算$\overline{x}_2=2^w+(x_2\&(2^w-1))$。
- B4：计算 $t_B=(d_B+\overline{x}_2\cdot r_B)\bmod n$。
- B5：在接收到用户 A 发送的 R_A 后，验证 R_A 是否满足椭圆曲线方程，若不满足则协商失败。否则，从 R_A 中取出 x_1，并将 x_1 的数据类型转换为整数，随后计算$\overline{x}_1=2^w+(x_1\&(2^w-1))$。
- B6：计算椭圆曲线点 $V=[h\cdot t_B](P_A+[\overline{x}_1]R_A)=(x_V,y_V)$，若 V 是无穷远点，则用户 B 协商失败。否则，x_V、y_V 的数据类型转换为比特串。
- B7：计算 $K_B=\mathrm{KDF}(x_V\parallel y_V\parallel Z_A\parallel Z_B,\mathrm{klen})$。
- B8(可选项)：将 R_A 的坐标 x_1、y_1 和 R_B 的坐标 x_2、y_2 的数据类型转换为比特串，计算 $S_B=\mathrm{Hash}(0\mathrm{x}02\parallel y_V\parallel \mathrm{Hash}(x_V\parallel Z_A\parallel Z_B\parallel x_1\parallel y_1\parallel x_2\parallel y_2))$。
- B9：将 R_B(或可选项 S_B)发送给用户 A。

对于用户 A，

- A4：从 R_A 中取出 x_1，并将 x_1 的数据类型转换为整数，随后计算$\overline{x}_1=2^w+(x_1\&(2^w-1))$。
- A5：计算 $t_A=(d_A+\overline{x}_1\cdot r_A)\bmod n$。
- A6：在接收到用户 B 发送的 R_B(或可选项 S_B)后，验证 R_B 是否满足椭圆曲线方程，若不满足则协商失败。否则,从 R_B 中取出 x_2,并将 x_2 的数据类型转换为整数,随后计算 $\overline{x}_2=2^w+(x_2\&(2^w-1))$。

- A7:计算椭圆曲线点 $U=[h\cdot t_A](P_B+[\overline{x}_2]R_B)=(x_U,y_U)$,若 U 是无穷远点,则用户 A 协商失败。否则,x_U、y_U 的数据类型转换为比特串。
- A8:计算 $K_A=\text{KDF}(x_U\parallel y_U\parallel Z_A\parallel Z_B,\text{klen})$。
- A9(可选项):将 R_A 的坐标 x_1、y_1 和 R_B 的坐标 x_2、y_2 的数据类型转换为比特串,计算 $S_1=\text{Hash}(0\text{x}02\parallel y_U\parallel \text{Hash}(x_U\parallel Z_A\parallel Z_B\parallel x_1\parallel y_1\parallel x_2\parallel y_2))$,并检验 $S_1=S_B$ 是否成立,若等式不成立则从 B 到 A 的密钥确认失败。
- A10(可选项):计算 $S_A=\text{Hash}(0\text{x}03\parallel y_U\parallel \text{Hash}(x_U\parallel Z_A\parallel Z_B\parallel x_1\parallel y_1\parallel x_2\parallel y_2))$,并将 S_A 发送给用户 B。

对于用户 B,

- B10(可选项):计算 $S_2=\text{Hash}(0\text{x}03\parallel y_V\parallel \text{Hash}(x_V\parallel Z_A\parallel Z_B\parallel x_1\parallel y_1\parallel x_2\parallel y_2))$,并检验 $S_2=S_A$ 是否成立,若等式不成立,则从 A 到 B 的密钥确认失败。

SM2 密钥交换协议流程如图 2.5 所示。注:如果 Z_A、Z_B 不是用户 A 和用户 B 对应的杂凑值,则自然不能达成一致的共享秘密值。

4. SM2 公钥加密算法

公钥加密算法规定发送者用接收者的公钥将消息加密成密文,接收者用自己的私钥对收到的密文进行解密还原成原始消息。这里用户 A 为消息发送者,用户 B 为消息接收者。用户 A 可以利用用户 B 的公钥对消息进行加密,用户 B 用其私钥进行解密,从而获取消息。

(1) 加密算法

设需要发送的消息为比特串 M,M 的比特长度为 klen。为了对消息 M 进行加密,用户 A 需要实现以下运算步骤。

- A1:使用随机数发生器生成随机数 $k\in[1,n-1]$。
- A2:计算椭圆曲线点 $C_1=[k]G=(x_1,y_1)$,并且将 C_1 的数据类型转换为比特串。
- A3:计算椭圆曲线点 $S=[h]P_B$,若 S 是无穷远点,则报错并退出。
- A4:计算椭圆曲线点 $[k]P_B=(x_2,y_2)$,并将坐标 x_2、y_2 的数据类型转换为比特串。
- A5:计算 $t=\text{KDF}(x_2\parallel y_2,\text{klen})$,若 t 为全 0 比特串,则返回 A1。
- A6:计算 $C_2=M\oplus t$。
- A7:计算 $C_3=\text{Hash}(x_2\parallel M\parallel y_2)$。
- A8:输出密文 $C=C_1\parallel C_2\parallel C_3$。

SM2 加密流程如图 2.6 所示。

(2) 解密算法

设 klen 为密文中 C_2 的比特长度。为了对密文 $C=C_1\parallel C_2\parallel C_3$ 进行解密,用户 B 需要实现以下运算步骤。

- B1:从 C 中取出比特串 C_1,并将 C_1 的数据类型转换为椭圆曲线上的点。验证 C_1 是否满足椭圆曲线方程,若不满足则报错并退出。
- B2:计算椭圆曲线点 $S=[h]C_1$,若 S 是无穷远点,则报错并退出。
- B3:计算 $[d_B]C_1=(x_2,y_2)$,将坐标 x_2、y_2 的数据类型转换为比特串。

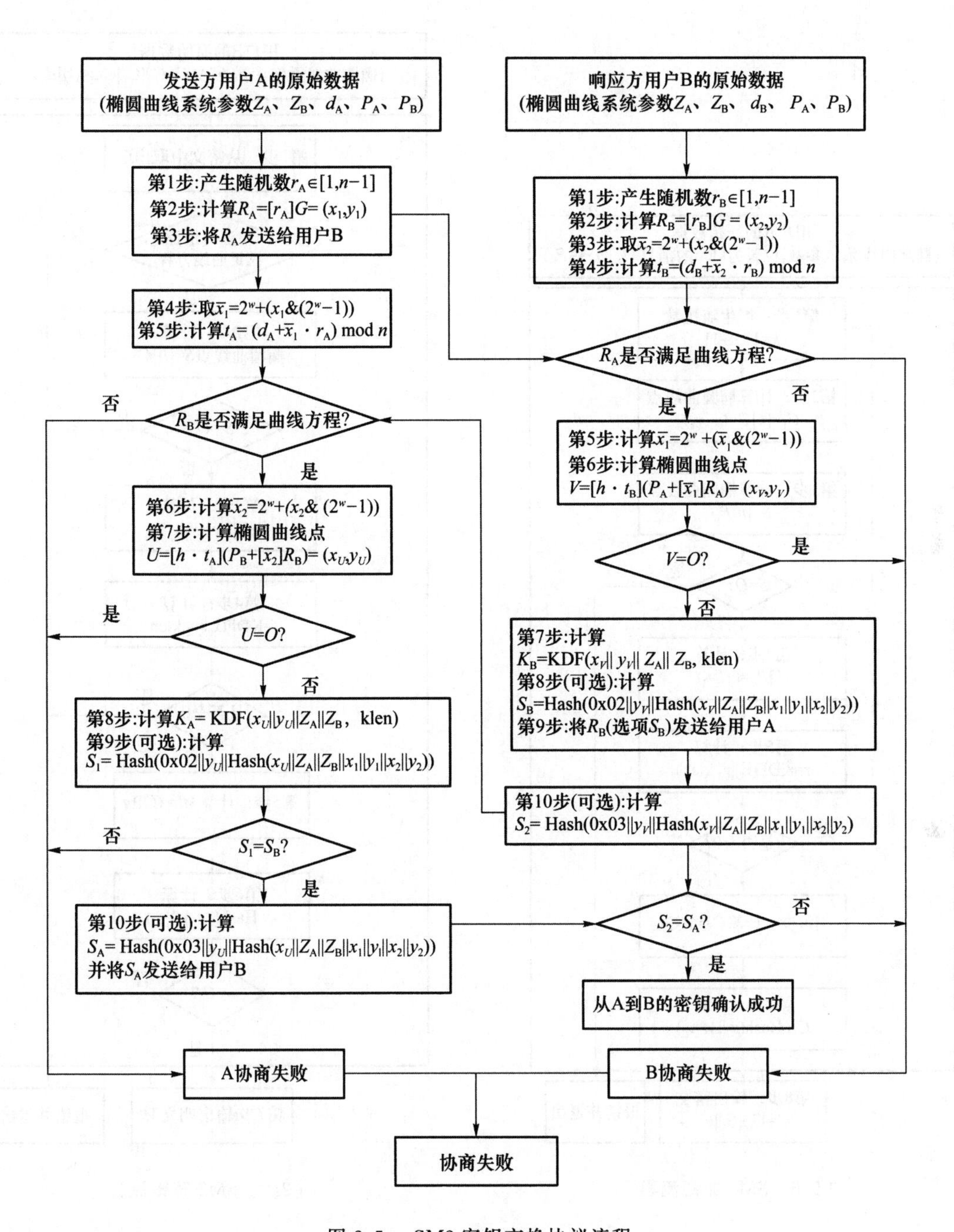

图 2.5　SM2 密钥交换协议流程

- B4:计算 $t=\mathrm{KDF}(x_2 \parallel y_2, \mathrm{klen})$,若 t 为全 0 比特串,则报错并退出。
- B5:从 C 中取出比特串 C_2,计算 $M'=C_2 \oplus t$。
- B6:计算 $u=\mathrm{Hash}(x_2 \parallel M' \parallel y_2)$,从 C 中取出比特串 C_3,若 $u \neq C_3$,则报错并退出。
- B7:输出明文 M'。

SM2 解密流程如图 2.7 所示。

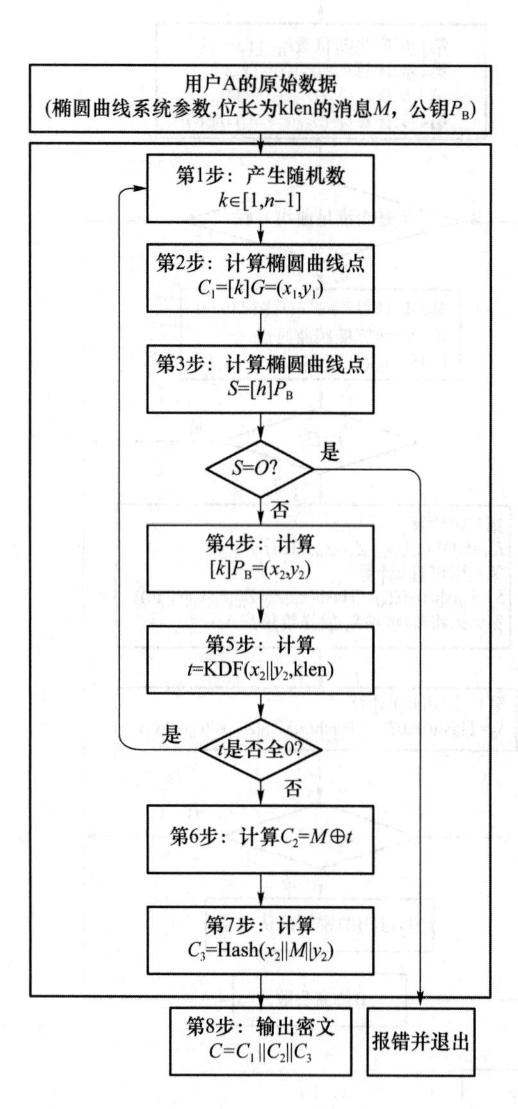

图 2.6　SM2 加密流程

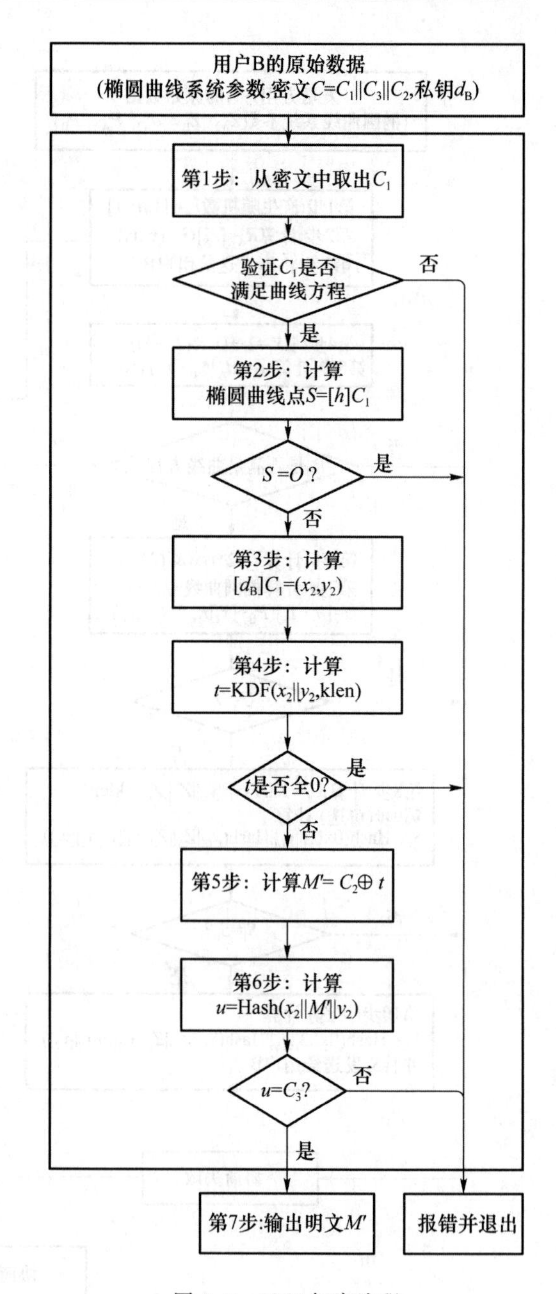

图 2.7　SM2 解密流程

2.5.3　算法示例

本示例选用本书 3.4 节介绍的 SM3 密码杂凑算法给出的密码杂凑函数,其输入是长度小于 2^{64} 的消息比特串,输出是长度为 256 比特的杂凑值,记为 $H_{256}()$。

本示例中,所有用十六进制表示的数,左边为高位,右边为低位,消息采用 ASCII 编码。

设用户 A 的身份是:ALICE123@YAHOO.COM。用 ASCII 编码记 ID_A:414C 49434531

32334059 41484F4F 2E434F4D。$ENTL_A$＝0090。

设用户B的身份是：BILL456@YAHOO.COM。用ASCII编码记ID_B：42 494C4C34 35364059 41484F4F 2E434F4D。$ENTL_B$＝0088。

1. 数字签名与验证示例：F_p 上的椭圆曲线数字签名

椭圆曲线方程为

$$y^2 = x^3 + ax + b$$

示例2.1：F_p-256

• 素数 p：

8542D69E 4C044F18 E8B92435 BF6FF7DE 45728391 5C45517D 722EDB8B 08F1DFC3

• 系数 a：

787968B4 FA32C3FD 2417842E 73BBFEFF 2F3C848B 6831D7E0 EC65228B 3937E498

• 系数 b：

63E4C6D3 B23B0C84 9CF84241 484BFE48 F61D59A5 B16BA06E 6E12D1DA 27C5249A

• 基点 $G=(x_G, y_G)$，其阶记为 n。

▪ 坐标 x_G：

421DEBD6 1B62EAB6 746434EB C3CC315E 32220B3B ADD50BDC 4C4E6C14 7FEDD43D

▪ 坐标 y_G：

0680512B CBB42C07 D47349D2 153B70C4 E5D7FDFC BFA36EA1 A85841B9 E46E09A2

▪ 阶 n：

8542D69E 4C044F18 E8B92435 BF6FF7DD 29772063 0485628D 5AE74EE7 C32E79B7

• 待签名的消息 M：message digest。

• 私钥 d_A：

128B2FA8 BD433C6C 068C8D80 3DFF7979 2A519A55 171B1B65 0C23661D 15897263

• 公钥 $P_A=(x_A, y_A)$：

▪ 坐标 x_A：

0AE4C779 8AA0F119 471BEE11 825BE462 02BB79E2 A5844495 E97C04FF 4DF2548A

▪ 坐标 y_A：

7C0240F8 8F1CD4E1 6352A73C 17B7F16F 07353E53 A176D684 A9FE0C6B B798E857

• 杂凑值 $Z_A = H_{256}(ENTL_A \parallel ID_A \parallel a \parallel b \parallel x_G \parallel y_G \parallel x_A \parallel y_A)$。

▪ Z_A：

F4A38489 E32B45B6 F876E3AC 2168CA39 2362DC8F 23459C1D 1146FC3D BFB7BC9A

（1）签名各步骤中的有关值

① $\overline{M} = Z_A \parallel M$：

F4A38489 E32B45B6 F876E3AC 2168CA39 2362DC8F 23459C1D 1146FC3D BFB7BC9A 6D657373 61676520 64696765 7374

② 密码杂凑函数值$\bar{e} = H_{256}(\overline{M})$：

B524F552 CD82B8B0 28476E00 5C377FB1 9A87E6FC 682D48BB 5D42E3D9 B9EFFE76

③ 产生随机数 k：

6CB28D99 385C175C 94F94E93 4817663F C176D925 DD72B727 260DBAAE 1FB2F96F

④ 计算椭圆曲线点$(x_1, y_1)=[k]G$:

• 坐标 x_1:

110FCDA5 7615705D 5E7B9324 AC4B856D 23E6D918 8B2AE477 59514657 CE25D112

• 坐标 y_1:

1C65D68A 4A08601D F24B431E 0CAB4EBE 084772B3 817E8581 1A8510B2 DF7ECA1A

⑤ 计算 $r=(e+x_1) \bmod n$:

40F1EC59 F793D9F4 9E09DCEF 49130D41 94F79FB1 EED2CAA5 5BACDB49 C4E755D1

⑥ $(1+d_A)^{-1}$:

79BFCF30 52C80DA7 B939E0C6 914A18CB B2D96D85 55256E83 122743A7 D4F5F956

⑦ 计算 $s=((1+d_A)^{-1} \cdot (k-r \cdot d_A)) \bmod n$:

6FC6DAC3 2C5D5CF1 0C77DFB2 0F7C2EB6 67A45787 2FB09EC5 6327A67E C7DEEBE7

⑧ 消息 M 的签名为(r,s):

• 值 r:

40F1EC59 F793D9F4 9E09DCEF 49130D41 94F79FB1 EED2CAA5 5BACDB49 C4E755D1

• 值 s:

6FC6DAC3 2C5D5CF1 0C77DFB2 0F7C2EB6 67A45787 2FB09EC5 6327A67E C7DEEBE7

(2) 验证各步骤中的有关值

① 密码杂凑函数值 $e'=H_{256}(\overline{M}')$:

B524F552 CD82B8B0 28476E00 5C377FB1 9A87E6FC 682D48BB 5D42E3D9 B9EFFE76

② 计算 $t=(r'+s') \bmod n$:

2B75F07E D7ECE7CC C1C8986B 991F441A D324D6D6 19FE06DD 63ED32E0 C997C801

③ 计算椭圆曲线点$(x_0', y_0')=[s']G$

• 坐标 x_0':

7DEACE5F D121BC38 5A3C6317 249F413D 28C17291 A60DFD83 B835A453 92D22B0A

• 坐标 y_0':

2E49D5E5 279E5FA9 1E71FD8F 693A64A3 C4A94611 15A4FC9D 79F34EDC 8BDDEBD0

④ 计算椭圆曲线点$(x_{00}', y_{00}')=[t]P_A$:

• 坐标 x_{00}':

1657FA75 BF2ADCDC 3C1F6CF0 5AB7B45E 04D3ACBE 8E4085CF A669CB25 64F17A9F

• 坐标 y_{00}':

19F0115F 21E16D2F 5C3A485F 8575A128 BBCDDF80 296A62F6 AC2EB842 DD058E50

⑤ 计算椭圆曲线点$(x_1', y_1')=[s']G+[t]P_A$:

• 坐标 x_1':

110FCDA5 7615705D 5E7B9324 AC4B856D 23E6D918 8B2AE477 59514657 CE25D112

• 坐标 y_1':

1C65D68A 4A08601D F24B431E 0CAB4EBE 084772B3 817E8581 1A8510B2 DF7ECA1A

⑥ 计算 $R=(e'+x_1') \bmod n$:

40F1EC59 F793D9F4 9E09DCEF 49130D41 94F79FB1 EED2CAA5 5BACDB49 C4E755D1

2. 密钥交换及验证示例：F_p 上椭圆曲线密钥交换协议

椭圆曲线方程为

$$y^2 = x^3 + ax + b$$

示例 2.2：F_p-256

- 素数 p：

8542D69E 4C044F18 E8B92435 BF6FF7DE 45728391 5C45517D 722EDB8B 08F1DFC3

- 系数 a：

787968B4 FA32C3FD 2417842E 73BBFEFF 2F3C848B 6831D7E0 EC65228B 3937E498

- 系数 b：

63E4C6D3 B23B0C84 9CF84241 484BFE48 F61D59A5 B16BA06E 6E12D1DA 27C5249A

- 余因子 h：1。
- 基点 $G=(x_G, y_G)$，其阶记为 n。
- 坐标 x_G：

421DEBD6 1B62EAB6 746434EB C3CC315E 32220B3B ADD50BDC 4C4E6C14 7FEDD43D

- 坐标 y_G：

0680512B CBB42C07 D47349D2 153B70C4 E5D7FDFC BFA36EA1 A85841B9 E46E09A2

- 阶 n：

8542D69E 4C044F18 E8B92435 BF6FF7DD 29772063 0485628D 5AE74EE7 C32E79B7

- 用户 A 的私钥 d_A：

6FCBA2EF 9AE0AB90 2BC3BDE3 FF915D44 BA4CC78F 88E2F8E7 F8996D3B 8CCEEDEE

- 用户 A 的公钥 $P_A=(x_A, y_A)$：
- 坐标 x_A：

3099093B F3C137D8 FCBBCDF4 A2AE50F3 B0F216C3 122D7942 5FE03A45 DBFE1655

- 坐标 y_A：

3DF79E8D AC1CF0EC BAA2F2B4 9D51A4B3 87F2EFAF 48233908 6A27A8E0 5BAED98B

- 用户 B 的私钥 d_B：

5E35D7D3 F3C54DBA C72E6181 9E730B01 9A84208C A3A35E4C 2E353DFC CB2A3B53

- 用户 B 的公钥 $P_B=(x_B, y_B)$：
- 坐标 x_B：

245493D4 46C38D8C C0F11837 4690E7DF 633A8A4B FB3329B5 ECE604B2 B4F37F43

- 坐标 y_B：

53C0869F 4B9E1777 3DE68FEC 45E14904 E0DEA45B F6CECF99 18C85EA0 47C60A4C

- 杂凑值 $Z_A = H_{256}(\mathrm{ENTL_A} \| \mathrm{ID_A} \| a \| b \| x_G \| y_G \| x_A \| y_A)$。
- Z_A：

E4D1D0C3 CA4C7F11 BC8FF8CB 3F4C02A7 8F108FA0 98E51A66 8487240F 75E20F31

- 杂凑值 $Z_B = H_{256}(\mathrm{ENTL_B} \| \mathrm{ID_B} \| a \| b \| x_G \| y_G \| x_B \| y_B)$
- Z_B：

6B4B6D0E 276691BD 4A11BF72 F4FB501A E309FDAC B72FA6CC 336E6656 119ABD67

（1）密钥交换 A1～A3 步骤中的有关值

① 产生随机数 r_A：

83A2C9C8 B96E5AF7 0BD480B4 72409A9A 327257F1 EBB73F5B 073354B2 48668563

② 计算椭圆曲线点 $R_A=[r_A]G=(x_1,y_1)$：

• 坐标 x_1：

6CB56338 16F4DD56 0B1DEC45 8310CBCC 6856C095 05324A6D 23150C40 8F162BF0

• 坐标 y_1：

0D6FCF62 F1036C0A 1B6DACCF 57399223 A65F7D7B F2D9637E 5BBBEB85 7961BF1A

(2) 密钥交换 B1～B9 步骤中的有关值

① 产生随机数 r_B：

33FE2194 0342161C 55619C4A 0C060293 D543C80A F19748CE 176D8347 7DE71C80

② 计算椭圆曲线点 $R_B=[r_B]G=(x_2,y_2)$：

• 坐标 x_2：

1799B2A2 C7782953 00D9A232 5C686129 B8F2B533 7B3DCF45 14E8BBC1 9D900EE5

• 坐标 y_2：

54C9288C 82733EFD F7808AE7 F27D0E73 2F7C73A7 D9AC98B7 D8740A91 D0DB3CF4

③ 取$\overline{x}_2=2^{127}+(x_2\&(2^{127}-1))$：

B8F2B533 7B3DCF45 14E8BBC1 9D900EE5

④ 计算 $t_B=(d_B+\overline{x}_2\cdot r_B)\bmod n$：

2B2E11CB F03641FC 3D939262 FC0B652A 70ACAA25 B5369AD3 8B375C02 65490C9F

⑤ 取$\overline{x}_1=2^{127}+(x_1\&(2^{127}-1))$：

E856C095 05324A6D 23150C40 8F162BF0

⑥ 计算椭圆曲线点$[\overline{x}_1]R_A=(x_{A0},y_{A0})$：

• 坐标 x_{A0}：

2079015F 1A2A3C13 2B67CA90 75BB2803 1D6F2239 8DD8331E 72529555 204B495B

• 坐标 y_{A0}：

6B3FE6FB 0F5D5664 DCA16128 B5E7FCFD AFA5456C 1E5A914D 1300DB61 F37888ED

⑦ 计算椭圆曲线点 $P_A+[\overline{x}_1]R_A=(x_{A1},y_{A1})$：

• 坐标 x_{A1}：

1C006A3B FF97C651 B7F70D0D E0FC09D2 3AA2BE7A 8E9FF7DA F32673B4 16349B92

• 坐标 y_{A1}：

5DC74F8A CC114FC6 F1A75CB2 86864F34 7F9B2CF2 9326A270 79B7D37A FC1C145B

⑧ 计算 $V=[h\cdot t_B](P_A+[\overline{x}_1]R_A)=(x_V,y_V)$：

• 坐标 x_V：

47C82653 4DC2F6F1 FBF28728 DD658F21 E174F481 79ACEF29 00F8B7F5 66E40905

• 坐标 y_V：

2AF86EFE 732CF12A D0E09A1F 2556CC65 0D9CCCE3 E249866B BB5C6846 A4C4A295

⑨ 计算 $K_B=\mathrm{KDF}(x_V\parallel y_V\parallel Z_A\parallel Z_B,\mathrm{klen})$：

• $x_V\parallel y_V\parallel Z_A\parallel Z_B$：

47C82653 4DC2F6F1 FBF28728 DD658F21 E174F481 79ACEF29 00F8B7F5 66E40905

2AF86EFE 732CF12A D0E09A1F 2556CC65 0D9CCCE3 E249866B BB5C6846 A4C4A295
E4D1D0C3 CA4C7F11 BC8FF8CB 3F4C02A7 8F108FA0 98E51A66 8487240F 75E20F31
6B4B6D0E 276691BD 4A11BF72 F4FB501A E309FDAC B72FA6CC 336E6656 119ABD67

- klen = 128。

⑩ 共享密钥 K_B：

55B0AC62 A6B927BA 23703832 C853DED4

⑪ 计算选项 $S_B=\text{Hash}(0x02 \| y_v \| \text{Hash}(x_v \| Z_A \| Z_B \| x_1 \| y_1 \| x_2 \| y_2))$：

- $x_V \| Z_A \| Z_B \| x_1 \| y_1 \| x_2 \| y_2$：

47C82653 4DC2F6F1 FBF28728 DD658F21 E174F481 79ACEF29 00F8B7F5 66E40905
E4D1D0C3 CA4C7F11 BC8FF8CB 3F4C02A7 8F108FA0 98E51A66 8487240F 75E20F31
6B4B6D0E 276691BD 4A11BF72 F4FB501A E309FDAC B72FA6CC 336E6656 119ABD67
6CB56338 16F4DD56 0B1DEC45 8310CBCC 6856C095 05324A6D 23150C40 8F162BF0
0D6FCF62 F1036C0A 1B6DACCF 57399223 A65F7D7B F2D9637E 5BBBEB85 7961BF1A
1799B2A2 C7782953 00D9A232 5C686129 B8F2B533 7B3DCF45 14E8BBC1 9D900EE5
54C9288C 82733EFD F7808AE7 F27D0E73 2F7C73A7 D9AC98B7 D8740A91 D0DB3CF4

- $\text{Hash}(x_V \| Z_A \| Z_B \| x_1 \| y_1 \| x_2 \| y_2)$：

FF49D95B D45FCE99 ED54A8AD 7A709110 9F513944 42916BD1 54D1DE43 79D97647

- $0x02 \| y_V \| \text{Hash}(x_V \| Z_A \| Z_B \| x_1 \| y_1 \| x_2 \| y_2)$：

02 2AF86EFE 732CF12A D0E09A1F 2556CC65 0D9CCCE3 E249866B BB5C6846
A4C4A295 FF49D95B D45FCE99 ED54A8AD 7A709110 9F513944 42916BD1 54D1DE43
79D97647

- 选项 S_B：

284C8F19 8F141B50 2E81250F 1581C7E9 EEB4CA69 90F9E02D F388B454 71F5BC5C

(3) 密钥交换 A4～A10 步骤中的有关值

① 取$\overline{x}_1 = 2^{127} + (x_1 \& (2^{127}-1))$：

E856C095 05324A6D 23150C40 8F162BF0

② 计算 $t_A=(d_A+\overline{x}_1 \cdot r_A) \bmod n$：

236CF0C7 A177C65C 7D55E12D 361F7A6C 174A7869 8AC099C0 874AD065 8A4743DC

③ 取$\overline{x}_2 = 2^{127}+(x_2 \& (2^{127}-1))$：

B8F2B533 7B3DCF45 14E8BBC1 9D900EE5

④ 计算椭圆曲线点$[\overline{x}_2]R_B=(x_{B0}, y_{B0})$：

- 坐标 x_{B0}：

66864274 6BFC066A 1E731ECF FF51131B DC81CF60 9701CB8C 657B25BF 55B7015D

- 坐标 y_{B0}：

1988A7C6 81CE1B50 9AC69F49 D72AE60E 8B71DB6C E087AF84 99FEEF4C CD523064

⑤ 计算椭圆曲线点 $P_B+[\overline{x}_2]R_B=(x_{B1}, y_{B1})$：

- 坐标 x_{B1}：

7D2B4435 10886AD7 CA3911CF 2019EC07 078AFF11 6E0FC409 A9F75A39 01F306CD

- 坐标 y_{B1}：

331F0C6C 0FE08D40 5FFEDB30 7BC255D6 8198653B DCA68B9C BA100E73 197E5D24

⑥ 计算$U=[h \cdot t_A](P_B+[\overline{x}_2]R_B)=(x_U,y_U)$：

- 坐标x_U：

47C82653 4DC2F6F1 FBF28728 DD658F21 E174F481 79ACEF29 00F8B7F5 66E40905

- 坐标y_U：

2AF86EFE 732CF12A D0E09A1F 2556CC65 0D9CCCE3 E249866B BB5C6846 A4C4A295

⑦ 计算$K_A=\text{KDF}(x_U \| y_U \| Z_A \| Z_B, \text{klen})$：

- $x_U \| y_U \| Z_A \| Z_B$：

47C82653 4DC2F6F1 FBF28728 DD658F21 E174F481 79ACEF29 00F8B7F5 66E40905
2AF86EFE 732CF12A D0E09A1F 2556CC65 0D9CCCE3 E249866B BB5C6846 A4C4A295
E4D1D0C3 CA4C7F11 BC8FF8CB 3F4C02A7 8F108FA0 98E51A66 8487240F 75E20F31
6B4B6D0E 276691BD 4A11BF72 F4FB501A E309FDAC B72FA6CC 336E6656 119ABD67

- klen=128。

⑧ 共享密钥K_A：

55B0AC62 A6B927BA 23703832 C853DED4

⑨ 计算选项$S_1=\text{Hash}(0\text{x}02 \| y_U \| \text{Hash}(x_U \| Z_A \| Z_B \| x_1 \| y_1 \| x_2 \| y_2))$

- $x_U \| Z_A \| Z_B \| x_1 \| y_1 \| x_2 \| y_2$：

47C82653 4DC2F6F1 FBF28728 DD658F21 E174F481 79ACEF29 00F8B7F5 66E40905
E4D1D0C3 CA4C7F11 BC8FF8CB 3F4C02A7 8F108FA0 98E51A66 8487240F 75E20F31
6B4B6D0E 276691BD 4A11BF72 F4FB501A E309FDAC B72FA6CC 336E6656 119ABD67
6CB56338 16F4DD56 0B1DEC45 8310CBCC 6856C095 05324A6D 23150C40 8F162BF0
0D6FCF62 F1036C0A 1B6DACCF 57399223 A65F7D7B F2D9637E 5BBBEB85 7961BF1A
1799B2A2 C7782953 00D9A232 5C686129 B8F2B533 7B3DCF45 14E8BBC1 9D900EE5
54C9288C 82733EFD F7808AE7 F27D0E73 2F7C73A7 D9AC98B7 D8740A91 D0DB3CF4

- $\text{Hash}(x_U \| Z_A \| Z_B \| x_1 \| y_1 \| x_2 \| y_2)$：

FF49D95B D45FCE99 ED54A8AD 7A709110 9F513944 42916BD1 54D1DE43 79D97647

$0x02 \| y_U \| \text{Hash}(x_U \| Z_A \| Z_B \| x_1 \| y_1 \| x_2 \| y_2)$：

02 2AF86EFE 732CF12A D0E09A1F 2556CC65 0D9CCCE3 E249866B BB5C6846 A4C4A295
FF49D95B D45FCE99 ED54A8AD 7A709110 9F513944 42916BD1 54D1DE43 79D97647

- 选项S_1：

284C8F19 8F141B50 2E81250F 1581C7E9 EEB4CA69 90F9E02D F388B454 71F5BC5C

⑩ 计算选项$S_A=\text{Hash}(0\text{x}03 \| y_U \| \text{Hash}(x_U \| Z_A \| Z_B \| x_1 \| y_1 \| x_2 \| y_2))$：

- $x_U \| Z_A \| Z_B \| x_1 \| y_1 \| x_2 \| y_2$：

47C82653 4DC2F6F1 FBF28728 DD658F21 E174F481 79ACEF29 00F8B7F5 66E40905
E4D1D0C3 CA4C7F11 BC8FF8CB 3F4C02A7 8F108FA0 98E51A66 8487240F 75E20F31
6B4B6D0E 276691BD 4A11BF72 F4FB501A E309FDAC B72FA6CC 336E6656 119ABD67
6CB56338 16F4DD56 0B1DEC45 8310CBCC 6856C095 05324A6D 23150C40 8F162BF0
0D6FCF62 F1036C0A 1B6DACCF 57399223 A65F7D7B F2D9637E 5BBBEB85 7961BF1A
1799B2A2 C7782953 00D9A232 5C686129 B8F2B533 7B3DCF45 14E8BBC1 9D900EE5

54C9288C 82733EFD F7808AE7 F27D0E73 2F7C73A7 D9AC98B7 D8740A91 D0DB3CF4

- $\text{Hash}(x_U \parallel Z_A \parallel Z_B \parallel x_1 \parallel y_1 \parallel x_2 \parallel y_2)$：

FF49D95B D45FCE99 ED54A8AD 7A709110 9F513944 42916BD1 54D1DE43 79D97647

- $0x03 \parallel y_U \parallel \text{Hash}(x_U \parallel Z_A \parallel Z_B \parallel x_1 \parallel y_1 \parallel x_2 \parallel y_2)$：

03 2AF86EFE 732CF12A D0E09A1F 2556CC65 0D9CCCE3 E249866B BB5C6846 A4C4A295
FF49D95B D45FCE99 ED54A8AD 7A709110 9F513944 42916BD1 54D1DE43 79D97647

- 选项 S_A：

23444DAF 8ED75343 66CB901C 84B3BDBB 63504F40 65C1116C 91A4C006 97E6CF7A

(4) 密钥交换B10步骤中的有关值

计算选项 $S_2 = \text{Hash}(0x03 \parallel y_V \parallel \text{Hash}(x_V \parallel Z_A \parallel Z_B \parallel x_1 \parallel y_1 \parallel x_2 \parallel y_2))$：

- $x_V \parallel Z_A \parallel Z_B \parallel x_1 \parallel y_1 \parallel x_2 \parallel y_2$：

47C82653 4DC2F6F1 FBF28728 DD658F21 E174F481 79ACEF29 00F8B7F5 66E40905
E4D1D0C3 CA4C7F11 BC8FF8CB 3F4C02A7 8F108FA0 98E51A66 8487240F 75E20F31
6B4B6D0E 276691BD 4A11BF72 F4FB501A E309FDAC B72FA6CC 336E6656 119ABD67
6CB56338 16F4DD56 0B1DEC45 8310CBCC 6856C095 05324A6D 23150C40 8F162BF0
0D6FCF62 F1036C0A 1B6DACCF 57399223 A65F7D7B F2D9637E 5BBBEB85 7961BF1A
1799B2A2 C7782953 00D9A232 5C686129 B8F2B533 7B3DCF45 14E8BBC1 9D900EE5
54C9288C 82733EFD F7808AE7 F27D0E73 2F7C73A7 D9AC98B7 D8740A91 D0DB3CF4

- $\text{Hash}(x_V \parallel Z_A \parallel Z_B \parallel x_1 \parallel y_1 \parallel x_2 \parallel y_2)$：

FF49D95B D45FCE99 ED54A8AD 7A709110 9F513944 42916BD1 54D1DE43 79D97647

- $0x03 \parallel y_V \parallel \text{Hash}(x_V \parallel Z_A \parallel Z_B \parallel x_1 \parallel y_1 \parallel x_2 \parallel y_2)$：

03 2AF86EFE 732CF12A D0E09A1F 2556CC65 0D9CCCE3 E249866B BB5C6846 A4C4A295
FF49D95B D45FCE99 ED54A8AD 7A709110 9F513944 42916BD1 54D1DE43 79D97647

- 选项 S_2：

23444DAF 8ED75343 66CB901C 84B3BDBB 63504F40 65C1116C 91A4C006 97E6CF7A

3. 消息加解密示例：F_P 上椭圆曲线消息加解密

椭圆曲线方程为

$$y^2 = x^3 + ax + b$$

示例 2.3：F_p-256

- 素数 p：

8542D69E 4C044F18 E8B92435 BF6FF7DE 45728391 5C45517D 722EDB8B 08F1DFC3

- 系数 a：

787968B4 FA32C3FD 2417842E 73BBFEFF 2F3C848B 6831D7E0 EC65228B 3937E498

- 系数 b：

63E4C6D3 B23B0C84 9CF84241 484BFE48 F61D59A5 B16BA06E 6E12D1DA 27C5249A

- 基点 $G = (x_G, y_G)$，其阶记 n。
  - 坐标 x_G：

421DEBD6 1B62EAB6 746434EB C3CC315E 32220B3B ADD50BDC 4C4E6C14 7FEDD43D

▪ 坐标 y_G：

0680512B CBB42C07 D47349D2 153B70C4 E5D7FDFC BFA36EA1 A85841B9 E46E09A2

▪ 阶 n：

8542D69E 4C044F18 E8B92435 BF6FF7DD 29772063 0485628D 5AE74EE7 C32E79B7

• 待加密的消息 M：encryption standard。

消息 M 的十六进制表示：

656E63 72797074 696F6E20 7374616E 64617264

• 私钥 d_B：

1649AB77 A00637BD 5E2EFE28 3FBF3535 34AA7F7C B89463F2 08DDBC29 20BB0DA0

• 公钥 $P_B=(x_B, y_B)$：

▪ 坐标 x_B：

435B39CC A8F3B508 C1488AFC 67BE491A 0F7BA07E 581A0E48 49A5CF70 628A7E0A

▪ 坐标 y_B：

75DDBA78 F15FEECB 4C7895E2 C1CDF5FE 01DEBB2C DBADF453 99CCF77B BA076A42

(1) 加密各步骤中的有关值

① 产生随机数 k：

4C62EEFD 6ECFC2B9 5B92FD6C 3D957514 8AFA1742 5546D490 18E5388D 49DD7B4F

② 计算椭圆曲线点 $C_1=[k]G=(x_1, y_1)$：

• 坐标 x_1：

245C26FB 68B1DDDD B12C4B6B F9F2B6D5 FE60A383 B0D18D1C 4144ABF1 7F6252E7

• 坐标 y_1：

76CB9264 C2A7E88E 52B19903 FDC47378 F605E368 11F5C074 23A24B84 400F01B8

在此 C_1 选用未压缩的表示形式，点转换成字节串的形式为 $PC \| x_1 \| y_1$，其中 PC 为单一字节且 PC＝04，仍记为 C_1。

③ 计算椭圆曲线点 $[k]P_B=(x_2, y_2)$：

• 坐标 x_2：

64D20D27 D0632957 F8028C1E 024F6B02 EDF23102 A566C932 AE8BD613 A8E865FE

• 坐标 y_2：

58D225EC A784AE30 0A81A2D4 8281A828 E1CEDF11 C4219099 84026537 5077BF78

④ 消息 M 的比特长度 klen＝152。

⑤ 计算 $t=\mathrm{KDF}(x_2 \| y_2, \mathrm{klen})$：

006E30 DAE231B0 71DFAD8A A379E902 64491603

⑥ 计算 $C_2=M \oplus t$：

650053 A89B41C4 18B0C3AA D00D886C 00286467

⑦ 计算 $C_3=\mathrm{Hash}(x_2 \| M \| y_2)$：

• $x_2 \| M \| y_2$：

64D20D27 D0632957 F8028C1E 024F6B02 EDF23102 A566C932 AE8BD613 A8E865FE
656E6372 79707469 6F6E2073 74616E64 61726458 D225ECA7 84AE300A 81A2D482
81A828E1 CEDF11C4 21909984 02653750 77BF78

• C_3：

9C3D7360 C30156FA B7C80A02 76712DA9 D8094A63 4B766D3A 285E0748 0653426D

⑧ 输出密文 $C=C_1 \| C_2 \| C_3$：

04245C26 FB68B1DD DDB12C4B 6BF9F2B6 D5FE60A3 83B0D18D 1C4144AB F17F6252 E776CB92 64C2A7E8 8E52B199 03FDC473 78F605E3 6811F5C0 7423A24B 84400F01 B8650053 A89B41C4 18B0C3AA D00D886C 00286467 9C3D7360 C30156FA B7C80A02 76712DA9 D8094A63 4B766D3A 285E0748 0653426D

(2) 解密各步骤中的有关值

① 计算椭圆曲线点$[d_B]C_1=(x_2, y_2)$：

• 坐标 x_2：

64D20D27 D0632957 F8028C1E 024F6B02 EDF23102 A566C932 AE8BD613 A8E865FE

• 坐标 y_2：

58D225EC A784AE30 0A81A2D4 8281A828 E1CEDF11 C4219099 84026537 5077BF78

② 计算 $t=\mathrm{KDF}(x_2 \| y_2, \mathrm{klen})$：

006E30 DAE231B0 71DFAD8A A379E902 64491603

③ 计算$M'=C_2 \oplus t$：

656E63 72797074 696F6E20 7374616E 64617264

④ 计算 $u=\mathrm{Hash}(x_2 \| M' \| y_2)$：

9C3D7360 C30156FA B7C80A02 76712DA9 D8094A63 4B766D3A 285E0748 0653426D

⑤ 输出明文M'：

656E63 72797074 696F6E20 7374616E 64617264

即为 encryption standard。

思考题

1. 简述公钥密码体制的优点。
2. 简述 RSA 密码算法的描述。
3. 针对 RSA 算法的攻击可分为哪几类？
4. 试比较 RSA 和 ECC 的安全性。
5. SM2 的安全性与哪几个方面有关？

第3章 密码杂凑函数

密码杂凑函数是一种将任意长度的输入明文变换为固定长度密文的函数。由于密码杂凑函数具有输出长度固定的特征，可以生成消息或数据块的“数据指纹”，也称消息摘要或散列值，因此被广泛应用于数字签名和消息认证等诸多领域。密码杂凑函数在现代密码学中有非常重要的作用。

3.1 密码杂凑函数

3.1.1 密码杂凑函数简介

密码学上的密码杂凑函数也称杂凑函数或报文摘要函数等，是一种将任意长度的消息 x 映射为某一固定长度的消息摘要(Message Digest) $H(x)$ 的函数。$H(x)$ 也称消息 x 的密码杂凑函数值或散列值。

从应用需求上来说，密码杂凑函数 H 必须满足以下性质。

① 输入为任意有限长度：函数 H 的输入是任意有限长度。

② 输出大小固定：函数 H 的输出是固定长度，如 MD5 输出 128 比特的密码杂凑函数值，SHA-1 输出 160 比特的密码杂凑函数值。

③ 计算容易：对任意给定的 x，计算 $H(x)$ 相对比较容易。

从安全意义上来说，密码杂凑函数 H 还应满足以下性质。

① 抗原像攻击(单向性)：对任意给定的散列值 h，找到满足 $H(x)=h$ 的 x 在计算上不可行。如果函数 $H(x)$ 满足这一性质，则称其为单向密码杂凑函数。

② 抗弱碰撞性(抗第二原像性)：对任意给定的分组 x，找到满足 $y\neq x$ 且 $H(x)=H(y)$ 的 y 在计算上是不可行的。如果单向密码杂凑函数满足这一性质，则称其是抗弱碰撞的。抗弱碰撞性的目的是防止伪造攻击，即防止不法攻击者将一份消息的指纹伪造成另一份消息的指纹。

③ 抗强碰撞性：找到任意两个不同的分组 x、y，使得 $H(x)=H(y)$ 在计算上是不可行的。如果单向密码杂凑函数满足这一性质，则称其是抗强碰撞的。

3.1.2 密码杂凑函数的分类

1. 按照有无密钥分类

按照有无密钥，密码杂凑函数可分为以下两类。

(1) 不带密钥的密码杂凑函数：它只有一个输入参数，通常被称为消息。不带密钥的密码杂凑函数主要是对消息的完整性进行检验。

(2) 带密钥的密码杂凑函数：它有两个不同的输入参数，分别称为消息和密钥。带密钥的密码杂凑函数能够对消息的来源和完整性进行认证，还能够产生密钥以及伪随机数等。

2. 按照设计方法分类

按照设计方法，密码杂凑函数可以分为以下三类。

(1) 基于分组密码设计的密码杂凑函数：基于分组密码构造密码杂凑函数，仅仅局限于通过对分组密码输入输出模式加以变换来构造压缩函数，不包括利用分组密码组件来构造密码杂凑函数。

(2) 基于模运算的密码杂凑函数：此类密码杂凑函数由于代数结构太好，很容易被攻破。另外，基于模运算的密码杂凑函数的实现速度也不好。

(3)标准密码杂凑函数：标准密码杂凑函数是目前使用较为广泛的密码杂凑函数，可以分为以下两类。

① 消息摘要(Message Digest，MD)系列：MD4、MD5、HAVAL、RIPEMD、RIPEMD-160 等。

1990 年，Rivest 构造了第一个标准密码杂凑函数 MD4。MD4 算法是 MD5、SHA-x、RIPMD 以及 HAVAL 等算法的基础，因此被称为 MD 系列的密码杂凑函数。MD4 通过 3 轮每轮 16 步共 48 步的运算，将任意长度的消息压缩为一个 128 比特的消息摘要。

MD5 是由 Rivest 于 1991 年提出的，是 MD4 的改进版本。MD5 通过 4 轮每轮 16 步共 64 步的运算，也是将任意长度的消息压缩为一个 128 比特的消息摘要，使用 4 个 32 比特的寄存器。

HAVAL 是由 Zheng 等人提出的，是 MD5 的改进版本。HAVAL 的每轮依然是 16 步，但是轮数可以是 3、4 或 5，输出的密码杂凑函数值长度分别为 128 比特、160 比特、192 比特或 224 比特。HAVAL 用高非线性的 7-变量函数取代了 MD5 的简单非线性函数。

RIPEMD 是为了欧共体的 PIPE 项目而研制的，是 MD4 的一种变形。其中 RIPEMD-160 是通过 10 轮每轮 16 步共 160 步的运算将任意长度的消息压缩为 160 比特的消息摘要。

② 安全散列算法(Secure Hash Algorithm，SHA)系列：SHA-1、SHA-256、SHA-384、SHA-512 等。

1993 年，美国 RSA 公司在 MD5 的基础上进行改进，提出了 SHA-0 算法。但是 SHA-0 在消息扩展过程中存在一些漏洞，因此 RSA 公司于 1994 年改进了 SHA-0 算法，改进后的算法称为 SHA-1。

SHA-1 通过 4 轮每轮 20 步共 80 步的运算，将长度不超过 2^{64} 位的消息压缩为 160 比特的消息摘要,与SHA-0相比,SHA-1的主要改变是添加了扩展转换。2002年,美国国家标准与技术研究所(NIST)发布了修订版的联邦信息处理标准(FIPS 180-2),其中给出了3种新的SHA版本,散列值长度依次为256比特、384比特和512比特,分别称为SHA-256、SHA-384和SAH-512。这些新的版本和SHA-1具有相同的基础结构,都使用了相同的模运算和逻辑运算。

标准密码杂凑函数与基于分组密码设计的密码杂凑函数相比,具有实现速度快的优点。

3.1.3 密码杂凑函数的应用

在密码学中,由于密码杂凑函数具有单向性、抗弱碰撞性和强碰撞等特殊性质,因此主要应用于数字签名和消息认证这两个方面。

1. 数字签名

由于密码杂凑函数计算出来的散列值比原来的消息短很多,所以对散列值进行签名比对消息进行签名更简单,因此密码杂凑函数可用于优化数字签名。

双方在进行签名时,必须事先协商好双方都支持的密码杂凑函数和签名算法。因为在数字签名中使用的是公钥算法,而公钥算法的缺点是运算速度较慢,所以先计算文件的密码杂凑函数值,再对密码杂凑函数值进行签名,一方面可以提高计算速度,另一方面也更安全。首先,密码杂凑函数的扩散性和混淆性可以破坏数字签名的某些结构,如同态结构。更重要的是,在数字签名中,签名者用私钥完成签名后,需要将文件和文件的签名值都公布出来,验证者用公钥进行验证。但是对某些需要保密的文件,这种签名方式不可行。由于密码杂凑函数值相当于文件的指纹,文件本身可以同它的密码杂凑函数值分开保存,签名验证也可以脱离数据文件本身的存在而进行,因此先计算文件的密码杂凑函数值,再对密码杂凑函数值进行签名,既可以保证文件的保密性,又可以对签名进行验证。

2. 消息认证

消息认证是用来验证消息完整性的一种机制或服务。由于密码杂凑函数的抗碰撞性,它相当于消息的指纹,所以可以用在消息完整性验证中。完整性验证是指数据未经授权不能被修改,即消息在存储或传输过程中不被修改的特性,它保证收到的数据是授权实体所发的数据。如果消息的密码杂凑函数值没变,就可以确定消息没有被篡改。当密码杂凑函数用于提供消息认证功能时,密码杂凑函数值通常称为消息摘要。

3. 口令存储

创建单向(One-way)口令文用于存储密码杂凑函数值,而非存储原始密码,大多数操作系统都采用了这种口令保护机制。例如,Windows操作系统存储在Shadows文件中的用户口令不是明文,即口令本身,而是口令的密码杂凑函数值。

4. 篡改检测

将需要保护文件的密码杂凑函数值 $H(x)$ 计算出来,然后将 $H(x)$ 存储在安全系统中,随后就能通过重新计算 $H(x)$ 来判断文件是否被恶意篡改过,如主页防篡改系统。主页防篡改系统是对网站主页的内容计算一个密码杂凑函数值,并将这个密码杂凑函数值存储在一个安全的地方,网页防篡改系统定期计算网站主页的密码杂凑函数值并和之前保存的密码杂凑函数值进行比较，以判断主页是否被篡改。

5. 构建随机函数(PRF)或用作伪随机发生器

密码杂凑函数还是许多密码体制和协议的安全保证，如群签名、MAC 码、电子货币、比特承诺、抛币协议和电子选举等。

3.2　MD5 算法

MD5 算法由 Rivest 开发，是密码杂凑函数中应用较为广泛的算法。MD5 是 MD4 的改进版本，通过 4 轮每轮 16 步共 64 步的运算，将长度小于 2^{64} 比特的消息压缩成长度为 128 比特的消息摘要。MD5 具有扩散性，明文 123456 用 MD5 加密后的 32 位小写是 e10adc3949ba59abbe56e057f20f883e。明文 123457 用 MD5 加密后的 32 位小写是 f1887d3f9e6ee7a32fe5e76f4ab80d63。明文的微小变化会带来密文的巨大变化。

3.2.1　算法描述

第一步：对输入信息进行处理。

设 x 是一个消息，用二进制表示。在原始信息中增加填充位(1～512 位，由一个 1 位和多个 0 位组成)，使初始消息长度等于一个值，即比 512 的倍数少 64 位。例如，如果初始消息长度为 2 000 位，则要填充 496 位，使消息长度为 2 448 位(因为 2 496＋64＝2 560＝512×5)。

增加填充位后，下一步计算消息原长度，将其加到填充后的消息末尾。如果消息长度超过 2^{64} 位，这时只用长度的低 64 位。这样的话整个消息(要散列的数据)的长度恰好为 512 位的倍数。

填充过程如图 3.1 所示。

原始消息 x	填充					长度
	1	0	0	…	0	x 长度
	1～512 位					64 位
要散列的数据						
←512 位的整数倍→						

图 3.1　填充过程

经过前面两步的填充和添加，输入信息的长度为 512 位的倍数。下面将输入信息分成 512 位的块，如图 3.2 所示。

要散列的数据					
块 1	块 2	块 3	块 4	…	块 n
512 位	512 位	512 位	512 位	…	512 位

图 3.2　分块

第二步：产生一个 128 位的消息摘要。

设 A、B、C、D 是4个32位的寄存器,其初值(用十六进制表示)分别为

$$A=01234567$$
$$B=89abcdef$$
$$C=fedcba98$$
$$D=76543210$$

处理块1,将其分成16个字(32 bit),如图3.3所示。

块 1							
X[0]	X[1]	X[2]	X[3]	X[4]	…	X[14]	X[15]

图3.3 处理块1

将寄存器 A、B、C、D 中的值存储到另外4个寄存器AA、BB、CC、DD中:

$$AA=A, \quad BB=B, \quad CC=C, \quad DD=D$$

执行Round 1,具体步骤如下(其中,$f(X,Y,Z)=(X\wedge Y)\vee(\overline{X}\wedge Z)$):

$$A=B+((A+f(B,C,D)+X[0]+T[1])\ll 7)$$
$$D=A+((D+f(A,B,C)+X[1]+T[2])\ll 12)$$
$$C=D+((C+f(D,A,B)+X[2]+T[3])\ll 17)$$
$$B=C+((B+f(C,D,A)+X[3]+T[4])\ll 22)$$
$$A=B+((A+f(B,C,D)+X[4]+T[5])\ll 7)$$
$$D=A+((D+f(A,B,C)+X[5]+T[6])\ll 12)$$
$$C=D+((C+f(D,A,B)+X[6]+T[7])\ll 17)$$
$$B=C+((B+f(C,D,A)+X[7]+T[8])\ll 22)$$
$$A=B+((A+f(B,C,D)+X[8]+T[9])\ll 7)$$
$$D=A+((D+f(A,B,C)+X[9]+T[10])\ll 12)$$
$$C=D+((C+f(D,A,B)+X[10]+T[11])\ll 17)$$
$$B=C+((B+f(C,D,A)+X[11]+T[12])\ll 22)$$
$$A=B+((A+f(B,C,D)+X[12]+T[13])\ll 7)$$
$$D=A+((D+f(A,B,C)+X[13]+T[14])\ll 12)$$
$$C=D+((C+f(D,A,B)+X[14]+T[15])\ll 17)$$
$$B=C+((B+f(C,D,A)+X[15]+T[16])\ll 22)$$

执行Round 2如下(其中,$g(X,Y,Z)=(X\wedge Z)\vee(Y\wedge\overline{Z})$):

$$A=B+((A+g(B,C,D)+X[1]+T[17])\ll 5)$$
$$D=A+((D+g(A,B,C)+X[6]+T[18])\ll 9)$$
$$C=D+((C+g(D,A,B)+X[11]+T[18])\ll 14)$$
$$B=C+((B+g(C,D,A)+X[0]+T[20])\ll 20)$$
$$A=B+((A+g(B,C,D)+X[5]+T[21])\ll 5)$$
$$D=A+((D+g(A,B,C)+X[10]+T[22])\ll 9)$$
$$C=D+((C+g(D,A,B)+X[15]+T[23])\ll 14)$$
$$B=C+((B+g(C,D,A)+X[4]+T[24])\ll 20)$$

$$A=B+((A+g(B,C,D)+X[9]+T[25])\ll 5)$$
$$D=A+((D+g(A,B,C)+X[14]+T[26])\ll 9)$$
$$C=D+((C+g(D,A,B)+X[3]+T[27])\ll 14)$$
$$B=C+((B+g(C,D,A)+X[8]+T[28])\ll 20)$$
$$A=B+((A+g(B,C,D)+X[13]+T[29])\ll 5)$$
$$D=A+((D+g(A,B,C)+X[2]+T[30])\ll 9)$$
$$C=D+((C+g(D,A,B)+X[7]+T[31])\ll 14)$$
$$B=C+((B+g(C,D,A)+X[12]+T[32])\ll 20)$$

执行 Round 3 如下(其中,$h(X,Y,Z)=X\oplus Y\oplus Z$):

$$A=B+((A+h(B,C,D)+X[5]+T[33])\ll 4)$$
$$D=A+((D+h(A,B,C)+X[8]+T[34])\ll 11)$$
$$C=D+((C+h(D,A,B)+X[11]+T[35])\ll 16)$$
$$B=C+((B+h(C,D,A)+X[14]+T[36])\ll 23)$$
$$A=B+((A+h(B,C,D)+X[1]+T[37])\ll 4)$$
$$D=A+((D+h(A,B,C)+X[4]+T[38])\ll 11)$$
$$C=D+((C+h(D,A,B)+X[7]+T[39])\ll 16)$$
$$B=C+((B+h(C,D,A)+X[10]+T[40])\ll 23)$$
$$A=B+((A+h(B,C,D)+X[13]+T[41])\ll 4)$$
$$D=A+((D+h(A,B,C)+X[0]+T[42])\ll 11)$$
$$C=D+((C+h(D,A,B)+X[3]+T[43])\ll 16)$$
$$B=C+((B+h(C,D,A)+X[6]+T[44])\ll 23)$$
$$A=B+((A+h(B,C,D)+X[9]+T[45])\ll 4)$$
$$D=A+((D+h(A,B,C)+X[12]+T[46])\ll 11)$$
$$C=D+((C+h(D,A,B)+X[15]+T[47])\ll 16)$$
$$B=C+((B+h(C,D,A)+X[2]+T[48])\ll 23)$$

执行 Round 4 如下(其中,$k(X,Y,Z)=Y\oplus(X\vee\overline{Z})$):

$$A=B+((A+k(B,C,D)+X[0]+T[49])\ll 6)$$
$$D=A+((D+k(A,B,C)+X[7]+T[50])\ll 10)$$
$$C=D+((C+k(D,A,B)+X[14]+T[51])\ll 15)$$
$$B=C+((B+k(C,D,A)+X[5]+T[52])\ll 21)$$
$$A=B+((A+k(B,C,D)+X[12]+T[53])\ll 6)$$
$$D=A+((D+k(A,B,C)+X[3]+T[54])\ll 10)$$
$$C=D+((C+k(D,A,B)+X[10]+T[55])\ll 15)$$
$$B=C+((B+k(C,D,A)+X[1]+T[56])\ll 21)$$
$$A=B+((A+k(B,C,D)+X[8]+T[57])\ll 6)$$
$$D=A+((D+k(A,B,C)+X[15]+T[58])\ll 10)$$
$$C=D+((C+k(D,A,B)+X[6]+T[59])\ll 15)$$

$$B=C+((B+k(C,D,A)+X[13]+T[60])\lll 21)$$
$$A=B+((A+k(B,C,D)+X[4]+T[61])\lll 6)$$
$$D=A+((D+k(A,B,C)+X[11]+T[62])\lll 10)$$
$$C=D+((C+k(D,A,B)+X[2]+T[63])\lll 15)$$
$$B=C+((B+k(C,D,A)+X[9]+T[64])\lll 21)$$

然后执行：

$$A=A+\mathrm{AA},\quad B=B+\mathrm{BB},\quad C=C+\mathrm{CC},\quad D=D+\mathrm{DD}$$

循环从 $j=2$ 至 n

{

① 用处理信息块 1 的方法顺序处理信息块 1 后面的第 j 个信息块

② $\mathrm{AA}=A,\mathrm{BB}=B,\mathrm{CC}=C,\mathrm{DD}=D$

③ Round 1;Round 2;Round 3;Round 4

④ $A=A+\mathrm{AA},B=B+\mathrm{BB},C=C+\mathrm{CC},D=D+\mathrm{DD}$

}

最后,所有信息块处理完之后,寄存器变量的值(A,B,C,D)就是信息 x 的 128 比特的散列值。

3.2.2 安全性分析

相对于异或运算来说,MD5 中使用的 4 个非线性函数中的非线性运算是“按位或”和“按位与”。单纯从这 4 个非线性函数来看,它不提供输入消息的横向扩散,进行扩散的环节是模 2^{32} 加法运算,由于低位向高位进位的原因,实现了输入、输出的非线性关系,同时使得该环节输入消息的低位向输出比特的高位扩散,再结合循环左移的运算,从而实现了输入消息的完全扩散。

3.3 SHA-1 算法

安全散列算法(SHA)是由美国国家标准与技术研究所设计的,并于 1993 年作为联邦信息处理标准(FIPS180)发布,修订版本于 1995 年发布(FIPS180-l),通常称为 SHA-1。实际的标准文件称为安全散列标准。

SHA-1 算法输出长度为 160 比特。SHA-1 算法将被填充后的输入消息分割成长度均为 512 位的消息块,对每一个消息块,经过 4 轮迭代,每轮 20 步操作,反复压缩迭代,最终输出消息的密码杂凑函数值。

SHA-1 算法接受任意长度的输入数据,输出 160 比特的杂凑函数值,其算法与 MD5 相似,两者的预处理消息填充过程相同,算法的主循环同样包含了 4 轮操作,每一次主循环处理的分组长度同样为 512 比特,不同的是 SHA-l 每次循环中操作数比较多(80 次),并且它处理的缓存及最终生成的杂凑值更长(160 比特),这样在相同的硬件上,SHA-1 的速度比 MD5 稍慢。

1. 消息填充

在运算之前先要对信息进行处理,在原始信息中增加填充位(1～512 位,由一个 1 位和多个 0 位组成),使初始消息长度等于一个值,即比 512 的倍数少 64 位。然后在最后添加 64 比特的原始消息长度。消息完整填充如图 3.1 所示。

2. 消息扩展

填充后的消息是 512 位的整数倍,把它们划分成 512 比特的分组,对于每一个 512 比特的分组分割成 16 个字(32 比特),记为($m_0,m_1,m_2,\cdots,m_{15}$)。然后将这 16 个字用如下的扩展方式扩展成 80 个消息字。

扩展方式为

$$W_i=\begin{cases} m_i, & 0\leqslant i\leqslant 15 \\ (W_{i-3}\oplus W_{i-8}\oplus W_{i-14}\oplus W_{i-16})\lll 1, & \text{其他} \end{cases}$$

对每个消息字 W_i 的 32 比特位分别标记为(31,30,…,1,0)。

3. 密码杂凑函数迭代

SHA-1 的迭代函数一共需要 80 步,分成 4 轮来实现,每轮 20 步,第 j 轮第 i 步的步函数如下。

$$\begin{aligned} A_{i+1}&=(A_i\lll 5)+f_j(B_i,C_i,D_i)+E_i+W[i]+K_j \\ B_{i+1}&=A_i \\ C_{i+1}&=(B_i\lll 30) \\ D_{i+1}&=C_i \\ E_{i+1}&=D_i \end{aligned}$$

其中:

$$f_j(X,Y,Z)\begin{cases} (X\wedge Y)\vee(\overline{X}\wedge Z), & j=1 \\ X\oplus Y\oplus Z, & j=2 \\ (X\wedge Y)\vee(X\wedge Z)\vee(Y\wedge Z), & j=3 \\ X\oplus Y\oplus Z, & j=4 \end{cases}$$

链接变量的初始值(A_0,B_0,C_0,D_0,E_0)为(ox67452301,oxefcdab89,ox98badcfe,ox10325476,oxc3d2e1f0)。K_j 为常数,具体数值如下:

$$K_j=\begin{cases} \text{0x5a827999}, & 0\leqslant j\leqslant 19 \\ \text{0x6ed9eba1}, & 20\leqslant j\leqslant 39 \\ \text{0x8f1bbcdc}, & 40\leqslant j\leqslant 59 \\ \text{0xca62c1d6}, & 60\leqslant j\leqslant 79 \end{cases}$$

对每一信息分组进行 80 步运算,所有信息计算完之后,链接变量的值(A,B,C,D,E)即为密码杂凑函数运算的结果。

3.4　SM3算法

SM3算法适用于商用密码应用中的数字签名和验证、消息认证码的生成与验证及随机数的生成,可满足多种密码应用的安全需求。

3.4.1　算法描述

1. 符号

- $ABCDEFGH$:8个字寄存器或它们的值的串联。
- $B^{(i)}$:第i个消息分组。
- CF:压缩函数。
- FF_j:布尔函数,随j的变化取不同的表达式。
- GG_j:布尔函数,随j的变化取不同的表达式。
- IV:初始值,用于确定压缩函数寄存器的初态。
- P_0:压缩函数中的置换函数。
- P_1:消息扩展中的置换函数。
- T_j:常量,随j的变化取不同的值。
- m:消息。
- m':填充后的消息。
- mod:模运算。
- $\wedge$:32 bit与运算。
- $\vee$:32 bit或运算。
- $\oplus$:32 bit异或运算。
- $\neg$:32 bit非运算。
- $+$:mod 2^{32}算术加运算。
- $<<<k$:循环左移k比特运算。
- $\leftarrow$:左向赋值运算符。

2. 常数与函数

(1) 初始值

SM3算法的初始值IV共256比特,由8个32比特串联构成,具体值如下:

IV=7380166f 4914b2b9 172442d7 da8a0600 a96f30bc 163138aa e38dee4d b0fb0e4e

(2)常量

$$T_j=\begin{cases}79cc4519, & 0\leqslant j\leqslant 15\\ 7a879d8a, & 16\leqslant j\leqslant 63\end{cases}$$

(3) 布尔函数

$$\mathrm{FF}_j(X,Y,Z)\begin{cases}X\oplus Y\oplus Z, & 0\leqslant j\leqslant 15\\ (X\wedge Y)\vee(X\wedge Z)\vee(Y\wedge Z), & 16\leqslant j\leqslant 63\end{cases}$$

$$GG_j(X,Y,Z)\begin{cases}X\oplus Y\oplus Z, & 0\leqslant j\leqslant 15\\(X\wedge Y)\vee(\neg X\wedge Z), & 16\leqslant j\leqslant 63\end{cases}$$

式中，X、Y、Z 为字。

（4）置换函数

$$P_0(X)=X\oplus(X\lll 9)\oplus(X\lll 17)$$

$$P_1(X)=X\oplus(X\lll 15)\oplus(X\lll 23)$$

式中，X 为字。

3. 算法描述

（1）算法描述

对长度为 $l(l<2^{64})$ 比特的消息 m，使用 SM3 算法经过填充和迭代压缩，生成杂凑值，杂凑值长度为 256 比特。

（2）填充

假设消息 m 的长度为 l 比特。首先将比特"1"添加到消息的末尾，再添加 k 个"0"，k 是满足 $l+1+k=448 \bmod 512$ 的最小的非负整数。然后再添加一个 64 位比特串，该比特串是长度 l 的二进制表示。填充后的消息 m' 的比特长度为 512 的倍数。

（3）迭代压缩

① 迭代过程

将填充后的消息 m' 按 512 bit 进行分组：$m'=B^{(0)}B^{(1)}\cdots B^{(n-1)}$，其中 $n=(l+k+65)/512$。对 m' 按下列方式迭代：

```
FOR i = 0 To n − 1
    V(i+1) = CF(V(i),B(i))
END FOR
```

其中，CF 是压缩函数，$V^{(0)}$ 为 256 bit 初始值 IV，$B^{(i)}$ 为填充后的消息分组，迭代压缩的结果为 $V^{(n)}$。

② 消息扩展

将消息分组 $B^{(i)}$ 按以下方法扩展生成 132 个字 $W_0,W_1,\cdots,W_{67},W'_0,W'_1,\cdots,W'_{63}$，用于压缩函数 CF。

将消息分组 $B^{(i)}$ 划分为 16 个字 $W_0,W_1,\cdots,W_{15}$。

```
FOR j = 16 TO 67
    Wj ← P1(Wj-16 ⊕ Wj-9 ⊕ (Wj-3 <<< 15)) ⊕ (Wj-13 <<< 7) ⊕ Wj-6
END FOR
FOR j = 0 TO 63
    W′j = Wj ⊕ Wj+4
END FOR
```

③ 压缩函数

令 A、B、C、D、E、F、G、H 为字寄存器，SS1、SS2、TT1、TT2 为中间变量，压缩函数 $V^{(i+1)}=\mathrm{CF}(V^{(i)},B^{(i)})$，$0\leqslant i\leqslant n-1$。计算过程描述如下：

```
ABCDEFGH ← V(i)
FOR j = 0 TO 63
```

SS1←((A<<<12)+E+(T_j<<<j))≪7

SS2←SS1⊕(A<<<12)

TT1←FF_j(A,B,C)+D+SS2+W'_j

TT2←GG_j(E,F,G)+H+SS1+W_j

D←C

C←B≪9

B←A

A←TT1

H←G

G←F<<<19

F←E

E←P_0(TT2)

END FOR

$V^{(i+1)}$←ABCDEFGH⊕$V^{(i)}$

其中,字的存储为大端格式。

④ 杂凑值

ABCDEFGH←$V^{(n)}$

输出 256 bit 的杂凑值 y=ABCDEFGH。

3.4.2 算法示例

输入消息为"abc",其 ASCII 表示为

616263

填充后的消息

61626380 00000000 00000000 00000000 00000000 00000000 00000000 00000000
00000000 00000000 00000000 00000000 00000000 00000000 00000000 00000018

扩展后的消息

$W_0, W_1, \cdots, W_{67}$

61626380 00000000 00000000 00000000 00000000 00000000 00000000 00000000
00000000 00000000 00000000 00000000 00000000 00000000 00000000 00000018
9092e200 00000000 000c0606 719c70ed 00000000 8001801f 939f7da9 00000000
2c6fa1f9 adaaef14 00000000 0001801e 9a965f89 49710048 23ce86a1 b2d12f1b
e1dae338 f8061807 055d68be 86cfd481 1f447d83 d9023dbf 185898e0 e0061807
050df55c cde0104c a5b9c955 a7df0184 6e46cd08 e3babdf8 70caa422 0353af50
a92dbca1 5f33cfd2 e16f6e89 f70fe941 ca5462dc 85a90152 76af6296 c922bdb2
68378cf5 97585344 09008723 86faee74 2ab908b0 4a64bc50 864e6e08 f07e6590
325c8f78 accb8011 e11db9dd b99c0545

$W'_0, W'_1, \cdots, W'_{63}$

61626380 00000000 00000000 00000000 00000000 00000000 00000000 00000000

00000000 00000000 00000000 00000018 9092e200 00000000 000c0606 719c70f5
9092e200 8001801f 93937baf 719c70ed 2c6fa1f9 2dab6f0b 939f7da9 0001801e
b6f9fe70 e4dbef5c 23ce86a1 b2d0af05 7b4cbcb1 b177184f 2693ee1f 341efb9a
fe9e9ebb 210425b8 1d05f05e 66c9cc86 1a4988df 14e22df3 bde151b5 47d91983
6b4b3854 2e5aadb4 d5736d77 a48caed4 c76b71a9 bc89722a 91a5caab f45c4611
6379de7d da9ace80 97c00c1f 3e2d54f3 a263ee29 12f15216 7fafe5b5 4fd853c6
428e8445 dd3cef14 8f4ee92b 76848be4 18e587c8 e6af3c41 6753d7d5 49e260d5

迭代压缩中间值

j	A	B	C	D	E	F	G	H
	7380166f	4914b2b9	172442d7	da8a0600	a96f30bc	163138aa	e38dee4d	b0fb0e4e
0	b9edc12b	7380166f	29657292	172442d7	b2ad29f4	a96f30bc	c550b189	e38dee4d
1	ea52428c	b9edc12b	002cdee7	29657292	ac353a23	b2ad29f4	85e54b79	c550b189
2	609f2850	ea52428c	db825773	002cdee7	d33ad5fb	ac353a23	4fa59569	85e54b79
3	35037e59	609f2850	a48519d4	db825773	b8204b5f	d33ad5fb	d11d61a9	4fa59569
4	1f995766	35037e59	3e50a0c1	a48519d4	8ad212ea	b8204b5f	afde99d6	d11d61a9
5	374a0ca7	1f995766	06fcb26a	3e50a0c1	acf0f639	8ad212ea	5afdc102	afde99d6
6	33130100	374a0ca7	32aecc3f	06fcb26a	3391ec8a	acf0f639	97545690	5afdc102
7	1022ac97	33130100	94194e6e	32aecc3f	367250a1	3391ec8a	b1cd6787	97545690
8	d47caf4c	1022ac97	26020066	94194e6e	6ad473a4	367250a1	64519c8f	b1cd6787
9	59c2744b	d47caf4c	45592e20	26020066	c6a3ceae	6ad473a4	8509b392	64519c8f
10	481ba2a0	59c2744b	f95e99a8	45592e20	02afb727	c6a3ceae	9d2356a3	8509b392
11	694a3d09	481ba2a0	84e896b3	f95e99a8	9dd1b58c	02afb727	7576351e	9d2356a3
12	89cbcd58	694a3d09	37454090	84e896b3	6370db62	9dd1b58c	b938157d	7576351e
13	24c95abc	89cbcd58	947a12d2	37454090	1a4a2554	6370db62	ac64ee8d	b938157d
14	7c529778	24c95abc	979ab113	947a12d2	3ee95933	1a4a2554	db131b86	ac64ee8d
15	34d1691e	7c529778	92b57849	979ab113	61f99646	3ee95933	2aa0d251	db131b86
16	796afab1	34d1691e	a52ef0f8	92b57849	067550f5	61f99646	c999f74a	2aa0d251
17	7d27cc0e	796afab1	a2d23c69	a52ef0f8	b3c8669b	067550f5	b2330fcc	c999f74a
18	d7820ad1	7d27cc0e	d5f562f2	a2d23c69	575c37d8	b3c8669b	87a833aa	b2330fcc
19	f84fd372	d7820ad1	4f981cfa	d5f562f2	a5dceaf1	575c37d8	34dd9e43	87a833aa
20	02c57896	f84fd372	0415a3af	4f981cfa	74576681	a5dceaf1	bec2bae1	34dd9e43
21	4d0c2fcd	02c57896	9fa6e5f0	0415a3af	576f1d09	74576681	578d2ee7	bec2bae1
22	eeeec41a	4d0c2fcd	8af12c05	9fa6e5f0	b5523911	576f1d09	340ba2bb	578d2ee7
23	f368da78	eeeec41a	185f9a9a	8af12c05	6a879032	b5523911	e84abb78	340ba2bb
24	15ce1286	f368da78	dd8835dd	185f9a9a	62063354	6a879032	c88daa91	e84abb78
25	c3fd31c2	15ce1286	d1b4f1e6	dd8835dd	4db58f43	62063354	8193543c	c88daa91
26	6243be5e	c3fd31c2	9c250c2b	d1b4f1e6	131152fe	4db58f43	9aa31031	8193543c
27	a549beaa	6243be5e	fa638587	9c250c2b	cf65e309	131152fe	7a1a6dac	9aa31031
28	e11eb847	a549beaa	877cbcc4	fa638587	e5b64e96	cf65e309	97f0988a	7a1a6dac

29	ff9bac9d	e11eb847	937d554a	877cbcc4	9811b46d	e5b64e96	184e7b2f	97f0988a
30	a5a4a2b3	ff9bac9d	3d708fc2	937d554a	e92df4ea	9811b46d	74b72db2	184e7b2f
31	89a13e59	a5a4a2b3	37593bff	3d708fc2	0a1ff572	e92df4ea	a36cc08d	74b72db2
32	3720bd4e	89a13e59	4945674b	37593bff	cf7d1683	0a1ff572	a757496f	a36cc08d
33	9ccd089c	3720bd4e	427cb313	4945674b	da8c835f	cf7d1683	ab9050ff	a757496f
34	c7a0744d	9ccd089c	417a9c6e	427cb313	0958ff1b	da8c835f	b41e7be8	ab9050ff
35	d955c3ed	c7a0744d	9a113939	417a9c6e	c533f0ff	0958ff1b	1afed464	b41e7be8
36	e142d72b	d955c3ed	40e89b8f	9a113939	d4509586	c533f0ff	f8d84ac7	1afed464
37	e7250598	e142d72b	ab87dbb2	40e89b8f	c7f93fd3	d4509586	87fe299f	f8d84ac7
38	2f13c4ad	e7250598	85ae57c2	ab87dbb2	1a6cabc9	c7f93fd3	ac36a284	87fe299f
39	19f363f9	2f13c4ad	4a0b31ce	85ae57c2	c302badb	1a6cabc9	fe9e3fc9	ac36a284
40	55e1dde2	19f363f9	27895a5e	4a0b31ce	459daccf	c302badb	5e48d365	fe9e3fc9
41	d4f4efe3	55e1dde2	e6c7f233	27895a5e	5cfba85a	459daccf	d6de1815	5e48d365
42	48dcbc62	d4f4efe3	c3bbc4ab	e6c7f233	6f49c7bb	5cfba85a	667a2ced	d6de1815
43	8237b8a0	48dcbc62	e9dfc7a9	c3bbc4ab	d89d2711	6f49c7bb	42d2e7dd	667a2ced
44	d8685939	8237b8a0	b978c491	e9dfc7a9	8ee87df5	d89d2711	3ddb7a4e	42d2e7dd
45	d2090a86	d8685939	6f714104	b978c491	2e533625	8ee87df5	388ec4e9	3ddb7a4e
46	e51076b3	d2090a86	d0b273b0	6f714104	d9f89e61	2e533625	efac7743	388ec4e9
47	47c5be50	e51076b3	12150da4	d0b273b0	3567734e	d9f89e61	b1297299	efac7743
48	abddbdc8	47c5be50	20ed67ca	12150da4	3dfcdd11	3567734e	f30ecfc4	b1297299
49	bd708003	abddbdc8	8b7ca08f	20ed67ca	93494bc0	3dfcdd11	9a71ab3b	f30ecfc4
50	15e2f5d3	bd708003	bb7b9157	8b7ca08f	c3956c3f	93494bc0	e889efe6	9a71ab3b
51	13826486	15e2f5d3	e100077a	bb7b9157	cd09a51c	c3956c3f	5e049a4a	e889efe6
52	4a00ed2f	13826486	c5eba62b	e100077a	0741f675	cd09a51c	61fe1cab	5e049a4a
53	f4412e82	4a00ed2f	04c90c27	c5eba62b	7429807c	0741f675	28e6684d	61fe1cab
54	549db4b7	f4412e82	01da5e94	04c90c27	f6bc15ed	7429807c	b3a83a0f	28e6684d
55	22a79585	549db4b7	825d05e8	01da5e94	9d4db19a	f6bc15ed	03e3a14c	b3a83a0f
56	30245b78	22a79585	3b696ea9	825d05e8	f6804c82	9d4db19a	af6fb5e0	03e3a14c
57	6598314f	30245b78	4f2b0a45	3b696ea9	f522adb2	f6804c82	8cd4ea6d	af6fb5e0
58	c3d629a9	6598314f	48b6f060	4f2b0a45	14fb0764	f522adb2	6417b402	8cd4ea6d
59	ddb0a26a	c3d629a9	30629ecb	48b6f060	589f7d5c	14fb0764	6d97a915	6417b402
60	71034d71	ddb0a26a	ac535387	30629ecb	14d5c7f6	589f7d5c	3b20a7d8	6d97a915
61	5e636b4b	71034d71	6144d5bb	ac535387	09ccd95e	14d5c7f6	eae2c4fb	3b20a7d8
62	2bfa5f60	5e636b4b	069ae2e2	6144d5bb	4ac3cf08	09ccd95e	3fb0a6ae	eae2c4fb
63	1547e69b	2bfa5f60	c6d696bc	069ae2e2	e808f43b	4ac3cf08	caf04e66	3fb0a6ae

杂凑值

66	c7f0f4	62eeedd9	d1f2d46b	dc10e4e2	4167c487	5cf2f7a2	297da02b	8f4ba8e0

思　考　题

1. 常用的密码杂凑函数有哪些？
2. 解决密码杂凑函数冲突的方法有哪些？
3. 带密钥和不带密钥的密码杂凑函数分别有哪些？
4. 密码杂凑函数主要受到什么攻击？
5. MD5 算法的特性有哪些？
6. MD5 算法和 SHA-1 算法的异同点有哪些？
7. 对 SM3 算法的伪原像攻击是什么？

第4章 数字签名

数字签名(Digital Signature)是对现实生活中用于文件的手写签名的一种电子模拟,能够实现用户对电子形式存放消息的认证。

4.1 数字签名基础

4.1.1 基本概念

数字签名是指附加在某一电子文档中的一组特定的符号或代码,功能类似于写在纸上的普通签名。数字签名利用数学方法和密码算法对该电子文档进行关键信息提取,并进行加密而形成,用于标识签名者的身份及签名者对电子文档的认可,并能被接收者用来验证该电子文档在传输过程中是否被篡改或伪造。

一套数字签名通常会定义两种互补的运算,一种用于签名,另一种用于验证。

数字签名是相对于手写签名而言的,两者虽然相似,但又有着显著区别。

(1) 与所签文件的关系:在手写签名中,一个手写签名是被签名消息的一部分,是所签文件的物理部分;而在数字签名中,一个数字签名是绑定在所签文件上用于验证签名者的一种手段。

(2) 验证方法不同:在手写签名中,通过将一个手写签名和真实的手写签名相比较进行验证;而在数字签名中,能通过一种公开的验证算法对该数字签名进行验证。任何人都可以对一个数字签名进行验证。

(3) 防复制能力的差别:在手写签名中,能将手写的签名文件与原来的签名文件区分开,即复制的签名是无效的;而在数字签名中,数字签名的复制品与原签名文件相同,因此必须采取有效措施防止一个数字签名消息被重复使用。

一个普通的数字签名通常具有以下特点。

(1) 可信性:文件的接收者相信文件上签名者的数字签名和签名者认可的文件内容。

(2) 不可伪造性:非签名者本人即任何其他人不能伪造签名者的数字签名。

(3) 不可重用性:签名是所签文件不可分割的一部分,该签名不能转移到其他文件上。

(4) 不可更改性:一个文件被签名后不能被更改。若文件被更改,则其签名也会发生变化,原本的签名因不能被验证而失效。

(5) 不可抵赖性:签名者在事后不能否认其对某个文件的签名。

这些特征使数字签名不仅具有和手写签名相同的作用,而且还具有很多手写签名不具备的优点,如使用方便、节省时间及费用等。

与传统的手写签名相比,一个数字签名算法通常应满足以下三个条件。

(1) 签名者完成对某个文件的签署后,不能否认自己的签名行为。

(2) 任何其他人在不知道签名者私钥的情况下,都不能伪造该签名者的签名,接收者可以通过签名者已经公布的公钥验证签名的正确性。

(3) 当签名者与接收者对签名的真伪发生争执时,仲裁机制能解决该问题。

基于公钥密码体制和私钥密码体制都可以获得数字签名,目前的数字签名方案主要是基于公钥密码体制,如 RSA 密码体制、ElGamal 密码体制、椭圆曲线密码(Elliptic Curve Cryptography,ECC)体制等。签名者用自己的私钥对明文消息 m 进行签名,通过消息信道将签名消息 s 发送给接收者,接收者用签名者公布的签名公钥对签名消息 s 进行验证。从表面上看,数字签名算法与公钥密码算法只是采用密钥的顺序不同,在公钥密码系统中,发送者先用接收者的公钥对明文消息 m 进行加密,然后将密文消息 c 发送给接收者,接收者用自己的私钥对密文消息 c 进行解密,还原出明文消息 m;而数字签名过程刚好相反,在数字签名中,签名者首先用自己的私钥对明文消息 m 进行签名,生成签名消息 s,然后将签名消息 s 发送给签名接收者,接收者收到签名消息 s 后,用签名者的公钥对消息签名进行验证。

利用密码杂凑函数实现数字签名的思路是:签名者先通过密码杂凑函数对明文消息 m 创建消息摘要 z,使用自己的私钥对消息摘要 z 进行签名,生成签名消息 s,然后将签名消息 s 发送给签名接收者。接收者收到签名消息 s 后,先用签名者的公钥对签名消息 s 进行解密,恢复消息摘要 z,然后使用签名者所用的同一密码杂凑函数算法对该签名消息 s 进行密码杂凑函数运算得到消息摘要 z'。如果接收者计算的消息摘要 z' 与签名者发送的消息摘要 z 完全匹配,则接收者可以确保消息在传输过程中没有被篡改或伪造。数字签名的基本过程如图 4.1 所示。

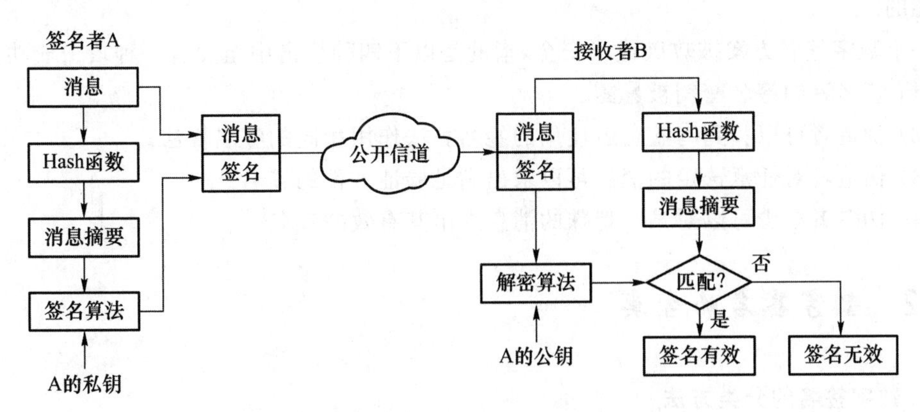

图 4.1 数字签名的基本过程

一个数字签名算法通常包括三个主要过程:系统初始化过程、签名产生过程及签名算法的验证过程。在系统初始化过程中,产生数字签名算法将会用到一切系统参数,既有公开的,又有秘密的;在签名产生过程中,用户使用选定的算法对待发送消息进行签名,这种签名过程可以公开,也可以不公开;在签名验证过程中,验证者即消息的接收者利用签名者公开的公钥及验证方法验证给定消息的签名,得出所接收签名的有效性。

数字签名方案的形式化定义是对数字签名算法的一种抽象和概括,它包括以下三个过程。

(1) 系统初始化过程。

产生签名方案的系统参数集合$(M,S,K,\mathrm{SIG},\mathrm{VER})$。

- M:待发送消息集合;
- S:签名消息集合;
- K:密钥集合,即包含私钥和公钥的集合;
- SIG:签名算法集合;
- VER:签名消息的验证算法集合。

(2) 签名产生过程。

密钥集合 K 的相应签名算法为 $\mathrm{sig}_K \in \mathrm{SIG}$,$\mathrm{sig}_K: M \to S$,对任意的消息 $m \in M$,都有 $s=\mathrm{sig}_K(m)$,且 $s \in S$,即消息 m 的签名为 $s(s \in S)$,将消息 m 和签名消息 s 的组合消息(m,s)发送给签名验证者。

(3) 验证签名过程。

对于给定的密钥集合 K,都有签名验证算法:

$$\mathrm{ver}_K(m,s)=\begin{cases}\mathrm{T}, & s=\mathrm{sig}_K(m) \\ \mathrm{F}, & s \neq \mathrm{sig}_K(m)\end{cases}$$

签名验证者收到签名消息(m,s)后,通过计算 $\mathrm{ver}_K(m,s)$ 验证签名的有效性,若 $\mathrm{ver}_K(m,s)=\mathrm{T}$,则签名有效,接受签名者的签名;否则签名无效,拒绝该签名。

对于密钥集合 K,签名函数 sig_K 和签名验证函数 ver_K 是容易计算的。一般情况下,sig_K 可以公开,也可以不公开,而 ver_K 是公开的。同时还要求对任意的消息 m,从集合 S 中计算 s 使得 $\mathrm{ver}_K(m,s)=\mathrm{T}$ 是非常困难的,也就是说,攻击者对消息 m 产生有效的签名 s 是不可能的。

一个数字签名方案被攻破或不安全,指的是以下四种攻击中至少有一种攻击成功。

(1) 签名者的签名密钥被暴露。

(2) 伪造者可以找到与签名者使用的签名算法作用相同的签名算法。

(3) 伪造者对任意选定的消息可以求出满足验证方程的签名。

(4) 伪造者至少可以对某一特殊的消息求出其有效的签名。

4.1.2 数字签名的分类

1. 数字签名的分类方法

目前,人们已经设计出众多不同种类的数字签名方案。根据不同的标准可以将这些数字签名方案进行不同的分类。

(1) 基于数学难题的分类

根据数字签名方案所基于的数学难题,数字签名方案可分为基于离散对数问题的数字签名方案、基于因子分解问题(包括二次剩余问题)的数字签名方案、基于椭圆曲线的数字签名方案和基于有限自动机理论的数字签名方案等。例如,ElGamal 数字签名方案和 DSA (Digital Signature Algorithm)签名方案都是基于离散对数问题的数字签名方案,而 RSA 数字签名方案是基于因子分解问题的数字签名方案。将离散对数和因子分解问题相结合,可以产生同时基于离散对数和因子分解问题的数字签名方案,即只有当离散对数和因子分解问题同时可解时,这种数字签名方案才是不安全的,而当离散对数和因子分解问题只有一个可解时,这种方案仍是安全的。

(2) 基于签名用户的分类

根据签名用户的情况,可将数字签名方案分为单个用户签名的数字签名方案和多个用户签名的数字签名方案。一般的数字签名是单个用户签名方案,而多个用户的签名方案又称多重数字签名方案。根据签名过程的不同,多重数字签名方案可分为有序多重数字签名方案和广播多重数字签名方案。

(3) 基于数字签名特性的分类

根据数字签名方案是否具有消息自动恢复特性,可将数字签名方案分为两类:一类不具有消息自动恢复的特性;另一类具有消息自动恢复的特性。一般的数字签名是不具有消息自动恢复特性的。

2. 群签名方案

1991 年,Chaum 和 Heyst 首次提出群签名方案的概念。群签名方案允许群中的合法用户以群的名义签名,只有具有签名者匿名和权威才能辨认签名者等特性,因此被广泛应用于实际生活中。例如,一个大公司有若干台计算机,每一台计算机都连在公司的内部网络中,公司的每一个部门都有打印机,打印机也都连在网络之中。但是公司中的每一位雇员只允许使用本部门的打印机,因此每一台打印机在工作之前,必须先确认打印用户是本部门的用户,然后再执行打印工作,同时雇员的名字对打印机是保密的。然而,如果某一部门因为打印机的频繁使用而引发争议,那么部门负责人可以辨认每一台打印机作业的雇员名字,从而发现滥用打印机的雇员。对于上述实际模型,人们设计出了可以完全解决上述问题的群体签名方案。

群体数字签名方案允许群体中的成员以整个群体的名义进行数字签名,并且验证者能够确认签名者的身份。

比较完整的群体数字签名方案包括以下步骤。

(1) 系统建立:一个概率算法,输入安全参数,输出初始群公钥和群体管理人的私钥。

(2) 加入:用户与群管理人之间的协议。用户通过群管理人获取关系证书和私钥,成为群体成员,并保存关系证书和私钥。群管理人刷新确定群状态的信息。

(3) 撤销:一个确定算法,输入需撤销的用户关系证书,输出群管理人的刷新信息。

(4) 刷新:一个确定算法,当有加入和撤销发生时,群体成员做刷新工作。

(5) 签名:一个概率算法,输入消息、群体公钥、关系证书和相应的成员私钥,输出群体成员对消息的签名。

(6) 验证:一个确定算法,验证者用群体公钥验证群体签名的有效性。

(7) 打开:一个确定算法,输入消息、有效群体签名、群体公钥和群管理人的私钥,确定签名者的身份。

一个好的群体签名方案应满足以下安全性要求。

(1) 正确性:每一个由群成员经"签名"步骤产生的群签名,必须被"验证"步骤所接受。

(2) 匿名性:给定一个群签名后,除了唯一的群管理人之外,对任何人来说,确定签名人的身份在计算上是困难的。

(3) 不关联性:对于签名接收者而言,确定两个不同的签名是否为同一个群成员所做的在计算上是困难的。

(4) 防伪造性:只有群成员才能产生有效的群签名。

(5) 可跟踪性:群管理人在必要时可以打开一个签名以确定签名人的身份,而且群签名成员不能阻止一个合法签名的打开。

(6) 防陷害攻击:包括群管理人在内的任何人都不能以其他群成员的名义产生合法的群签名。

(7) 抗联合攻击:即使一些群成员串通在一起也不能产生一个合法的不能被跟踪的群签名。

3. 数字签名的批验证协议

数字签名过程分为签名和验证过程。为了提高数字签名方案的效率,一方面要设计高效的数字签名方案,减少存储空间,缩小通信带宽;另一方面要提高签名产生和验证的效率。批验证协议是提高数字签名方案效率,加快签名验证速度的有效方法。因此,对数字签名方案设计一种可靠的批验证协议具有重要意义,但是批验证协议的产生对签名方案的安全性提出了新的挑战。

4. 盲签名

David Chaum 于 1982 年首次提出盲签名的思想,同时还利用盲签名技术提出了第一个电子现金方案。由于盲签名技术能够很好地保护用户的隐私权,因此盲签名体制又可以被看作一个保证参与者匿名性的基本密码协议,它允许发送者让签名者对给定消息签名,并且不泄露关于消息签名的任何具体内容。所以,盲签名技术在诸多电子现金方案中得到了广泛应用。盲签名就是签名请求人在不让签名者知道消息具体内容的情况下所采用的一种特殊的数字签名技术。

4.1.3 基于离散对数的数字签名

设 G 是一个乘法群,a 是 G 中的任意一个元素。对于给定的 $b\in G$,如果存在一个整数 x,使得 $a^x=b$,那么称 x 是以 a 为底 b 的离散对数,记作 $x=\log_a b$。在给定 a、b 的情况下,求 $x=\log_a b$ 的问题称为离散对数问题。

有三种群上的离散对数问题在密码学中比较有用,分别是素数域的乘法群、特征为 2 的有限域的乘法群和有限域的椭圆曲线群。其中,素数域的乘法群上的离散对数问题可以表述如下。

设 p 是一个素数,g 是 Z_p^* 的一个生成元。已知整数 a,求整数 b,使得等式 $g^b \equiv a(\text{mod } p)$成立。如果 p 是一个合适的大素数,那么这个离散对数问题就可被公认为困难问题,即不存在多项式时间算法可求解,其当前复杂度至少为$\mathrm{e}^{(1.923+O(1))(\log p)^{1/3}(\log\log p)^{2/3}}$。

基于素数域上离散对数问题的数字签名方案是一类常用的数字签名方案,包括著名的 ElGamal 签名方案、DSA 签名方案和 Okamoto 签名方案等。这类签名方案的参数初始化、签名过程和验证过程分别如下。

(1)参数初始化

- p:大素数;
- q:为 $p-1$ 或 $p-1$ 的大素因子;
- g:生成元,$g \in Z_p^*$,且 $g^q \equiv 1(\text{mod } q)$;
- x:用户 A 的私钥,$1<x<q$;
- y:用户 A 的公钥,$y=g^x(\text{mod } p)$。

(2) 签名过程

对于待签名消息 m,用户 A 执行以下步骤:

① 计算 m 的密码杂凑函数值 $H(m)$;

② 选择随机数 k:$1<k<q$,计算 $r=g^k(\text{mod } p)$;

③ 从签名方程 $ak=b+cx_{\mathrm{A}}(\text{mod } q)$中解出 s。方程的系数 a、b、c 有许多种不同的选择方法。

以(r,s)作为生成的数字签名。

(3) 验证过程

数字签名的接收方在收到消息 m 和数字签名(r,s)后,可以按照以下验证方程检验:

$$\mathrm{Ver}(y,(r,s),m)=\mathrm{True} \Leftrightarrow r^a=g^b y^c(\text{mod } p)$$

如果等式成立,则签名有效。

下面介绍一些基于离散对数的签名方案。

1. ElGamal 签名方案

(1) 参数初始化

- p:大素数;
- g:生成元,$g \in Z_p^*$;
- x:用户 A 的私钥,$x \in_R Z_p^*$;
- (y,p,g):用户 A 的公钥,$y=g^x(\text{mod } p)$。

(2) 签名过程

对于待签名消息 m,用户 A 执行以下步骤:

① 计算 m 的密码杂凑函数值 $H(m)$;

② 选择随机数 k:$k \in_R Z_{p-1}^*$,计算 $r=g^k(\text{mod } p)$;

③ 计算 $s=(H(m)-xr)k^{-1}(\text{mod } p-1)$。

以(r,s)作为生成的数字签名。

(3) 验证过程

数字签名的接收方在收到消息 m 和数字签名(r,s)后,先计算 $H(m)$,并按下式验证:

$$\mathrm{Ver}(y,(r,s),H(m))=\mathrm{True} \Leftrightarrow y^r r^s = g^{H(m)} (\bmod\ p)$$

其正确性可通过下式证明：

$$y^r r^s = g^{rx} g^{ks} = g^{rx+H(m)-rx} = g^{H(m)} (\bmod\ p)$$

2. Schnorr 签名方案

(1) 参数初始化

- p：大素数，$p \geqslant 2^{512}$；
- q：大素数，$q \mid p-1$ 的素因子，$q \geqslant 2^{160}$；
- g：生成元，$g \in Z_p^*$，且 $g^q \equiv 1 (\bmod\ p)$；
- x：用户 A 的私钥，$1<x<q$；
- (p,q,g,y)：用户 A 的公钥，$y=g^x (\bmod\ p)$。

(2) 签名过程

对于待签名的消息 m，用户 A 执行以下步骤：

① 选择随机数 k：$1<k<q$，计算 $r=g^k (\bmod\ p)$；

② 计算 $e=H(r,m)$；

③ 计算 $s=xe+k (\bmod\ q)$。

以(e,s)作为生成的数字签名。

(3) 验证过程

数字签名的接收方在收到消息 m 和数字签名(e,s)后，先计算 $r'=g^s y^{-e} (\bmod\ p)$，然后计算 $H(r',m)$，并按下式验证：

$$\mathrm{Ver}(y,(e,s),m)=\mathrm{True} \Leftrightarrow H(r',m)=e$$

3. DSA 签名方案

(1) 参数初始化

- p：大素数，$2^{L-1}<p<2^L$，$512 \leqslant L \leqslant 1\,024$ 且 L 为 64 的倍数，即 $L=512+64j$，$j=0,1,2,\cdots,8$；
- q：$p-1$ 的素因子，位长 160 比特，$2^{159}<q<2^{160}$；
- g：生成元，$g=h^{(p-1)/q} (\bmod\ p)$，$1<h<p-1$，使 $h^{(p-1)/q} (\bmod\ p)>1$；
- x：用户 A 的私钥，$0<x<q$；
- y：用户 A 的公钥，$y=g^x (\bmod\ p)$。

(2)签名过程

对于待签名的消息 m，用户 A 执行以下步骤：

① 选择随机数 k：$0<k<q$，计算 $r=(g^k \bmod p)(\bmod\ q)$；

② 计算 $s=k^{-1}(H(m)+xr)(\bmod\ q)$。

以(r,s)作为生成的数字签名。

(3) 验证过程

数字签名的接收方在收到消息 m 和数字签名(r,s)后，通过以下步骤验证：

① 计算 $w=s^{-1} (\bmod\ q)$；

② 计算 $u_1=H(m)w (\bmod\ q)$；

③ 计算 $u_2=rw (\bmod\ q)$；

④ 计算 $v=((g^{u_1}y^{u_2}) \bmod p)(\bmod q)$；

⑤ 验证 $\mathrm{Ver}(y,(r,s),m)=\mathrm{True} \Longleftrightarrow v=r$。

如果等式 $v=r$ 成立，则签名有效。

4. Neberg-Rueppel 签名方案

Neberg-Rueppel 签名方案是一个消息恢复数字签名方案，即验证者可以从签名中恢复出原始消息，因此签名者不需要将被签名的消息发送给验证者。

(1) 参数初始化

- p：大素数；
- q：大素数，$q|(p-1)$；
- g：生成元，$g\in Z_p^*$，且 $g^q\equiv 1(\bmod p)$的一个生成元；
- x：用户 A 的私钥，$x\in Z_p^*$；
- y：用户 A 的公钥，$y=g^x(\bmod p)$。

(2) 签名过程

对于待签名消息 m，用户 A 执行以下步骤：

① 计算$\widetilde{m}=R(m)$，其中 R 是一个单一映射，且容易求逆，被称为冗余函数；

② 选择一个随机数 $k(0<k<q)$，计算 $r=g^{-k}(\bmod p)$；

③ 计算 $e=\widetilde{m}r(\bmod p)$；

④ 计算 $s=(xe+k)(\bmod q)$；

以(e,s)作为生成的数字签名。

(3) 验证过程

数字签名的接收者收到数字签名(e,s)后，通过以下步骤验证签名的有效性：

① 验证是否 $0<e<p$；

② 验证是否 $0\leqslant s<q$；

③ 计算 $v=g^s y^{-e}(\bmod p)$；

④ 计算 $m'=ve(\bmod p)$；

⑤ 验证是否 $m'\in R(m)$，其中 $R(m)$表示 R 的值域；

⑥ 恢复 $m=R^{-1}(m')$。

5. Okamoto 签名方案

(1) 参数初始化

- p：大素数，且 $p\geqslant 2^{512}$；
- q：大素数，$q|(p-1)$，且 $q\geqslant 2^{140}$；
- g_1,g_2：两个与 q 同长的随机数；
- x_1,x_2：用户 A 的私钥，两个小于 q 的随机数；
- y：用户 A 的公钥，$y=g_1^{-x_1}g_2^{-x_2}(\bmod p)$。

(2) 签名过程

对于待签名消息 m，用户 A 执行以下步骤：

① 两个小于 q 的随机数 $k_1,k_2\in_R Z_q^*$；

② 计算密码杂凑函数值 $e=H(g_1^{k_1}g_2^{k_2}(\bmod p),m)$；

③ 计算 $s_1=(k_1+ex_1)(\mathrm{mod}\ q)$;

④ 计算 $s_2=(k_2+ex_2)(\mathrm{mod}\ q)$。

以 (e,s_1,s_2) 作为生成的数字签名。

(3) 数字签名的验证过程

数字签名的接收方在收到消息 m 和数字签名 (e,s_1,s_2) 后,通过以下步骤验证签名的有效性:

① 计算 $v=g_1^{s_1}g_2^{s_2}y^e(\mathrm{mod}\ p)$;

② 计算 $e'=H(v,m)$;

③ 验证:$\mathrm{Ver}(y,(e,s_1,s_2),m)=\mathrm{True}\Leftrightarrow e'=e$。

4.1.4 基于因子分解的数字签名

设 n 是一个合数,那么找出 n 的所有素因子是一个困难问题,这个问题称为因子分解问题。到目前为止,数域筛选法是求解因子分解问题的最好算法,其复杂度是 $e^{(1.923+O(1))(\log n)^{1/3}(\log\log n)^{2/3}}$,$n$ 为两个大致等长的素数的乘积。RSA 数字签名方案是基于因子分解的数字签名方案中最简单的例子,其生成签名的过程就是计算 $S=H(m)^d \bmod n$,其中 $H(m)$ 是密码杂凑函数。密码杂凑函数的输出长度固定且远小于原消息的长度。若要验证签名,首先需要获得消息 m 和数字签名 S,以及签名者的公钥 (e, n)。此外,还要知道签名者使用的密码杂凑函数。随后验证者就可以计算消息的散列和 $H(m)$,并将其与签名 S 的加密结果进行比较:

$$[E(S)=S^e \bmod n]=H(m)$$

如果以上等式成立,则签名有效;否则签名无效。

下面介绍两个有代表性的基于因子分解的数字签名方案。

1. Fiat-Shamir 签名方案

(1) 参数初始化

- n:$n=pq$,其中 p 和 q 是两个保密的大素数;
- k:一个固定的正整数;
- $y_1,y_2,\cdots,y_k$:用户 A 的公钥,对任何 $i(1\leqslant i\leqslant k)$,$y_i$ 都是模 n 的平方剩余;
- $x_1,x_2,\cdots,x_k$:用户 A 的私钥,对任何 $i(1\leqslant i\leqslant k)$,$x_i=\sqrt{y_i^{-1}}(\mathrm{mod}\ n)$;

(2) 签名过程

对于待签名消息 m,用户 A 执行以下步骤:

① 随机选取一个正整数 t;

② 随机选取 t 个介于 1 和 n 之间的数 $r_1,r_2,\cdots,r_t$,并对任何 $j(1\leqslant j\leqslant t)$,计算出 $R_j=r_j^2(\mathrm{mod}\ n)$;

③ 计算密码杂凑函数值 $H(m,R_1,R_2,\cdots,R_t)$,并依次取出 $H(m,R_1,R_2,\cdots,R_t)$ 的前 kt 个比特值 $b_{11},\cdots,b_{1t},b_{21},\cdots,b_{2t},\cdots,b_{k1},\cdots,b_{kt}$;

④ 对任何 $j(1\leqslant j\leqslant t)$,计算 $s_j=r_j\prod_{i=1}^{k}x_i^{b_{ij}}(\mathrm{mod}\ n)$;以 $((b_{11},\cdots,b_{1t},b_{21},\cdots,b_{2t},\cdots,b_{k1},$

$\cdots,b_{kt}),(s_1,\cdots,s_t))$作为生成的数字签名。

(3) 验证过程

数字签名的接收方在收到消息 m 和数字签名$((b_{11},\cdots,b_{1t},b_{21},\cdots,b_{2t},\cdots,b_{k1},\cdots,b_{kt}),(s_1,\cdots,s_t))$后,通过以下步骤验证:

① 对任何 $j(1\leqslant j\leqslant t)$,计算出 $R'_j=s_j^2\cdot\prod_{i=1}^{k}y_i^{b_{ij}}(\bmod n)$;

② 计算 $H(m,R'_1,R'_2,\cdots,R'_t)$;

③ 验证 $b_{11},\cdots,b_{1t},b_{21},\cdots,b_{2t},\cdots,b_{k1},\cdots,b_{kt}$是否依次是$H(m,R'_1,R'_2,\cdots,R'_t)$的前 kt 个比特。如果是,则签名有效,否则该签名无效。

其正确性可通过下式证明:

$$R'_j=s_j^2\cdot\prod_{i=1}^{k}y_i^{b_{ij}}(\bmod n)=\left(r_j\prod_{i=1}^{k}x_i^{b_{ij}}\right)^2\cdot\prod_{i=1}^{k}y_i^{b_{ij}}$$
$$=r_j^2\cdot\prod_{i=1}^{k}(x_i^2y_i)^{b_{ij}}=r_j^2=R(\bmod n)$$

2. Guillou-Quisquater 签名方案

(1) 参数初始化

- n:$n=pq$,p 和 q 是两个保密的大素数;
- v:$\gcd(v,(p-1)(q-1))=1$;
- x:用户 A 的私钥,$x\in_R Z_n^*$;
- y:用户 A 的公钥,$y\in Z_n^*$,且 $x^vy=1(\bmod n)$。

(2) 数字签名的生成过程

对于待签名的消息 m,用户 A 执行以下步骤:

① 随机选择一个数 $k\in Z_n^*$,计算出 $T=k^v(\bmod n)$;

② 计算密码杂凑函数值:$e=H(m,T)$,且使 $1\leqslant e<v$;否则,重新进行步骤②;

③ 计算 $s=kx^e \bmod n$。

以(e,s)作为生成的数字签名。

(3) 数字签名的验证过程

数字签名的接收方在收到消息 m 和数字签名(e,s)后,通过以下步骤来验证:

① 计算$T'=s^vy^e(\bmod n)$;

② 计算$e'=H(m,T')$;

③ 验证:$\mathrm{Ver}(y,(e,s),m)=\mathrm{True}\Longleftrightarrow e'=e$

其正确性可通过下式证明:

$$T'=s^vy^e(\bmod n)=(kx^e)^vy^e(\bmod n)$$
$$=k^v(x^vy)^e(\bmod n)$$
$$=k^v(\bmod n)=T$$

4.2 代理签名

代理签名是一种特殊的数字签名,由 Mambo 等人首次提出。代理签名就是指在一个代理签名方案中,一个被指定的代理签名者可以代表原始签名者生成有效的签名。

4.2.1 基本概念

不论是手写签名、印签还是数字签名,都代表了签名人的一种权力,称为签名权力。在手写签名中,签名权力依赖于签名人的书写习惯和书法特征;在印签中,签名权力依赖于签名人的印章;在数字签名中,签名权力依赖于签名人的私钥。

通过以上描述容易看出印签和手写签名之间的主要区别:生成印签的印章在不同的用户之间可以方便地传递,则不论其使用者是谁,只要是同一枚印章,都可以生成相同的印签;而生成手写签名的书法特征却是无法在不同的用户之间传递的,不同的人生成不同的手写签名。

在现实生活中,人们常常根据印章的可传递性,将自己的(印签)签名权力委托给可信任的代理人,让代理人代表他们在文件上盖章(签名)。例如,一个公司的经理在外出度假期间,需要让他的秘书代替他处理公司的业务,包括以公司的名义在一些文件上签名。为此,该经理可以将公司的公章交给秘书,让秘书能够代表公司在文件上盖章。可以看出,这种委托签名权力的方法有一个特点,即公司的客户不因签名人的变更而受到影响。无论盖章人是经理还是秘书,客户得到的印签是相同的。因此,在盖章人发生变化时,一方面客户不需要改变他检验印签的方法,另一方面公司也不需要花费时间和金钱去通知每个客户。

在数字化的信息社会里,数字签名代替了传统的手写签名和印签。在使用数字签名的过程中,人们仍然会遇到需要将签名权力委托给他人的情况。下面我们先来举两个例子。

第一个例子,某个公司的经理由于业务需要到外地出差。在他出差期间,很可能有人给他发来电子邮件,其中有些电子邮件需要他及时回复。例如,他可能参与了某些重要项目的建设,需要给这些项目提出他的建议等。然而,他要去的那个地方十分偏僻,没有任何方法能够连接互联网,因此该经理不得不委托他的秘书代表他处理这些电子邮件,包括代表他在回复这些电子邮件时在回信上生成数字签名。

第二个例子,某个软件公司为了向客户证实它出品的程序的可靠性,需要以公司的名义对所有这些程序进行数字签名。由于程序太多,公司经理无法亲自检测每个程序,并在这些程序上签名。一个比较实际的做法是:公司经理将代表公司生成数字签名的权力委托给每个程序员,让他们可以各自以公司的名义为他们创作的程序生成数字签名。

从以上两个例子可以看出,数字签名权力的委托是数字化的信息社会必然会遇到的一种现象。但是人们在将自己的数字签名权力委托给他人的时候,需要考虑以下几个问题。

(1) 安全性。一般来说,一个人将数字签名权力委托给代理人的时候,希望代理人只能代表他在特定的时间、对特定的文件生成数字签名,而不希望代理人“滥用”他的数字签名权力,更不希望非法的攻击者伪造出有效的数字签名等。

(2) 可行性。人们希望委托数字签名权力的方法方便、有效、容易实现。

(3) 效率。人们希望委托数字签名权力的方法具有较高的速度和较小的计算复杂性、通信复杂性等。

因此,如何以安全、可行、有效的方法实现数字签名权力的委托,是需要认真研究的重要问题,称为数字签名权力的代理问题。针对此问题,Mambo 等人于 1996 年提出了一种特殊的数字签名——代理签名方案。利用代理签名，一个被称为原始签名者的用户可以将他的数字签名权力委托给另外一个被称为代理签名者的用户。代理签名者代表原始签名者生成的数字签名称为代理签名。代理签名的基本过程如图 4.2 所示。

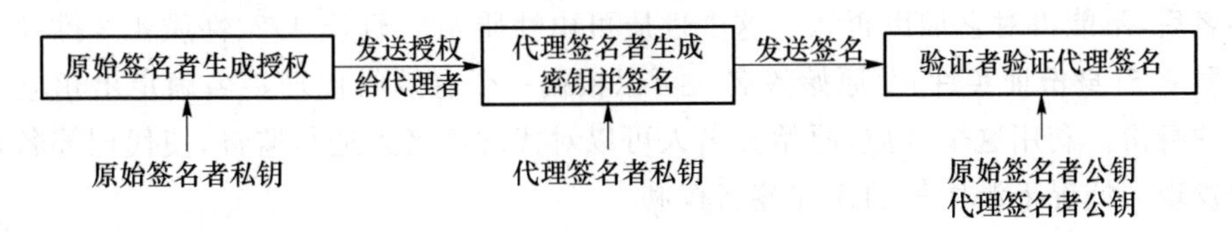

图 4.2 代理签名的基本过程

代理签名体制主要包括以下四个步骤。

(1) 初始化。确定好用户的公钥、私钥和签名体制的参数等。

(2) 数字签名权力的委托。原始签名者把自己的数字签名权力委托给代理签名者。

(3) 代理签名的生成。代理签名者代表原始签名者行使签名权，并且生成数字签名。

(4) 代理签名的验证。验证者验证代理签名的合法有效性。

代理签名的形式化定义如下。

设 A、B 是某个数字签名方案(M,S,SK,PK,GenKey,Sign,Ver)的两个用户，其中 M 是消息集合，S 是签名集合，SK 是私钥集合，PK 是公钥集合，GenKey 是产生签名密钥的算法的集合，Sign 是签名算法的集合，Ver 是验证签名算法的集合，他们的私钥、公钥对分别是 (x_A, y_A)，$(x_B, y_B) \in \mathrm{SK} \times \mathrm{PK}$。如果以下条件成立，那么就称用户 A 将他的部分数字签名权力委托给了用户 B，并且称 A 为 B 的原始签名者，B 为 A 的代理签名者，σ 为委托密钥，$\sigma_{A \to B}$为代理签名密钥，称以 $\sigma_{A \to B}$作为签名密钥，对消息 $m \in M$ 生成的数字签名 $\mathrm{Sign}(\sigma_{A \to B}, m)$为 A 的代理签名：

(1) A 利用他的私钥 x_A 计算出一个数 σ，并且将 σ 秘密地交给 B；

(2) 任何人(包括 B)在试图求出 x_A 时，σ 不会对他有任何帮助；

(3) B 可以用 σ 和 x_B 生成一个新的签名密钥 $\sigma_{A \to B} \in \mathrm{SK}$；

(4) 存在一个公开的验证算法 $\mathrm{Ver}_{A \to B}: \mathrm{PK} * S * M \to \{\mathrm{True}, \mathrm{False}\}$，使得对任何 $s \in S$ 和 $m \in M$，都有：$\mathrm{Ver}_{A \to B}(y_A, s, m) = \mathrm{True} \Leftrightarrow s = \mathrm{Sign}(\sigma_{A \to B}, m)$，即验证算法能验证成功，签名就有效，否则无效；

(5) 任何人在试图求出 x_A、x_B、σ 和 $\sigma_{A \to B}$时，任何数字签名 $\mathrm{Sign}(\sigma_{A \to B}, m)$都不会对求解产生帮助。

相应地，代理签名方案应当满足以下基本性质。

性质 4.1(基本的不可伪造性) 除了原始签名人外，任何人(包括代理签名人)都不能生成原始签名人的普通数字签名。这个性质是任何数字签名方案都应当具备的性质，它可以保证原始签名人的基本安全要求。

性质 4.2(代理签名的不可伪造性) 除了代理签名人外，任何人(包括原始签名人)都不能生成有效的代理签名。特别地，如果原始签名人委托了多个代理签名人，那么任何代理签名人都不能伪造其他代理签名人的代理签名。这个性质可以保证代理签名人的基本安全要求。

性质 4.3(代理签名的可区分性) 任何一个代理签名都与原始签名人的普通数字签名

有明显的区别;不同的代理签名人生成的代理签名之间也有明显的区别。这个性质和性质4.1、性质4.2结合起来可以防止签名人之间互相抵赖。

性质4.4(不可抵赖性) 任何签名人(不论是原始签名人还是代理签名人)在生成一个数字签名后,不能再对它加以否认。这个性质可由性质4.1、性质4.2、性质4.3推导出来。

性质4.5(身份证实性) 原始签名人可以根据一个有效的代理签名确定出相应的代理签名人的身份。利用这个性质,原始签名人可以对代理签名人进行监督,使代理签名人不能在不被发现的情况下滥用他的代理签名权利。

性质4.6(密钥依赖性) 代理签名密钥依赖于原始签名人的秘密密钥。

性质4.7(可注销性) 如果原始签名人希望代理签名人只能在一定时间区间内拥有生成代理签名的能力,那么必须能够让代理签名人的代理签名密钥在指定的时刻失去作用。

Mambo等人把代理签名分为三种:完全代理(Full Delegation)签名、部分代理(Partial Delegation)签名和带委任状的委托型代理(Delegation by Warrant)签名。

1. 完全代理签名

在完全代理签名中,原始签名者直接将自己的私钥通过安全信道发送给代理签名者,代理签名者拥有了原始签名者的全部数字签名权力,代理签名者和原始签名者能产生相同的签名。

优点:简单、方便且容易实现。

缺点:完全代理签名的缺点是原始签名人向代理签名人暴露了他的秘密密钥,使代理签名人可以在任何文件上代表原始签名人生成数字签名,而且他生成的代理签名与原始签名人的普通数字签名没有任何区别,因而原始签名人和代理签名人可以对他们生成的签名互相抵赖。

2. 部分代理签名

在部分代理签名中,原始签名者使用自己的签名私钥k产生代理签名私钥s,并把s以安全的方式发送给代理签名者。出于安全考虑,要求代理签名者:

(1) 不能根据这个新私钥s计算出原始签名人真正的私钥k;

(2) 能利用新私钥s生成代理签名;

(3) 验证代理签名时,必须用到原始签名人的公钥。

优点:代理签名者难以获得原始签名者的"主"私钥,从而只能获得原始签名者的"部分"数字签名权力,代理签名的长度与普通的数字签名一样,代理签名和普通数字签名的生成和验证过程所需的工作量差别不大。

缺点:部分代理签名方案需要人们精心地设计,不能直接使用普通的数字签名方案来实现。

3. 带委任状的委托型代理签名

该方案使用一个称为委任状的文件来实现数字签名权力的委托。这种类型的代理签名方案又可进一步分为两种子类型。

(1) 代表委托型

委任状由一条声明原始签名人将数字签名权力委托给代理签名人的消息和原始签名人对代理签名人的公开密钥生成的普通数字签名组成,或者委任状仅仅由一条可以证明原始签名人同意将数字签名权力委托给代理签名人的消息构成。代理签名人在得到委任状后，用他自己的在一个普通数字签名方案中的秘密密钥对一个文件生成数字签名。一个有效的代理签名由代理签名人生成的这个数字签名和原始签名人交给他的委任状组成。

(2) 载体委托型

原始签名人首先生成一对新的秘密密钥和公开密钥。委任状由一条声明原始签名人将数字签名权力委托给代理签名人的消息和原始签名人对新公钥生成的普通数字签名组成。原始签名人将新的秘密密钥秘密地交给代理签名人，将委任状交给代理签名人。代理签名人在收到委任状和新秘密密钥后，用新秘密密钥生成普通的数字签名，这个数字签名与委任状一起就构成了一个有效的代理签名。

带委任状的委托型代理签名的优点是：第一，代理签名人不能获得原始签名人的秘密密钥；第二，原始签名人可以利用委任状对委托给代理签名人的数字签名权力进行限制，例如，可以明确指出代理签名人可以在什么时间，对什么文件生成代理签名等；第三，可以直接使用任何普通的数字签名方案来实现。

这种类型的缺点是：第一，代理签名的长度比普通数字签名的长度大得多(一般在两倍以上)；第二，代理签名的生成和验证所需的工作量比普通数字签名的生成和验证所需的工作量大得多(需要执行两次以上普通的签名生成运算和两次以上的签名验证运算)。

4.2.2 基于离散对数的代理签名

下面介绍几种基于离散对数的代理签名协议。在这些协议中，假定(M,S,SK,PK,GenKey,Sign,Ver)是一个基于离散对数问题的数字签名方案，其中M是消息集合，S是签名集合，SK是私钥集合，PK是公钥集合，GenKey是产生签名密钥的算法的集合，Sign是签名算法的集合，Ver是验证签名算法的集合，A、B是该数字签名方案的两个用户，他们的私钥、公钥对分别是(x_A, y_A)，$(x_B, y_B) \in \mathrm{SK} \times \mathrm{PK}$，满足：$y_A = g^{x_A} \pmod p$和$y_B = g^{x_B} \pmod p$。

1. 代理签名协议之一

(1) 委托过程

① A随机选取一个数$k \in_R Z_q^*$，计算$K = g^k \pmod p$；

② A计算$\sigma = x_A + kK \pmod q$，并将$(\sigma, K)$秘密地发送给B；

③ B验证等式$g^\sigma = y_A K^k \pmod p$是否成立。如果不成立，则B要求A重新执行步骤①或终止协议。

(2) 代理签名的生成过程

对某个消息m，B生成普通的数字签名$s = \mathrm{Sign}(\sigma, m)$，然后以$(s, K)$作为自己代表A对消息$m$生成的数字签名，即代理签名。

(3) 代理签名的验证过程

如果代理签名的接收者收到了消息m和代理签名(s, K)，那么他通过以下步骤验证代理签名的有效性：

① 计算$v = y_A K^k \pmod p$；

② 验证$\mathrm{Ver}(y_A, (s, K), m) = \mathrm{True} \Leftrightarrow \mathrm{Ver}(v, s, m) = \mathrm{True}$。

可以验证此代理签名协议(以及下面几种协议)满足以下安全特性:可区分性、不可抵赖性、密钥依赖性、不可伪造性、身份可识别性和可注销性。

2. 代理签名协议之二

(1) 委托过程

① A 随机选取一个数 $k \in_R Z_q^*$,计算出 $K=g^k \pmod p$;

② A 计算密码杂凑函数值 $e=H(K)$;

③ A 计算 $\sigma=x_A e+k \pmod q$,并将(σ,K)秘密地发送给 B;

④ B 计算密码杂凑函数值 $e=H(K)$;

⑤ B 验证等式 $g^\sigma=y_A^e K \pmod p$是否成立。如果不成立,则 B 要求 A 重新执行步骤①或终止协议。

(2) 代理签名的生成过程

对某个消息 m,B 生成普通的数字签名 $s=\mathrm{Sign}(\sigma,m)$,然后以$(s,K)$作为自己代表 A 对消息 m 生成的代理签名。

(3) 代理签名的验证过程

如果代理签名的接收方收到了消息 m 和代理签名(s,K),那么他通过以下步骤验证代理签名的有效性:

① 计算 $e=H(K)$;

② 计算 $v=y_A^e K \pmod p$;

③ 验证 $\mathrm{Ver}(y_A,(s,K),m)=\mathrm{True} \Longleftrightarrow \mathrm{Ver}(v,s,m)=\mathrm{True}$。

3. 代理签名协议之三

(1) 委托过程

① A 随机选取一个数 $k \in_R Z_q^*$,计算 $K=g^k \pmod p$;

② A 计算 $\tilde{\sigma}=x_A+kK \pmod q$,并将$(\tilde{\sigma},K)$秘密地发送给 B;

③ B 验证等式 $g^{\tilde{\sigma}}=y_A K^K \pmod p$是否成立。如果不成立,则 B 要求 A 重新执行步骤①或终止协议。

④ B 计算 $\sigma=\tilde{\sigma}+x_B y_B \pmod q$。

(2) 代理签名的生成过程

对某个消息 m,B 生成普通的数字签名 $s=\mathrm{Sign}(\sigma,m)$,然后以$(s,K)$作为自己代表 A 对消息 m 生成的代理签名。

(3) 代理签名的验证过程

如果代理签名的接收方接收到了消息 m 和代理签名(s,K),那么他通过以下步骤验证代理签名的有效性:

① 计算 $v=y_A K^K y_B^{y_B} \pmod p$;

② 验证 $\mathrm{Ver}(y_A,(s,K),m)=\mathrm{True} \Longleftrightarrow \mathrm{Ver}(v,s,m)=\mathrm{True}$。

4. 代理签名协议之四

(1) 委托过程

① A 随机选取一个数 $k \in_R Z_q^*$,计算 $K=g^k \pmod p$;

② A 计算密码杂凑函数值 $e=H(K)$;

③ A计算 $\tilde{\sigma}=x_A e+k \pmod q$，并将$(\tilde{\sigma},K)$秘密地发送给B；

④ B计算密码杂凑函数值 $e=H(K)$；

⑤ B验证等式 $g^{\tilde{\sigma}}=y_A^e K \pmod p$ 是否成立。如果不成立，则B要求A重新执行步骤①或终止协议。

⑥ B计算 $\sigma=\tilde{\sigma}+x_B \pmod q$。

(2) 代理签名的生成过程

对某个消息m，B生成普通的数字签名 $s=\mathrm{Sign}(\sigma,m)$，然后以$(s,K)$作为他代表A对消息$m$生成的代理签名。

(3) 代理签名的验证过程

如果代理签名的接收方收到了消息m和代理签名(s,K)，那么他通过以下步骤验证代理签名的有效性：

① 计算 $e=H(K)$；

② 计算 $v=y_A^e y_B K \pmod p$；

③ 验证 $\mathrm{Ver}(y_A,(s,K),m)=\mathrm{True} \Longleftrightarrow \mathrm{Ver}(v,s,m)=\mathrm{True}$。

5. 代理签名方案示例

为了说明如何利用以上几个基本的代理签名协议构造具体的代理签名方案，利用上述代理签名协议之一和ElGamal签名方案构造出一个代理签名方案。

(1) 方案参数

- p：大素数；
- g：g是Z_p^*的一个生成元；
- x_A：用户A的私钥，$x_A \in_R Z_p^*$；
- y_A：用户A的公钥，$y_A=g^{x_A} \pmod p$。

(2) 委托过程

① A随机选取一个数 $k \in_R Z_q^*$，计算 $K=g^k \pmod p$；

② A计算 $\sigma=x_A+kK \pmod q$，并将(σ,K)秘密地发送给B；

③ B验证等式 $g^{\sigma}=y_A K^K \pmod p$ 是否成立。如果不成立，则B要求A重新执行步骤①或终止协议。

(3) 代理签名的生成过程

对某个消息m，用户B执行以下步骤：

① 选择随机数 $r \in_R Z_q^*$，计算 $R=g^r \pmod p$；

② 计算 $s=r^{-1}(m-xR) \pmod{p-1}$。

以(R,s,K)作为生成的代理签名。

(4) 代理签名的验证过程

如果代理签名的接收方收到了消息m和代理签名(R,s,K)，那么他通过以下步骤验证代理签名的有效性：

① 计算 $v=y_A K^K \pmod p$；

② 验证 $\mathrm{Ver}(y_A,(R,s,K),m)=\mathrm{True} \Longleftrightarrow g^m=y^R R^s \pmod p$。

4.2.3 基于因子分解的代理签名

此处给出两个基于因子分解问题的代理签名方案。

1. 基于 Fiat-Shamir 签名方案的代理签名方案

(1) 方案参数

- n:$n=pq$,其中 p 和 q 是由可信的密钥分配中心秘密选取的两个大素数;p 和 q 由密钥分配中心保密,n 对每个用户公开。
- $x_1,x_2,\cdots,x_k$:用户 A 的私钥。
- $y_1,y_2,\cdots,y_k$:用户 A 的公钥。

(2) 委托过程

① 用户 A 执行以下步骤:

a. 对某个正整数 t,随机选取 kt 个数 $k_{ij}\in_R Z_n^*$ $(1\leqslant i\leqslant k,1\leqslant j\leqslant t)$;

b. 对任何 i 和 j $(1\leqslant i\leqslant k,1\leqslant j\leqslant t)$,计算 $K_{ij}=k_{ij}^2 \pmod n$;

c. 计算 $H(K_{11},\cdots,K_{1t},\cdots,K_{k1},\cdots,K_{kt})$,令 $f_{11},\cdots,f_{1t},\cdots,f_{k1},\cdots,f_{kt}$ 依次表示它的前 kt 个比特,为了便于后面的叙述,我们不妨假设对任意 $i(1\leqslant i\leqslant k)$,至少存在一个 $j(1\leqslant j\leqslant t)$,使得 $f_{ij}=1$;

d. 对任何 i 和 j $(1\leqslant i\leqslant k,1\leqslant j\leqslant t)$,计算

$$z_{ij}=\begin{cases}k_{ij}, & f_{ij}=0\\ K_{ij}, & f_{ij}=1\end{cases}$$

对任何 i 和 j $(1\leqslant i\leqslant k,1\leqslant j\leqslant t)$,计算出

$$l_{ij}=\begin{cases}\min\{l\mid l\geqslant j,\text{且}f_{il}=1\}, & \{l\mid l\geqslant j,\text{且}f_{il}=1\}\neq\varnothing\\ \max\{l\mid l<j,\text{且}f_{il}=1\}, & \{l\mid l\geqslant j,\text{且}f_{il}=1\}=\varnothing\end{cases}$$

e. 对任何 i 和 j $(1\leqslant i\leqslant k,1\leqslant j\leqslant t)$,计算 $\sigma_{ij}=x_i k_{il_{ij}}^{-1} \pmod n$;

f. 将 $((f_{11},\cdots,f_{kt}),(z_{11},\cdots,z_{kt}),(\sigma_{11},\cdots,\sigma_{kt}))$ 秘密地发送给 B。

② B 执行以下步骤:

a. 对任何 i 和 j $(1\leqslant i\leqslant k,1\leqslant j\leqslant t)$,计算

$$K'_{ij}=\begin{cases}z_{ij}^2 \pmod n, & f_{ij}=0\\ K_{ij}, & f_{ij}=1\end{cases}$$

b. 计算 $H(K'_{11},\cdots,K'_{1t},\cdots,K'_{k1},\cdots,K'_{kt})$,并检验它的前 kt 个比特是不是 $f_{11},\cdots,f_{1t},\cdots,f_{k1},\cdots,f_{kt}$;

c. 对任何 i 和 j $(1\leqslant i\leqslant k,1\leqslant j\leqslant t)$,计算

$$l_{ij}=\begin{cases}\min\{l\mid l\geqslant j,\text{且}f_{il}=1\}, & \{l\mid l\geqslant j,\text{且}f_{il}=1\}\neq\varnothing\\ \max\{l\mid l<j,\text{且}f_{il}=1\}, & \{l\mid l\geqslant j,\text{且}f_{il}=1\}=\varnothing\end{cases}$$

d. 对任何 i 和 j $(1\leqslant i\leqslant k,1\leqslant j\leqslant t)$,验证等式 $\sigma_{ij}^2 z_{il_{ij}} y_i=1 \pmod n$ 是否成立。

(3) 代理签名的生成过程

对于给定的消息 m,B 通过以下步骤生成代理签名:

① 随机选取 kt 个数 $r_{ij}\in Z_n^*$ $(1\leqslant i\leqslant k,1\leqslant j\leqslant t)$;

② 对任何 i 和 $j\,(1\leqslant i\leqslant k,1\leqslant j\leqslant t)$，计算 $R_{ij}=r_{ij}^2\,(\bmod\ n)$；

③ 计算 $H(R_{11},\cdots,R_{1t},\cdots,R_{k1},\cdots,R_{kt},m)$，并依次取出它的前 kt 个比特，记为$e_{11},\cdots,e_{1t},\cdots,e_{k1},\cdots,e_{kt}$；

④ 对任何 i 和 $j\,(1\leqslant i\leqslant k,1\leqslant j\leqslant t)$，计算 $s_{ij}=r_{ij}\sigma_{ij}^{e_{ij}}\,(\bmod\ n)\equiv r_{ij}\,(x_i k_{il_{ij}}^{-1})^{e_{ij}}\,(\bmod\ n)$。

以$((f_{11},\cdots,f_{kt}),(e_{11},\cdots,e_{kt}),(z_{11},\cdots,z_{kt}),(s_{11},\cdots,s_{kt}))$作为生成的代理签名。

(4) 代理签名的验证过程

为了验证代理签名$((f_{11},\cdots,f_{kt}),(e_{11},\cdots,e_{kt}),(z_{11},\cdots,z_{kt}),(s_{11},\cdots,s_{kt}))$，验证人执行以下步骤：

① 对任何 i 和 $j\,(1\leqslant i\leqslant k,1\leqslant j\leqslant t)$，计算

$$K'_{ij}=\begin{cases} z_{ij}^2\,(\bmod\ n), & f_{ij}=0 \\ K_{ij}, & f_{ij}=1 \end{cases}$$

② 计算出 $H(K'_{11},\cdots,K'_{1t},\cdots,K'_{k1},\cdots,K'_{kt})$，并检验它的前 kt 个比特是不是$f_{11},\cdots,f_{1t},\cdots,f_{k1},\cdots,f_{kt}$；

③ 对任何 i 和 $j\,(1\leqslant i\leqslant k,1\leqslant j\leqslant t)$，计算

$$l_{ij}=\begin{cases} \min\{l\,|\,l\geqslant j,\text{且}\ f_{il}=1\}, & \{l\,|\,l\geqslant j,\text{且}\ f_{il}=1\}\neq\varnothing \\ \max\{l\,|\,l<j,\text{且}\ f_{il}=1\}, & \{l\,|\,l\geqslant j,\text{且}\ f_{il}=1\}=\varnothing \end{cases}$$

④ 对任何 i 和 $j\,(1\leqslant i\leqslant k,1\leqslant j\leqslant t)$，计算出 $R'_{ij}=s_{ij}^2\,(z_{il_{ij}}y_i)^{e_{ij}}\,(\bmod\ n)$；

⑤ 计算出 $H(R'_{11},\cdots,R'_{1t},\cdots,R'_{k1},\cdots,R'_{kt},m)$，并检验它的前 kt 个比特是不是$e_{11},\cdots,e_{1t},\cdots,e_{k1},\cdots,e_{kt}$。

2. 基于 Guillou-Quisquater 签名方案的代理签名方案

(1) 方案参数

- n：$n=pq$，p 和 q 是两个秘密的大素数。
- v：$(v,(p-1)(q-1))=1$；
- x：用户 A 的私钥，$x\in Z_n^*$；
- y：用户 A 的公钥，$y\in Z_n^*$，且满足等式：$x^v y=1(\bmod\ n)$。

(2) 委托过程

① A 执行以下步骤：

a. 随机选择一个数 $k\in Z_n^*$，计算 $e=H(k^v(\bmod\ n))$，其中 H 是一个密码杂凑函数，而且它的函数值在 0 到 $v-1$ 之间；

b. 计算 $x_1=x^e(\bmod\ n)$；

c. 将(k,x_1)秘密地发送给用户 B。

② B 执行以下步骤：

a. 计算 $e=H(k^v(\bmod\ n))$；

b. 验证等式：$x_1^v y^e=1(\bmod\ n)$是否成立，如果不成立，则要求 A 重新进行步骤①。

(3) 代理签名的生成过程

对给定的消息 m，B 进行以下步骤：

① 随机选取一个数 $r\in_R Z_n^*$，计算$e_1=H(r^v(\bmod\ n),m)$

② 计算 $s=rx_1^{e_1}(\bmod\ n)$。

以(k,e_1,s)作为生成的代理签名。

(4) 代理签名的验证过程

代理签名的接收方收到消息m和代理签名(k,e_1,s)后,通过以下步骤验证:

① 计算$e'=H(k^v(\bmod n))$;

② 计算$e_1'=H(s^v y^{e'e_1}(\bmod n),m)$。

如果$e_1'=e_1$,那么(k,e_1,s)就是一个有效的代理签名。

4.3 多重签名

多重数字签名(Digital Multi-Signature)是将多个人的数字签名汇总成一个签名数据进行传送,而签名验证者只需验证一个签名便可确认多个人的签名。由于无论签名人有多少,多重签名并没有过多地增加签名验证者的负担,因此多重签名在办公自动化、电子金融和电子认证(Certificate Authority,CA)服务等方面有重要应用。

4.3.1 基本概念

在数字签名应用中,有时需要多个用户对同一文件进行签名和认证。例如,一个公司发表的声明涉及财务部、开发部、销售部、售后服务部门,因此要得到这些部门认可,需要这些部门对该声明进行签名。能够实现多个用户对同一文件进行签名的数字签名方案称为多重数字签名方案。

根据签名过程的不同,多重数字签名方案可分为有序多重数字签名(Sequential Multisignature)方案和广播多重数字签名(Broadcasting Multisignature)方案。

1. 有序多重数字签名方案

在有序多重数字签名方案中,文件发送者规定文件签名顺序,然后将文件发送到第一个签名者,除第一个签名者外,每一位签名者收到签名文件后,首先验证上一个签名的有效性,如果签名有效,则继续签名,然后将签名文件发送给下一个签名者;如果签名无效,则拒绝对文件签名,并终止整个签名过程。当签名验收者收到签名文件后,验证多重签名的有效性,如果有效,则多重数字签名有效;否则多重数字签名无效。有序多重数字签名方案如图4.3所示。

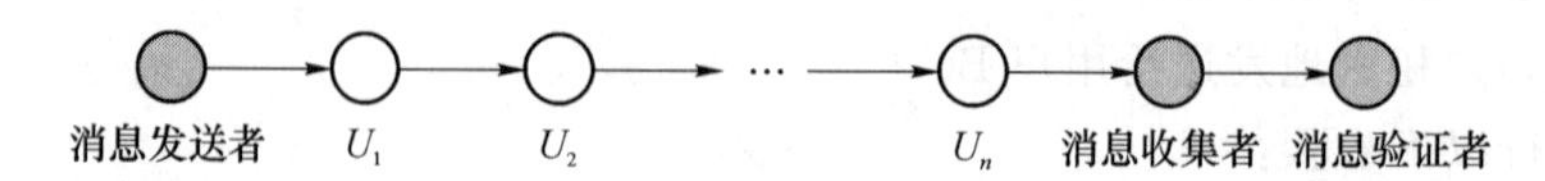

图4.3 有序多重数字签名方案

2. 广播多重数字签名方案

在广播多重数字签名中,文件发送者同时将文件发送给所有签名者,每一位签名者独自对待签文件进行签名后,将签名文件发送给签名收集者,最后由签名收集者对签名文件进行整理,并发送给签名验证者。签名验证者验证多重签名的有效性。广播多重数字签名方案如图 4.4 所示。

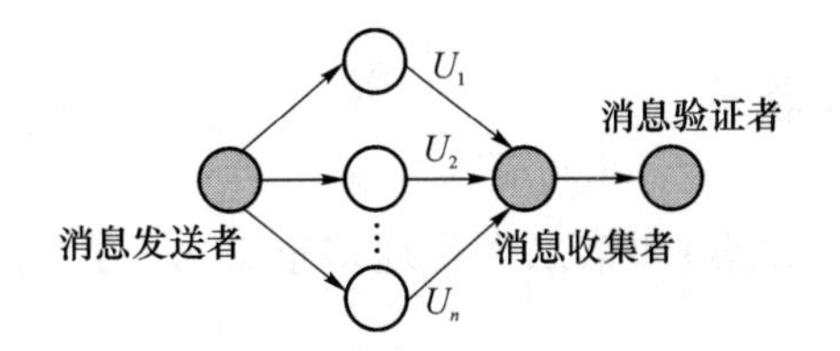

图 4.4 广播多重数字签名方案

为了实现多个用户 $A_1, A_2, \cdots, A_L$ 对同一个文件 m 生成数字签名，一般有以下两种基本方法。

(1) 每个用户 $A_i(1 \leqslant i \leqslant L)$ 分别对 m 生成普通的数字签名 $s_i = \mathrm{Sign}(x_i, m)$。其中，$x_i$ 表示 A_i 的签名密钥，Sign 表示某种数字签名生成算法。

(2) 所有用户 $A_1, A_2, \cdots, A_L$ 对 m 联合生成一个数字签名 $s = \mathrm{Sign}(x_1, x_2, \cdots, x_L, m)$。

方法(1)采用任何普通的数字签名方案都可实现。方法(2)采用的数字签名方案称为多重签名方案，而由多个用户联合生成的数字签名 $s = \mathrm{Sign}(x_1, x_2, \cdots, x_L, m)$ 被称为多重签名。在实际应用中，可以将以上两种基本方法混合使用，即让一部分用户各自对 m 生成普通的数字签名，另一部分用户联合生成多重签名。

多重签名方案的形式化定义如下。

设 $A_1, A_2, \cdots, A_L$ 是某个数字签名方案(R,SK,PK,M,S,KeyGen,Sign,Ver)的 L 个用户。对任意 $i(1 \leqslant i \leqslant L)$，记 A_i 的私钥和公钥对为(x_i, y_i)。如果 $A_1, A_2, \cdots, A_L$ 联合对某个特定的消息 $m \in M$ 生成了一个数字签名 $s = \mathrm{Sign}(x_1, x_2, \cdots, x_L, m)$，使得验证这个签名的有效性时，必须使用所有用户的公钥 $y_1, y_2, \cdots, y_L$，那么称 s 为一个由 $A_1, A_2, \cdots, A_L$ 生成的多重签名。

如果将代理签名方案与以上两种方法相结合，可以设想出以下几种新方法。

(3) 每个用户 $A_i(1 \leqslant i \leqslant L)$ 分别将他的数字签名权力委托给一个代理签名人 $B_i(1 \leqslant i \leqslant L)$，让 B_i 代表 A_i 对 m 生成代理签名 $s_i' = \mathrm{Sign}(\sigma_i, m)$，其中 σ_i 表示相应的代理签名密钥，即 $\sigma_i = \sigma_{A_i \to B_i}(1 \leqslant i \leqslant L)$。

(4) 每个用户 $A_i(1 \leqslant i \leqslant L)$ 分别将他的数字签名权力委托给一个代理签名人 $B_i(1 \leqslant i \leqslant L)$，让这些 $B_i(1 \leqslant i \leqslant L)$ 联合生成对 m 的多重签名 $s' = \mathrm{Sign}(\sigma_1, \sigma_2, \cdots, \sigma_L, m)$。

(5) 所有用户 $A_1, A_2, \cdots, A_L$ 将他们的数字签名权力委托给同一个代理签名人 B，让 B 对 m 生成一个数字签名 $s'' = \mathrm{Sign}(\sigma_1', \sigma_2', \cdots, \sigma_L', m)$，其中 $\sigma_i' = \sigma_{A_i \to B}(1 \leqslant i \leqslant L)$。

在方法(3)中，用户 $A_i(1 \leqslant i \leqslant L)$ 将数字签名权力委托给 $B_i(1 \leqslant i \leqslant L)$ 的过程可以采用任何一种普通的代理签名方案。因此，我们不必对方法(3)进行更多的讨论。

在方法(4)中，虽然用户 $A_i(1 \leqslant i \leqslant L)$ 将数字签名权力委托给 $B_i(1 \leqslant i \leqslant L)$ 的过程可以采用任何一种普通的代理签名方案，但是需要解决的关键问题是如何找到合适的多重签名方案与之结合。到目前为止，还没有发现这种签名方案。

在方法(5)中，所有用户 $A_1, A_2, \cdots, A_L$ 可以采用任何一种基本的代理签名方案分别将数字签名权力委托给 B，但是并没有一种现成的签名方案，使得 B 只需要生成一个数字签名，就可以代表所有原始签名人对某个消息的认可。

如果存在能够适用于方法(4)和方法(5)的数字签名方案，那么我们就将它们统称为代理多重签名方案。

4.3.2 代理多重签名

第一类代理多重签名(方案)和第二类代理多重签名(方案)统称为代理多重签名(方案)。

第一类代理多重签名方案的形式化定义如下。

设 $A_1,A_2,\cdots,A_L$ 是某个数字签名方案(M,S,SK,PK,GenKey,Sign,Ver)的 L 个用户,其中 M 是消息集合,S 是签名集合,SK 是私钥集合,PK 是公钥集合,GenKey 是产生签名密钥的算法的集合,Sign 是签名算法的集合,Ver 是验证签名算法的集合。对任意 $i(1\leqslant i\leqslant L)$,记 A_i 的私钥公钥对为(x_i,y_i)。假设对任意 $i(1\leqslant i\leqslant L)$,$A_i$ 都将他的数字签名权力委托给一个代理签名者 B_i(记 B_i 得到的代理签名密钥为 σ_i)。如果 $B_1,B_2,\cdots,B_L$ 对某个特定的消息 $m\in M$ 联合生成了一个多重签名 $s=\text{Sign}(\sigma_1,\sigma_2,\cdots,\sigma_L,m)$,使得验证这个多重签名的有效性时,必须使用所有用户 $A_1,A_2,\cdots,A_L$ 的公钥 $y_1,y_2,\cdots,y_L$,那么称 s 为一个由 $B_1,B_2,\cdots,B_L$ 代表 $A_1,A_2,\cdots,A_L$ 生成的第一类代理多重签名,称 $A_1,A_2,\cdots,A_L$ 为原始签名者,称 $B_1,B_2,\cdots,B_L$ 为代理签名者。能够产生第一类代理多重签名的数字签名方案称为第一类代理多重签名方案。

第二类代理多重签名方案的形式化定义如下。

设 $A_1,A_2,\cdots,A_L$ 是某个数字签名方案(M,S,SK,PK,GenKey,Sign,Ver)的 L 个用户,其中 M 是消息集合,S 是签名集合,SK 是私钥集合,PK 是公钥集合,GenKey 是产生签名密钥的算法的集合,Sign 是签名算法的集合,Ver 是验证签名算法的集合。对任意 $i(1\leqslant i\leqslant L)$,记 A_i 的私钥和公钥对为(x_i,y_i)。假设对任意 $i(1\leqslant i\leqslant L)$,$A_i$ 都将他的数字签名权力委托给某个给定的代理签名者 B(记 B 从 A_i 得到的代理签名密钥为 σ_i)。如果 B 能够对某个消息 $m\in M$ 生成一个数字签名 $s=\text{Sign}(\sigma_1,\sigma_2,\cdots,\sigma_L,m)$,使得验证这个多重签名的有效性时,必须使用所有用户 $A_1,A_2,\cdots,A_L$ 的公钥 $y_1,y_2,\cdots,y_L$,那么称 s 为一个由 B 代表 $A_1,A_2,\cdots,A_L$ 生成的第二类代理多重签名,称 $A_1,A_2,\cdots,A_L$ 为原始签名者,称 B 为代理签名者。能够产生第二类代理多重签名的数字签名方案称为第二类代理多重签名方案。

与基本的代理签名方案类似,代理多重签名方案应当满足以下基本性质。

(1) 不可伪造性:除了原始签名者外,任何人(包括代理签名者)都不能生成原始签名者的普通数字签名。

(2) 强不可伪造性:除了代理签名者外,任何人(包括原始签名者)都不能生成有效的代理多重签名。特别地,如果原始签名者委托了多个代理签名者,那么任何代理签名者都不能伪造其他代理签名者的代理多重签名。

(3) 可区分性:任何一个代理多重签名都与原始签名者的普通(多重)签名有明显的区别;不同的代理签名者生成的代理多重签名之间也有明显的区别。

(4) 不可抵赖性:不论是原始签名者还是代理签名者在生成一个(代理)多重签名后,不能再对它加以否认。

(5) 身份证实性:每个原始签名者都可以根据一个有效的代理多重签名确定相应的代理签名者的身份,或者多个原始签名者合作起来可以确定代理签名者的身份。

(6) 密钥依赖性:生成代理多重签名的签名密钥依赖于每个原始签名者的私钥。

(7) 可注销性:任何一个原始签名者都可以注销他委托给代理签名者的签名权力。

1. 第一类代理多重签名方案

现在我们根据由 Harn 提出的一个多重签名方案,给出一个基于离散对数问题的第一类代理多重签名方案。

(1) Harn 的多重签名方案

① 方案参数

x_i:用户 $A_i(1\leqslant i\leqslant L)$的私钥,$x_i\in_R Z_q^*$;

y_i:用户 $A_i(1\leqslant i\leqslant L)$的公钥,$y_i=g^{x_i}(\text{mod }p)$。

② 多重签名的生成过程

a. 每个用户 $A_i(1\leqslant i\leqslant L)$随机选取一个数 $r_i\in_R Z_q^*$,计算出 $R_i=g^{r_i}(\text{mod }p)$,然后将 R_i 发送给其他用户 $A_j(j\neq i)$;

b. 每个用户 $A_i(1\leqslant i\leqslant L)$在收到所有其他用户发送给他的 $R_j(j\neq i)$以后,计算出 $R=R_1R_2\cdots R_L(\text{mod }p)$;

c. 每个用户 $A_i(1\leqslant i\leqslant L)$计算出 $s_i=x_im-r_iR(\text{mod }q)$,并将$(R_i,s_i)$发送给某个特定的用户 B;

d. B 在收到所有的(R_i,s_i)后,首先计算出 $R=R_1R_2\cdots R_L(\text{mod }p)$,然后检验等式 $y_i^m=R_i^Rg^{s_i}(\text{mod }p)$是否成立。如果所有的等式 $y_i^m=R_i^Rg^{s_i}(\text{mod }p)$ $(1\leqslant i\leqslant L)$都成立,那么 B 计算出 $s=s_1+s_2+\cdots+s_L(\text{mod }q)$,以$(R,s)$作为多个用户 $A_1,A_2,\cdots,A_L$ 对消息 m 联合生成的多重签名。

③ 多重签名的验证过程

签名验证者在得到消息 m 和数字签名(R,s)后,通过以下步骤验证:

a. 计算出 $y=y_1y_2\cdots y_L(\text{mod }p)$;

b. 验证等式 $y^m=R^Rg^s(\text{mod }p)$是否成立,如果成立,则证明(R,s)是一个有效的多重签名。

(2) 代理多重签名方案 1

该代理多重签名方案和 Harn 的多重签名方案的参数相同。设 $B_1,B_2,\cdots,B_L$ 是作为代理签名人的另外 L 个用户。每个 $A_i(1\leqslant i\leqslant L)$将采用基于离散对数的代理签名协议将数字签名权力委托给 B_i。以下是委托过程及代理多重签名的生成和验证过程。

① 委托过程

a. 每个用户 $A_i(1\leqslant i\leqslant L)$随机选取一个数 $k_i\in_R Z_q^*$,计算出 $K_i=g^{k_i}(\text{mod }p)$和 $\sigma_i=x_i+k_iK_i(\text{mod }q)$,并将$(K_i,\sigma_i)$秘密地发送给用户 B_i;

b. 用户 $A_i(1\leqslant i\leqslant L)$在收到$(K_i,\sigma_i)$后,验证等式 $g^{\sigma_i}=y_iK_i^{K_i}(\text{mod }p)$是否成立。

② 代理多重签名的生成过程

a. 每个用户 $B_i(1\leqslant i\leqslant L)$随机选取一个数 $r_i\in_R Z_q^*$,计算出 $R_i=g^{r_i}(\text{mod }p)$,然后将 R_i 发送给其他用户 $B_j(j\neq i)$;

b. 每个用户 $B_i(1\leqslant i\leqslant L)$在收到所有其他的 $R_j(j\neq i)$以后,计算出 $R=R_1R_2\cdots R_L(\text{mod }p)$;

c. 每个用户 $B_i(1\leqslant i\leqslant L)$计算出 $s_i=\sigma_im-r_iR(\text{mod }q)$,并将$(K_i,R_i,s_i)$发送给某个特

定的用户B;

d. 用户B在收到所有的(K_i,R_i,s_i)后,首先计算出$R=R_1R_2\cdots R_L(\mathrm{mod}\ p)$,然后检验等式$(y_iK_i^{K_i})^m=R_i^Rg^{s_i}(\mathrm{mod}\ p)$是否成立。如果所有的等式$(y_iK_i^{K_i})^m=R_i^Rg^{s_i}(\mathrm{mod}\ p)$ $(1\leqslant i\leqslant L)$都成立,那么B计算出$s=s_1+s_2+\cdots+s_L(\mathrm{mod}\ q)$,以$(K_1,K_2,\cdots,K_L,R,s)$作为对消息$m$的代理多重签名。

③ 代理多重签名的验证过程

签名验证者在得到消息m和代理多重签名$(K_1,K_2,\cdots,K_L,R,s)$后,通过以下步骤验证:

a. 计算$y=y_1y_2\cdots y_LK_1^{K_1}K_2^{K_2}\cdots K_L^{K_L}(\mathrm{mod}\ p)$;

b. 验证等式$y^m=R^Rg^s(\mathrm{mod}\ p)$是否成立,如果成立,则证明$(K_1,K_2,\cdots,K_L,R,s)$是一个有效的代理多重签名。

2. 基于离散对数的第二类代理多重签名

根据各种基本代理签名协议,可以给出一些基于离散对数问题的第二类代理多重签名方案。在这些代理多重签名方案中,总是假设p是一个大素数,q等于$p-1$或$p-1$的一个大的素因子,$g\in Z_p^*$,且$g^q=1(\mathrm{mod}\ p)$。p、q、g对每个用户都是公开的。另外,假设A_1,$\mathrm{A}_2,\cdots,\mathrm{A}_L$,B是$L+1$个用户,其中对任意的$i(1\leqslant i\leqslant L)$,用户$\mathrm{A}_i$的私钥是一个随机数$x_i\in_R Z_q^*$,公钥是$y_i=g^{x_i}(\mathrm{mod}\ p)$,用户B的私钥是随机数$\alpha$,公钥是$\beta=g^\alpha(\mathrm{mod}\ p)$。用Sign和Ver分别表示某个离散对数签名方案中的签名生成算法和签名验证算法,H表示一个单向密码杂凑函数。

下面介绍代理多重签名方案2。

(1) 委托过程

① 对于任意的$i(1\leqslant i\leqslant L)$,用户$\mathrm{A}_i$执行以下步骤:

a. 随机选择一个数$k_i\in Z_q^*$,计算出$K_i=g^{k_i}(\mathrm{mod}\ p)$;

b. 计算出$\sigma_i=x_i+k_iK_i(\mathrm{mod}\ q)$;

c. 将(K_i,σ_i)秘密地发送给用户B。

② 用户B在收到(K_i,σ_i) $(1\leqslant i\leqslant L)$后,验证等式$g^{\sigma_i}=y_iK_i^{K_i}(\mathrm{mod}\ p)$是否成立。

(2) 代理多重签名的生成过程

① 用户B在收到所有的子代理密钥(K_i,σ_i) $(1\leqslant i\leqslant L)$后,计算出$\sigma=\sum_{i=1}^{L}\sigma_i(\mathrm{mod}\ q)$;

② 对某个消息m,用户B计算出$s=\mathrm{Sign}(\sigma,m)$。

以$(s,K_1,K_2,\cdots,K_L)$作为由B代表$\mathrm{A}_1,\mathrm{A}_2,\cdots,\mathrm{A}_L$对$m$生成的代理多重签名。

(3) 代理多重签名的验证过程

验证人在得到消息m和代理多重签名$(s,K_1,K_2,\cdots,K_L)$后,通过以下步骤验证:

① 计算出$y=\prod_{i=1}^{L}y_iK_i^{K_i}(\mathrm{mod}\ p)$;

② 验证$\mathrm{Ver}(y,m,s)=\mathrm{True}$是否成立,如果成立,则证明$(s,K_1,K_2,\cdots,K_L)$是一个有效的代理多重签名。

3. 基于因子分解的第二类代理多重签名

下面介绍代理多重签名方案3(基于Fiat-Shamir签名方案)。

方案参数：n,M,N。其中 $n=pq$，p 和 q 是由可信的密钥分配中心秘密选取的两个大素数；p 和 q 由密钥分配中心保密，n 对每个用户公开。M 和 N 是两个固定的正整数。

设有 $L+1$ 个用户 $A_1,A_2,\cdots,A_L$，B。对任何 $i(1\leqslant i\leqslant L)$，用户 A_i 的私钥是 $x_{i,1}$，$x_{i,2},\cdots,x_{i,M}$，公钥是 $y_{i,1},y_{i,2},\cdots,y_{i,M}$，用户 B 的私钥 $\alpha_1,\alpha_2,\cdots,\alpha_M$，公钥是 $\beta_1,\beta_2,\cdots,\beta_M$。这些密钥的生成方法与 Fiat-Shamir 签名方案相同。

(1) 委托过程

① 对任何 $i(1\leqslant i\leqslant L)$，$A_i$ 执行以下步骤：

a. 随机选取 $M\cdot N$ 个数 $k_{i,j,l}\in_R Z_n^*$ $(1\leqslant j\leqslant M,1\leqslant l\leqslant N)$；

b. 对任何 $j(1\leqslant j\leqslant M)$ 和 $l(1\leqslant l\leqslant N)$，计算出 $K_{i,j,l}=k_{i,j,l}^2(\text{mod } n)$；

c. 计算 $H(K_{i,1,1},\cdots,K_{i,1,N},\cdots,K_{1,M,1},\cdots,K_{i,M,N})$，这里 H 是一个公开的单向密码杂凑函数。令 $f_{i,1,1},\cdots,f_{i,1,N},\cdots,f_{i,M,1},\cdots,f_{i,M,N}$ 依次表示 $H(K_{i,1,1},\cdots,K_{i,1,N},\cdots,K_{1,M,1},\cdots,K_{i,M,N})$ 的前 $M\cdot N$ 个比特(为了便于后面的叙述，我们不妨假设对任意 $j(1\leqslant j\leqslant M)$，至少存在一个 $l(1\leqslant l\leqslant N)$，使得 $f_{i,j,l}=1$)；

d. 对任何 $j(1\leqslant j\leqslant M)$ 和 $l(1\leqslant l\leqslant N)$，计算出

$$z_{i,j,l}=\begin{cases}k_{i,j,l}, & f_{i,j,l}=0\\ K_{i,j,l}, & f_{i,j,l}=1\end{cases}$$

e. 对任何 $j(1\leqslant j\leqslant M)$ 和 $l(1\leqslant l\leqslant N)$，计算出

$$u_{i,j,l}=\begin{cases}\min\{u\mid u\geqslant l,\text{且 } f_{i,j,u}=1\}, & \{u\mid u\geqslant l,\text{且 } f_{i,j,u}=1\}\neq\varnothing\\ \max\{u\mid u<l,\text{ 且 } f_{i,j,u}=1, & \{u\mid u\geqslant l,\text{且 } f_{i,j,u}=1\}=\varnothing\end{cases}$$

f. 对任何 $j(1\leqslant j\leqslant M)$ 和 $l(1\leqslant l\leqslant N)$，计算出 $\sigma_{i,j,l}=x_{i,j}k_{i,j,u_{i,j,l}}^{-1}(\text{mod } n)$；

g. 将 $((f_{i,j,l})_{1\leqslant j\leqslant M,1\leqslant l\leqslant N},(z_{i,j,l})_{1\leqslant j\leqslant M,1\leqslant l\leqslant N},(\sigma_{i,j,l})_{1\leqslant j\leqslant M,1\leqslant l\leqslant N})$ 秘密地发送给用户 B。

② 对任何 $i(1\leqslant i\leqslant L)$，用户 B 在收到

$$((f_{i,j,l})_{1\leqslant j\leqslant M,1\leqslant l\leqslant N},(z_{i,j,l})_{1\leqslant j\leqslant M,1\leqslant l\leqslant N},(\sigma_{i,j,l})_{1\leqslant j\leqslant M,1\leqslant l\leqslant N})$$

后，通过以下步骤验证：

a. 对任何 $j(1\leqslant j\leqslant M)$ 和 $l(1\leqslant l\leqslant N)$，计算出

$$K'_{i,j,l}=\begin{cases}z_{i,j,l}^2, & f_{i,j,l}=0\\ z_{i,j,l}, & f_{i,j,l}=1\end{cases}$$

b. 计算出 $H(K'_{i,1,1},\cdots,K'_{i,1,N},\cdots,K'_{1,M,1},\cdots,K'_{i,M,N})$，并检验它的前 $M\cdot N$ 个比特是不是 $f_{i,1,1},\cdots,f_{i,1,N},\cdots,f_{i,M,1},\cdots,f_{i,M,N}$；

c. 对任何 $j(1\leqslant j\leqslant M)$ 和 $l(1\leqslant l\leqslant N)$，计算出

$$u_{i,j,l}=\begin{cases}\min\{u\mid u\geqslant l,\text{且 } f_{i,j,u}=1, & \{u\mid u\geqslant l,\text{且 } f_{i,j,u}=1\}\neq\varnothing\\ \max\{u\mid u<l,\text{且 } f_{i,j,u}=1\}, & \{u\mid u\geqslant l,\text{且 } f_{i,j,u}=1\}=\varnothing\end{cases}$$

d. 对任何 $j(1\leqslant j\leqslant M)$ 和 $l(1\leqslant l\leqslant N)$，验证等式 $\sigma_{i,j,l}^2 z_{i,j,u_{i,j,l}} y_{i,j}=1(\text{mod } n)$ 是否成立。

(2) 代理多重签名的生成过程

为了生成对消息 m 的代理多重签名，用户 B 执行以下步骤：

① 对于任意的 $j(1\leqslant j\leqslant M)$ 和 $l(1\leqslant l\leqslant N)$，计算出 $\sigma_{j,l}=\prod_{i=1}^{L}\sigma_{i,j,l}(\text{mod } n)$；

② 对于任意的 $j(1\leqslant j\leqslant M)$ 和 $l(1\leqslant l\leqslant N)$，随机选择一组数 $r_{j,l}\in Z_n^*$，并计算出 $R_{j,l}=r_{j,l}^2(\text{mod } N)$。

③ 计算出 $H(R_{1,1},\cdots,R_{1,N},\cdots,R_{M,1},\cdots,R_{M,N},m)$。令$e_{1,1},\cdots,e_{1,N},\cdots,e_{M,1},\cdots,e_{M,N}$依次表示 $H(R_{1,1},\cdots,R_{1,N},\cdots,R_{M,1},\cdots,R_{M,N},m)$的前 $M\cdot N$ 个比特。

④ 对于任意的 $j(1\leqslant j\leqslant M)$ 和 $l(1\leqslant l\leqslant N)$，计算出 $s_{j,l}=r_{j,l}\sigma_{j,l}^{e_{j,l}}\pmod n$ 以 $((f_{i,j,l})_{1\leqslant i\leqslant L,1\leqslant j\leqslant M,1\leqslant l\leqslant N},(z_{i,j,l})_{1\leqslant i\leqslant L,1\leqslant j\leqslant M,1\leqslant l\leqslant N},(e_{j,l})_{1\leqslant j\leqslant M,1\leqslant l\leqslant N},(s_{j,l})_{1\leqslant j\leqslant M,1\leqslant l\leqslant N})$作为一个由用户 B 代表用户 $A_1,A_2,\cdots,A_L$ 对消息 m 生成的代理多重签名。

(3) 代理多重签名的验证过程

验证人通过以下步骤验证代理多重签名

$$((f_{i,j,l})_{1\leqslant i\leqslant L,1\leqslant j\leqslant M,1\leqslant l\leqslant N},(z_{i,j,l})_{1\leqslant i\leqslant L,1\leqslant j\leqslant M,1\leqslant l\leqslant N},(e_{j,l})_{1\leqslant j\leqslant M,1\leqslant l\leqslant N},(s_{j,l})_{1\leqslant j\leqslant M,1\leqslant l\leqslant N})$$

的有效性。

① 对于任意的 $i(1\leqslant i\leqslant L)$、$j(1\leqslant j\leqslant M)$和 $l(1\leqslant l\leqslant N)$，计算出

$$K'_{i,j,l}=\begin{cases}z_{i,j,l}^2, & f_{i,j,l}=0\\ z_{i,j,l}, & f_{i,j,l}=1\end{cases}$$

② 对于任意的 $i(1\leqslant i\leqslant L)$，计算 $H(K'_{i,1,1},\cdots,K'_{i,1,N},\cdots,K'_{1,M,1},\cdots,K'_{i,M,N})$，并检验它的前 $M\cdot N$ 个比特是不是$f_{i,1,1},\cdots,f_{i,1,N},\cdots,f_{i,M,1},\cdots,f_{i,M,N}$；

③ 对于任意的 $i(1\leqslant i\leqslant L)$、$j(1\leqslant j\leqslant M)$和 $l(1\leqslant l\leqslant N)$，计算出

$$u_{i,j,l}=\begin{cases}\min\{u\mid u\geqslant 1,\text{且}f_{i,j,u}=1\}, & \{u\mid u\geqslant l,\text{且}f_{i,j,u}=1\}\neq\varnothing\\ \min\{u\mid u<1,\text{且}f_{i,j,u}=1\}, & \{u\mid u\geqslant l,\text{且}f_{i,j,u}=1\}\neq\varnothing\end{cases}$$

④ 对于任意的 $j(1\leqslant j\leqslant M)$和 $l(1\leqslant l\leqslant N)$，计算出

$$R'_{j,l}=s_{j,l}^2\left(\prod_{i=1}^{L}(y_{i,j}\,z_{i,j,u_{i,j,l}})^{e_{j,i}}\pmod n\right)$$

⑤ 计算出 $H(R'_{1,1},\cdots,R'_{1,N},\cdots,R'_{M,1},\cdots,R'_{M,N},m)$，并检验$e_{1,1},\cdots,e_{1,N},\cdots,e_{M,1},\cdots,e_{M,N}$是不是 $H(R_{1,1},\cdots,R_{1,N},\cdots,R_{M,1},\cdots,R_{M,N},m)$的前 $M\cdot N$ 个比特。

如果以上检验都成功的话，那么所验证的代理多重签名是有效的。

思 考 题

1. 特殊的数字签名有哪些？
2. 数字签名存在哪些隐患？
3. 简介数字签名方案受到的生日攻击。
4. 针对生日攻击有什么预防措施？
5. 简单分析代理签名的安全性。
6. 简单分析多重签名的安全性。

第5章　认证与访问控制

5.1　口令认证

口令是最简单也是最常用的一种访问控制和身份认证手段，因此本节专门对其进行介绍。

5.1.1　基本概念

日常生活中经常使用的简单口令通常被称为"密码"，它是身份认证最简单、最常用的方法，尤其在网络环境和移动应用领域更是被广泛使用，如登录电子邮箱的密码和银行卡网银的交易口令等。

至今许多系统的认证技术都基于口令的方式进行身份认证。系统事先保存每个用户的二元组信息(ID_x,PW_x)，即用户的身份信息和口令字。当被认证对象要求访问提供服务的系统时，提供服务的认证方要求被认证对象提交口令信息，认证方收到口令后，将其与系统中存储的用户口令进行比较，以确认被认证对象是否为合法访问者，这种认证方式叫作PAP(Password Authentication Protocol)认证。PAP认证仅在连接建立阶段进行，在数据传输阶段不进行。

这种认证方法的优点在于：简单有效、实用方便、费用低廉、使用灵活。然而，基于口令的认证方法明显存在以下几点不足。

(1) 用户每次访问系统很可能被内存中运行的黑客软件记录下来而泄密。

(2) 口令在传输过程中可能被截获。

(3) 窃取口令者可以使用字典穷举口令或者直接猜测口令，如果用户使用的是弱口令，就很容易被攻破。

(4) 认证系统集中管理口令的安全性。所有用户的口令以文件形式或者数据库存储方式保存在认证方，攻击者可以利用系统中存在的漏洞获取用户口令。

(5) 口令的发放和修改过程都涉及很多安全性问题，只要有一个环节出现泄密，则身份认证也就失去了意义。

(6) 为了记忆的方便，用户可能对多个不同安全级别的系统都设置了相同的口令，低安全级别系统的口令很容易被攻击者获得,从而用来对高安全级别系统进行攻击。

(7) 只能进行单向认证,即系统可以认证用户,而用户无法对系统进行认证。攻击者可能伪装成认证系统骗取用户的口令。

基于口令的认证方法只是认证的初期阶段,存在一定的安全隐患。对口令认证协议的主要攻击手段包括口令猜测攻击、中间人攻击、窃取凭证攻击、拒绝服务攻击等。目前的口令认证协议如果能抵抗以上攻击,则认为是安全的。

对简单口令机制的一个改进方案是口令的加密传输和加密存储。由于传输的是用户口令的密文形式,系统仅保存用户口令的密文,因而窃听者不易获得用户的真实口令。但是这种方案仍然受到口令猜测的攻击,另外系统入侵者还可以采用离线方式对口令密文实施字典攻击。

5.1.2 攻击手段

1. 强口令的组合攻击

基于口令的身份认证最易受到的攻击是离线口令猜测攻击,特别是当用户选择了"弱口令"时,由于口令的熵较小,对这种攻击就更具威力。一般弱口令包含以下几种情况。

(1) 选择词典(包括外语词典)中出现的词汇作为口令。即使这些词汇不常用,也是不适合作为口令的。

(2) 口令来源于某个人的姓名、单位或与其相关的信息。例如,把宠物的名字、计算机名或汽车牌照号码等作为口令。

(3) 口令来源于用户自身的某些个人信息,如办公室号码、电话号码、生日等。

(4) 其他与用户名称相关的信息。例如,有时人们把其姓名字母的顺序颠倒或把某些字母改作大写作为口令。

(5) 将地名、文艺作品中的人名或公众人物的名字等其他一些流行称谓作为口令。

与弱口令相对的是强口令,它应满足以下原则。

(1) 应是大小写字母的混合体。

(2) 其中应有非字母的符号(如$、%、& 等)和数字。

(3) 应该方便用户记忆,以免用户把它写下来。

(4) 至少应有8个字符的长度,对一些安全性要求更高的场合,还应采用更长的口令。

例如,可以把两个较短的单词(如 ball 和 eye)用"%"和"&"连接起来,同时把部分字母大写,得到一个强口令"Eye%&BaLL"。另外,我们可以取短语"With the Friend hand in hand"中每个单词的第一个字母,再增加上数字,得到一个强口令"WtFhih1943"。此种类型的口令破解难度较大。

2. 对口令认证协议的主要攻击

除口令猜测攻击之外,对口令认证协议还有以下几种主要攻击手段。

(1) 中间人攻击

攻击者截获用户和认证服务器之间传送的消息,并用自己的消息替代,然后继续传送。这里攻击者在用户和服务器之间扮演着双重角色。对于用户他是服务器,而对于服务器他又是用户。

(2) 窃取凭证问题

在很多认证协议中,认证服务器保存着用户口令的凭证,如口令的哈希值,而不是口令明文。攻击者通过窃取口令凭证从而对系统发起攻击。

(3) 重放攻击

攻击者记录用户和服务器之间已传送的消息,然后在适当的时机重新发送。

(4) 拒绝服务攻击

这主要是指认证系统因遭受攻击,而使合法用户无法得到服务器的正常认证,不能登录。

(5) 组合攻击

上述几种攻击方法可以联合使用,从而使得在单一攻击手段下安全的系统出现安全漏洞。这往往也是许多认证协议设计过程中忽视的一点。例如,下面将要介绍的 OSPA 协议能抵抗中间人攻击、凭证被窃、重放和拒绝服务攻击,但是却不能抵抗组合攻击。

3. OSPA 协议描述

(1) OSPA 协议的符号和定义

- A:用户身份。
- P:用户口令。
- SR:用户登录请求。
- n:正整数,每完成一次认证,自动加 1。
- h:强单向哈希函数。$h(x)$表示 x 被哈希一次,$h^n(x)$表示 x 被哈希 n 次。
- $\oplus$:位异或操作。
- $X=>Y:M$,X 发送消息 M 到 Y。

(2) OSPA 协议

OSPA 协议分为注册阶段和认证阶段。新用户需要进行一次注册,然后可以进行多次认证。

① 注册阶段

$A=>S:A,h^2(P\oplus 1)$

用户 A 用其口令 P 计算 $h^2(P\oplus 1)$。然后通过一个安全通道发送 $A,h^2(P\oplus 1)$到服务器 S 进行注册。服务器收到用户注册消息后,保存 $A,h^2(P\oplus 1)$作为口令凭证,并置 $n=1$,完成用户注册。

② 认证阶段

注册之后,第 $i(i\geqslant 1)$次认证过程如下。

a. A=>S:A,SR

用户 A 向服务器 S 发送登录请求。

b. S=>A:n

认证服务器响应用户请求,并向用户发送用户的认证顺序号 $n=i$。

c. A=>S:c_1,c_2,c_3

- $c_1=h(P\oplus n)\oplus h^2(P\oplus n)$这个值用来完成当前认证。

- $c_2=h^2(P\oplus(n+1))\oplus h(P\oplus n)$这个值用来更新口令凭证。
- $c_3=h^3(P\oplus(n+1))$这个值用来对②进行完整性检查。

服务器收到这3个值后,进行以下操作。

- 判断:若$c_1=c_2$,则认证失败,否则继续。
- 计算$h(P\oplus n)=h^2(P\oplus n)\oplus c_1$($h^2(P\oplus n)$是服务器保存的口令凭证)。
- 计算$h^2(P\oplus(n+1))=h(P\oplus n)\oplus c_2$。
- 判断:若$h(h(P\oplus n))=h^2(P\oplus n)$($h^2(P\oplus n)$是服务器保存的口令凭证)且$h(h^2(P\oplus(n+1)))=c_3$,则认证成功,否则认证失败。
- 若认证成功,则服务器把保存的口令凭证$h^2(P\oplus n)$更新为$h^2(P\oplus(n+1))$,并置$n=n+1$。

5.1.3 口令认证系统

1. 原始Peyravian-Zunic口令认证系统及安全性分析

原始Peyravian-Zunic口令机制的基本思想是通过能够快速运算的哈希函数保护口令在不安全网络中的传送。认证是在客户和服务器之间进行的。在认证开始前每个客户拥有唯一的标识号,称为id,id是公开的;另外每个客户有一个口令,称为pw,pw是保密的,只有客户和服务器知道pw,但实际上服务器并不保存pw,而只保存id和pw的哈希值,即$H(\text{id},\text{pw})$。具体的认证过程如下。

(1) 客户→服务器:id,rc;

(2) 服务器→客户:rs;

(3) 客户→服务器:id,$H(H(\text{id},\text{pw}),\text{rc},\text{rs})$;

(4) 服务器→客户:服务器接受用户访问请求或拒绝用户访问请求。

每次认证开始时,客户选取随机数rc,然后将rc和其id发送给服务器。然后服务器选取随机数rs发送给客户。客户收到rs后生成一次认证令牌$H(H(\text{id},\text{pw}),\text{rc},\text{rs})$,并和其id一起传送给服务器。最后服务器用其保存的$H(\text{id},\text{pw})$和rc、rs计算$H(H(\text{id},\text{pw}),\text{rc},\text{rs})$,并和收到的认证令牌进行比较,若相同则认证成功,否则失败。

原始Peyravian-Zunic口令机制还设计了相应的口令修改机制。具体过程如下。

(1) 客户→服务器:id,rc;

(2) 服务器→客户:rs;

(3) 客户→服务器:id,$H(H(\text{id},\text{pw}),\text{rc},\text{rs})$, $H(\text{id},\text{new\_pw})\oplus H(H(\text{id},\text{pw}),\text{rc}+1,\text{rs})$;

(4) 服务器→客户:服务器接受用户访问请求或拒绝用户访问请求。

通过以上步骤,客户可以把原有口令pw修改为新口令new_pw。实际上这个过程和认证过程基本相同,只不过客户在第(3)步中要给服务器多发送一个修改口令消息:

$$H(\text{id},\ \text{new\_pw})\oplus H(H(\text{id},\text{pw}),\text{rc}+1,\text{rs})$$

在第(4)步,服务器首先对客户身份进行认证。若认证成功,则利用其保存的$H(\text{id},\text{pw})$计算$H(H(\text{id},\text{pw}),\text{rc}+1,\text{rs})$,然后将它与客户发来的修改口令消息进行异或运算,得到$H(\text{id},\text{new_pw})$。此后服务器就用$H(\text{id},\text{new_pw})$取代$H(\text{id},\text{pw})$进行客户身份认证。

原始 Peyravian-Zunic 口令机制对以下几种攻击是脆弱的。

（1）离线口令猜测攻击

口令认证机制最易受到口令猜测攻击。口令猜测攻击分为在线和离线两种情况。对于在线口令猜测攻击，由于系统一般都有最大口令重试次数，若输入错误口令的次数超过系统设定的最大值，则系统会锁死，不再接受口令输入，因而在线口令猜测对口令认证威胁不大。在离线口令猜测攻击中，攻击者截获挑战值 R 和与 R 对应的包含口令 P 的应答值 $f(P,R)$，然后攻击者选择可能的口令 P_1，计算 $f(P_1,R)$，比较 $f(P_1,R)$ 与 $f(P,R)$ 的值，若相同，则猜测的口令正确，否则选择其他口令重试。为了记忆方便，用户选择口令的熵总是较小，因此离线口令猜测攻击对口令认证机制的威胁很大。

在原始 Peyravian-Zunic 口令机制中，攻击者可以获得 id、rc、rs 和与之对应的包含口令 pw 的 $H(H(\mathrm{id},\mathrm{pw}),\mathrm{rc},\mathrm{rs})$，因此它对离线口令猜测攻击是脆弱的。进一步，攻击者还可以在此基础上获得所有用过的口令值。

（2）假冒服务器攻击

原始 Peyravian-Zunic 口令机制只能实现服务器对客户的单向认证，客户不能对服务器身份进行认证。因此，攻击者可以假冒为服务器，使客户误以为认证成功，以此来骗取客户敏感信息。

（3）窃取服务器数据攻击

服务器保存了多个客户的认证凭证 $H(\mathrm{id},\mathrm{pw})$，因而服务器容易成为攻击者的目标。一旦攻击者获取了 $H(\mathrm{id},\mathrm{pw})$，就可以假冒合法用户登录。

2. 增强型 Peyravian-Zunic 口令认证机制

为了弥补原始 Peyravian-Zunic 口令认证机制存在的安全缺陷，人们提出了增强型的 Peyravian-Zunic 口令认证机制，其认证过程如下。

（1）客户→服务器：id，{rc，pw}Ks；

（2）服务器→客户：$\mathrm{rs}\oplus\mathrm{rc}$，$H(\mathrm{rs})$；

（3）客户→服务器：id，$H(\mathrm{rc},\mathrm{rs})$；

（4）服务器→客户：服务器接受用户访问请求或拒绝用户访问请求。

认证开始前服务器对每个客户保存 $H(\mathrm{pw})$。认证开始时，客户用服务器的公钥 Ks 加密随机数 rc 和口令 pw，将加密结果和客户 id 一起发送给服务器。服务器收到这些消息后，用其私钥解密{rc，pw}Ks，获得客户 pw。服务器计算 $H(\mathrm{pw})$，并与其保存的 $H(\mathrm{pw})$ 比较，若相同，则认证继续，否则终止认证。若认证继续，则服务器选取一随机数 rs，计算 $\mathrm{rs}\oplus\mathrm{rc}$ 和 $H(\mathrm{rs})$，并将其发送给客户。客户用收到的 $\mathrm{rs}\oplus\mathrm{rc}$ 与其保存的 rc 计算 rs，再计算 $H(\mathrm{rs})$，与收到的 $H(\mathrm{rs})$ 比较，若一致则认证继续，否则终止认证。若认证继续，则客户计算 $H(\mathrm{rc},\mathrm{rs})$，并发送给服务器。然后服务器用其保存的 rs 和 rc 计算 $H(\mathrm{rc},\mathrm{rs})$，并与收到的 $H(\mathrm{rc},\mathrm{rs})$ 比较，若一致则认证成功，否则失败。

与原始 Peyravian-Zunic 口令认证机制类似，增强型 Peyravian-Zunic 口令认证机制亦可修改口令，这可以通过把上面认证过程第(3)步中的消息替换为下面的消息实现：

$$\mathrm{id},H(\mathrm{rc},\mathrm{rs}),H(\mathrm{new\_pw})\oplus H(\mathrm{rc}+1,\mathrm{rs})$$

增强型 Peyravian-Zunic 口令认证机制的增强之处表现在通过引入公开密钥加密体制，以保证客户和服务器之间传送消息的秘密性。这种增强实际上并不符合原始 Peyravian-

Zunic 口令认证机制设计的初衷。因为增强后的认证机制计算开销较原始 Peyravian-Zunic 口令认证机制有大幅增加,这就使原始 Peyravian-Zunic 机制追求的简洁快速特点不复存在。而且还带来了一个新的安全问题,即服务器对拒绝服务攻击的脆弱性。尤其是在客户端计算能力较弱(如移动终端、手持 PDA 等),而服务器端计算能力较强的不平衡网络环境中,增强型认证机制就难以实际运行。在这种情况下,可以通过加密密钥和解密密钥的特别设置,尽量降低客户端的计算量。例如,在 RSA 体制中,常用的是选择较小的加密密钥,以使公钥加密运算量降到最低。但这会使服务器更易遭受拒绝服务攻击。拒绝服务攻击是指阻止授权用户对资源的访问或使时间敏感操作延迟。拒绝服务攻击根据资源的类型可以分为存储资源消耗型攻击、网络带宽消耗型攻击和计算资源消耗型攻击三类。

在增强型 Peyravian-Zunic 口令认证机制中,可能的拒绝服务攻击有以下几种情况。

(1) 攻击者截获一个合法客户的登录请求消息:＜id,{rc,pw}Ks＞,然后攻击者连续向服务器发送该消息。服务器认为客户发出了多个并发登录请求,于是服务器每收到一个{rc,pw}Ks,都要进行一次解密操作,并保存每一个 rc。这种攻击可使服务器的存储资源和计算资源被大量、快速地消耗,最终使服务器资源耗尽。

(2) 攻击者截获一个合法客户的登录请求消息:＜id,{rc,pw}Ks＞,然后攻击者每次更改 id 连续向服务器发送该消息。服务器认为是多个客户发出了登录请求。这时服务器每收到一个{rc,pw}Ks 都会进行一次解密操作,但验证 H(pw)不正确后,登录请求被放弃。这种攻击属计算资源消耗型攻击。

(3) 攻击者每次选择不同的 id 和随机数 a、b,经公钥加密运算后发出登录请求:＜id,{a,b}Ks＞,这种攻击亦属计算资源消耗型攻击。当公钥加密和解密运算量相当时,这种攻击难以发起。但选择特别的公钥加密密钥使客户端公钥运算量远远小于服务器端时,这种攻击亦会对服务器造成严重威胁。另外,如果攻击者预先进行计算,准备了大量的客户登录请求消息同时向服务器发出,则即使客户端和服务器端公钥运算量相当,亦可使服务器受到有效的计算资源消耗型攻击。

另外,在增强型 Peyravian-Zunic 口令认证机制中,每次认证过程中服务器都会得到用户的口令明文。口令往往包含用户敏感的私人信息,即使服务器不保存口令,但口令在服务器中的频繁出现,亦使其泄露的危险大大增加。甚至在某些情况下,用户可能会用一个口令访问多个服务器,这时口令明文在某一服务器中的出现会对用户造成很大威胁。

综上所述,增强型 Peyravian-Zunic 口令认证机制还有欠缺。下面借鉴原始 Peyravian-Zunic 口令认证机制的思想,设计一个新的简单安全的口令认证协议。

3. 改进型 Peyravian-Zunic 口令认证机制

改进型 Peyravian-Zunic 口令认证协议分为注册阶段和认证阶段。新用户需要进行一次注册,然后可以进行多次认证。

在注册阶段,

(1) 客户→服务器:id,$\mathrm{Sig_c}$(id,{H(pw)⊕rc,rc}Ks);

(2) 服务器→客户:$\mathrm{Sig_s}$(id,{H(id,$\mathrm{PriKey_s}$)rc,rc}Kc)。

首先,客户选择其口令 pw 和随机数 rc,计算 H(pw),用服务器公钥 Ks 加密＜H(pw)⊕rc,rc＞,最后对消息＜id,{H(pw)⊕rc,rc}Ks＞签名,并将其发送给服务器。服务器收到该消息后，对客户签名进行验证。验证通过后，解密并保存 $H(\text{pw})$；然后计算 $H(\text{id},\text{PriKey}_s)$，并将其与收到的随机数 rc 组成的消息用客户公钥 Kc 加密。PriKey_s 为服务器私钥或其他只有服务器知道的秘密数据，这里只以服务器私钥为例。最后服务器将加密消息签名后发送给客户。客户收到该消息后，验证服务器签名及收发随机数 rc 是否一致，验证通过后解密并保存 $H(\text{id},\text{PriKey}_s)$。

在认证阶段，

(1) 客户→服务器：id，$H(\text{id},\text{PriKey}_s)\oplus\text{rc}$，$H(\text{rc})$；

(2) 服务器→客户：$\text{rs}\oplus\text{rc}$，$H(\text{rs})$；

(3) 客户→服务器：id，$H(H(\text{pw}),\text{rc},\text{rs})$；

(4) 服务器→客户：服务器接受用户访问请求或拒绝用户访问请求。

认证开始时，客户选取一随机数 rc，计算 $H(\text{rc})$；rc 与 $H(\text{id},\text{PriKey}_s)$ 异或得到 $H(\text{id},\text{PriKey}_s)\oplus\text{rc}$，最后将消息< id，$H(\text{id},\text{PriKey}_s)\oplus\text{rc}$，$H(\text{rc})$>发送给服务器。服务器收到该消息后，根据 id 计算 $H(\text{id},\text{PriKey}_s)$，再利用其与收到的<$H(\text{id},\text{PriKey}_s)\oplus\text{rc}$>运算得到 rc，计算 $H(\text{rc})$。若该值与收到的 $H(\text{rc})$ 一致，则认证继续，否则放弃认证。若认证继续，则服务器选取随机数 rs，计算 $\text{rs}\oplus\text{rc}$ 和 $H(\text{rs})$，将消息<$\text{rs}\oplus\text{rc}$，$H(\text{rs})$>发送给客户。客户收到该消息后，用其保存的 rc 与 $\text{rs}\oplus\text{rc}$ 异或，得到 rs，计算 $H(\text{rs})$。若该值与收到的 $H(\text{rs})$ 一致，则认证继续，否则放弃认证。若认证继续，则客户计算一次认证令牌 $H(H(\text{pw}),\text{rc},\text{rs})$，将消息<id，$H(H(\text{pw}),\text{rc},\text{rs})$>发送给服务器。服务器收到该消息后，用其保存的 $H(\text{pw})$、rc 和 rs 计算 $H(H(\text{pw}),\text{rc},\text{rs})$，并与收到的认证令牌比较，若一致，则认证成功，否则认证失败。

认证结束后客户和服务器之间可以用 rc 和 rs 产生会话密钥。例如，可以得到会话密钥 $H(\text{rc},\text{rs})$。

新的认证协议亦可支持口令修改。修改口令过程如下。

(1) 客户→服务器：id，$H(\text{id},\text{PriKey}_s)\oplus\text{rc}$，$H(\text{rc})$；

(2) 服务器→客户：$\text{rs}\oplus\text{rc}$，$H(\text{rs})$；

(3) 客户→服务器：id，$H(H(\text{pw}),\text{rc},\text{rs})$，$H(\text{new\_pw})\oplus H(H(\text{pw}),\text{rc}+1,\text{rs})$；

(4) 服务器→客户：服务器接受用户访问请求或拒绝用户访问请求。

5.2 身份认证

身份认证指的是证实被认证对象是否属实和有效的一个过程。其基本思想是通过验证被认证对象的属性来确认其是否真实有效。被认证对象的属性可以是口令、数字签名或者像指纹、声音、视网膜这样的生理特征。身份认证常常用于通信双方相互确认身份，以保证通信的安全。

对于网络信息系统来说，能否识别使用者的身份，是能否确保安全的基础和关键。在实际应用中，许多网络信息系统都会要求使用者在使用系统之前，提供一些相关信息以实现对使用者的身份认证。身份认证的方法有以下几种。

(1) 利用使用者所知道的事情进行鉴别

口令认证就是其中最常见的一种方法，但是如果口令过于繁多就会难以记忆，而过于简单又容易被破解,所以口令认证的安全性较差,在实际使用中会有很大的安全隐患。

(2) 利用使用者所拥有的物品进行鉴别

通过电子钥匙、智能卡等进行身份认证就属于这种鉴别手段。这种方法要求使用者必须拥有某一种鉴别所需的物品,以便通过该物品中的相关信息与目标主机进行通信。

(3) 利用使用者本身的生物特征进行鉴别

生物学提供了几种方法用于鉴别一个人的身份,如指纹、虹膜以及声音等。这种鉴别方法的安全性非常好,适用于高安全等级的系统,但是由于其技术比较复杂、设备也比较昂贵,因此还难以普遍应用。在某些安全级别要求比较高的场景下可以使用。

(4) 多因子认证

为了提高系统的安全性,当前的身份认证系统都是采用多因子认证。例如,使用手机短信验证码+口令的方式来完成网银身份的登录认证;采用U盾+口令的方式来完成网上银行转账的身份认证;可以采用掌纹+口令的方式来实现某些重点敏感区域的访问控制等。多因子认证的方式目前使用的比较普遍。

在一个安全系统的设计中,身份认证是第一道关卡,用户在访问所有系统之前,首先应该经过身份认证系统识别身份,网络信息系统在对访问者的身份进行鉴别以后,就可以根据访问者的不同身份,授之以不同的访问权限,实现对访问者的访问控制。

身份认证系统可以按以下方式进行分类。

(1) 条件安全认证系统与无条件安全认证系统

无条件安全性又称理论安全性,它与敌方的计算能力和拥有的资源无关,即敌方破译认证系统所作的任何努力都不会比随机选择运气更优。条件安全性又称实际安全性,即认证系统的安全性是根据破译该系统所需的计算量来评价的,如果破译一个系统在理论上是可行的,但依赖现有的计算工具和计算资源不可能完成所要求的计算量,称为在计算上是安全的,如以DES为基础设计出的消息认证码(MAC)。如果能够证明破译某个体制的困难性等价于解决某个数学难题,则称其为可证明安全的,如RSA数字签名体制。

(2) 有保密功能的认证系统与无保密功能的认证系统

前者能够同时提供认证和保密两种功能,而后者则只是纯粹的认证系统。

(3) 有仲裁认证系统与无仲裁认证系统

传统的认证系统只考虑了通信双方互相信任,共同抵御敌方主动攻击的情形,此时系统中只有参与通信的发信方和接收方及发起攻击的敌方,而不需要裁决方,因此称为无仲裁人的认证系统。但在现实生活中,常常是通信双方并不互相信任,例如,发信方发送了一个消息后,否认曾发送过该消息;或者收信方接收到发信方发送的消息后,否认曾接收到该消息或宣称接收到了自己伪造的另一个消息。一旦这种情况发生,就需要一个仲裁方来解决争端。这就是有仲裁人的认证系统。有仲裁人认证系统又可分为单个仲裁人认证系统和多仲裁人认证系统。

5.2.1 挑战握手认证协议

挑战握手认证协议(CHAP)是简单口令协议(PAP)的改进型,它采用“挑战/应答”的方式,通过三次握手对被认证对象的身份进行周期性的认证。

CHAP的认证过程如下。

(1) 当被认证对象要求访问提供服务的系统时，认证方向被认证对象发送递增改变的标识符和一个挑战消息，即一段随机的数据。

(2) 被认证对象向认证方发回一个响应，该响应数据由单向密码杂凑函数计算得出，单向密码杂凑函数的输入参数由本次认证的标识符、密钥和挑战消息构成。

(3) 认证方将收到的响应与自己根据认证标识符、密钥和挑战消息计算出的密码杂凑函数值进行比较。若相符则认证通过，向被认证对象发送“成功”消息；否则发送“失败”消息，切断服务连接。

CHAP不仅仅在连接建立阶段进行，在之后的数据传输阶段，也将在随机的间隔周期里进行，如果发现结果不一致，认证方也将切断服务连接。

CHAP具有以下优点。

(1) 加入不确定因素，通过不断地改变认证标识符和随机的挑战消息来防止重放攻击。

(2) 利用周期性的挑战消息认证限制了对单个攻击的暴露时间，认证者控制挑战的频度。

(3) 认证过程中所依赖的密钥不在链路传输。

(4) 虽然CHAP进行的是单向认证，但在两个方向上进行CHAP协商，同一密钥可以很容易地实现交互认证。

CHAP的不足之处如下。

(1) CHAP的关键是密钥，密钥以明文形式存放和使用，不能利用通常的不可逆运算加密口令。

(2) CHAP的密钥是通信双方共享的，这一点类似于对称密钥体制，因此给密钥的分发和更新带来了麻烦，要求每个通信对都有一个共享的密钥，不适合大规模的系统。

由于引入随机因素，CHAP在近年来得以广泛应用。Microsoft公司也开发了Windows版本的CHAP，称为MS-CHAP。

基于CHAP思想的有代表性的身份认证协议是如下的Schnorr识别方案。

为了产生一密钥对，首先选取两个素数 p 和 q，q 是 $p-1$ 的素数因子。然后选择 $a(a\neq 1)$，满足 $a^q\equiv 1 \pmod p$。所有这些数可由一组用户公用，并公开发布。

为产生特定的公钥/私钥对，选择一小于 q 的随机数，此即私人密钥 s。然后计算 $v\equiv a^{-s} \bmod p$，此即公开密钥。乙方按下述步骤来验证甲方的身份真实性。

(1) 甲方选取一个小于 q 的随机数 r，并计算 $x=a^r \bmod p$。这是预处理步骤，可在乙方出现之前完成。

(2) 甲方传送 x 给乙方。

(3) 乙方传送一个介于0到 2^t-1 之间的随机数 e 给甲方。

(4) 甲方计算 $y\equiv r+se \pmod n$，并把 y 传送给乙方。

(5) 乙方验证 $x\equiv a^y v^e \pmod p$。

如果此等式成立，则乙方承认甲方身份的真实性。在Schnorr方案中，p 大约为512位，q 为140位，t 为72位。安全性基于参数 t，当 p 和 q 满足 $q\geqslant 2^t$ 且 p 满足 $e\sqrt{\ln p\ln\ln p}$ 约为 2^t 时，该算法的难度大约是 2^t。

国内某公司给出了CHAP的一种改进版本，称为ECHAP，它引入多种加密技术对传统CHAP作了变通和扩展。在初始化被认证方阶段，认证方为每个用户生成了一个随机秘密值S，并采用某种对称加密算法(如RC4)对其加密存储，即$S'=E_K(S)$，K为加密秘密值的密钥；同时，将K和原始秘密值S存于某种便携、安全的存储介质(如SmartCard、Skey)中交给用户保管。这样一方面采用了双因子认证的途径；另一方面由于K并不在服务器保存，不会有内部管理人员或者黑客窃取密钥的问题存在。

ECHAP的认证流程如下。

(1) 当服务器检测到用户登录或访问请求时，首先生成挑战消息C和一对临时会话密钥(P_b, P_v)，然后将其中的公钥P_b和C编码后传到客户端。

(2) 客户端收到服务器传来的信息后，从该用户的存储介质中读取原始秘密值S和密钥K，以S和收到的C为入口参数计算报文摘要W_1，用P_b加密K得到$E_{P_b}(K)$，连同W_1一道传给服务器。

(3) 服务器收到客户传来的信息后，首先用会话密钥对其中的私钥P_v解密$E_{P_b}(K)$，得到原始加密密钥K；其次用K解密本地加密存储的秘密值，还原出S；再次以C和S为入口参数计算出W_2；最后比较W_1、W_2，若相等，则认证成功，反之认证失败。

ECHAP的核心思想是强双因子身份认证的机制。它将系统安全判别因子分离成两部分，即用户口令和存于SmartCard或SKey中的用户个人秘密信息。当需要用户与服务器在网络上交换信息时，系统利用CHAP保证了用户的口令信息不在网上传输，并针对每次身份认证采用一次性加密口令，保证信息的安全性。同时，为了防止系统内部的泄密事件发生，ECHAP将传统的由服务器保存用户口令的方式改变为服务器仅存储用户的加密口令，而加密口令的密钥存在用户的SmartCard或SKey中由用户掌握，完全杜绝了传统身份认证方式下用户口令被黑客截取和破解的危险，保证了用户信息的安全性。

5.2.2 多因子身份认证

多因子认证是指结合所知、所有和生物特征等多种因素对用户的身份进行认证。多因子认证比基于口令的认证方法增加了其他的认证要素，攻击者仅仅获取了用户口令或者仅仅拿到了用户的U盾，都无法通过系统的认证。因此，该方法具有更好的安全性，在一定程度上解决了口令认证方法中的很多问题。

身份认证可以转化为鉴别一些标识个人身份的事物，如“用户名+口令”、身份标识物品(如钥匙、证件、智能安全存储介质)等。这些传统的鉴别方法存在明显的缺点：个人拥有的物品容易丢失或被伪造，个人的密码容易遗忘或记错。更为严重的是，这些系统无法区分真正的拥有者和取得身份标识物的冒充者，一旦他人获得了这些身份标识物，就可以拥有相同的权力。

为了克服传统鉴别方法的缺点，人们开始利用生理特征或行为特征，如指纹、掌纹、虹膜、脸像、声音、笔迹、人脸等。如果在身份认证中加入这些生物特征的鉴别技术作为认证因子，再加上口令，就可以形成多因子认证。这种认证方式以人体唯一的、可靠的、稳定的生物特征为依据，采用计算机的强大功能和网络技术进行图像处理和模式识别，具有很好的安全性、可靠性和有效性，与传统的身份确认手段相比，无疑产生了质的飞跃。

基于生物特征识别的身份认证技术具有以下优点。

(1) 不易遗忘或丢失。

(2) 防伪性能好,不易伪造或被盗。

(3)"随身携带",随时随地可用。

不同的生物识别认证过程原理大致相同,其系统部件如图 5.1 所示。

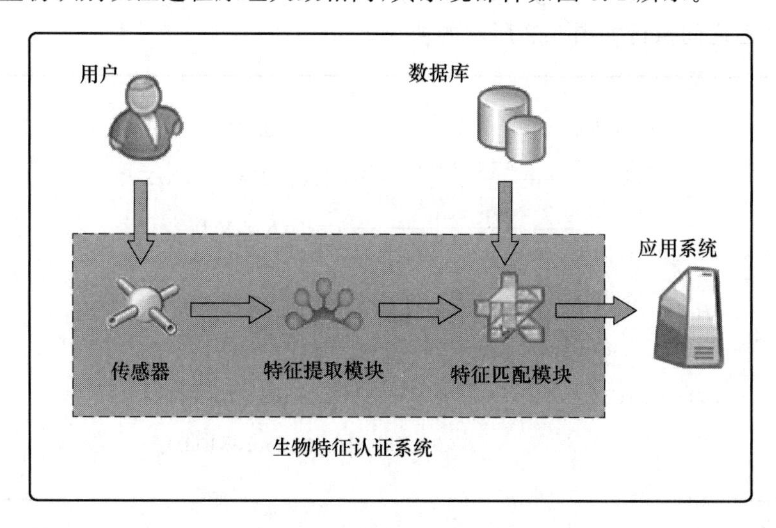

图 5.1　生物特征认证系统结构图

模板数据库中存放了所有被认证方的生物特征数据,生物特征数据由特征录入设备预处理完成。以掌纹认证为例,用户登录系统时,必须先将其掌纹数据由传感器采集量化,通过特征提取模块提取特征码,再与模板数据库中存放的掌纹特征数据以某种算法进行比较,如果相符则通过认证,允许用户使用应用系统。

目前,国外许多高技术公司正在试图用眼睛虹膜、指纹、面貌特征等取代人们手中的信用卡或密码,并且已经开始在机场、银行和各种电子器具上进行了实际应用。基于生物特征识别的身份认证技术固然有很多天生的优点,但是现阶段要广泛推广还存在很多问题。

(1) 需要专门的硬件作为采集传感器,存在价格问题。

(2) 预处理时录入麻烦。要求所有人员都必须到场以提取数据。

(3) 难以做到真正唯一性,仍然存在重放攻击。某些生物特征如掌纹、脸像、声音、笔迹等可以以假乱真。

(4) 生物特征稳定性需考虑。所选择的特征不应随时间、状态等发生变化。

(5) 还有数据存储、匹配器等关键部件或数据的安全性问题存在。

(6) 速度问题。某些生物特征采集需要一定的时间,因此在人流量很大的地方不宜采用,如飞机、火车的关口等。

另外,如果采用集中模式的模板数据库存放特征数据的话,很容易产生单点故障问题。因此,可以考虑将 PKI 结合进来,不建立集中的模板数据库,将特征模板数据与用户的数字证书一起存放在智能存储设备上,由用户自己保存。这种模式可以有效地避免集中式处理的缺点,分散化解安全风险。下面就是一种简单的结合 PKI 的身份认证协议。

该协议可让乙方验证甲方身份的真实性。假设系统中的用户甲和乙都拥有一对由可信任的权威机构分配的公钥/私钥对,而且通过可验证的公钥证书来核实他们的身份。该协议的执行不需要与权威机构进行通信。

用户甲和乙共享的信息有:大素数 p (p 有大素因子 q)和群 G_p 上的生成元 g;安全的单向密码杂凑函数 H_1, H_2, H_3;对称加密算法 $E_K(m), D_K(m)$;签名算法 $\mathrm{Sig}_U(m)$ 及其验证算法。用户乙的私钥 $x \in Z_p^*$,公钥 $y = g^x \bmod p$。

用户甲和乙之间执行如图 5.2 所示的协议。

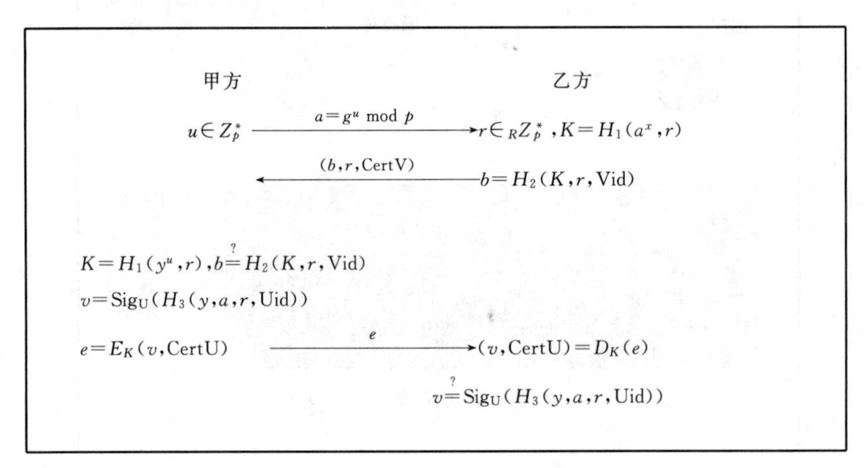

图 5.2　用户之间执行的协议

步骤 1:甲方随机选择数 $u \in Z_p^*$ 并计算传送 $a = g^u \bmod p$ 给乙方。

步骤 2:乙方在收到上述信息后,随机选择一数 $r \in Z_p^*$,计算会话密钥 $K = H_1(a^x, r)$,然后计算 $K = H_2(K, r, \mathrm{Vid})$,传送$(b, r, \mathrm{CertV})$给甲方。

步骤 3:甲方收到乙方发送的信息后,从 CertV 中得到 y,计算 $K = H_1(y^u, r)$,检查 $b = H_2(K, r, \mathrm{Vid})$是否成立。若成立,则甲方确认乙方确实知道 K 且乙方的身份得到了间接的验证。甲方对消息 $H_3(y, a, r, \mathrm{Uid})$进行签名,即 $v = \mathrm{Sig_U}(H_3(y, a, r, \mathrm{Uid}))$,将签名 v 与他的公钥证书用会话密钥进行加密 $e = E_K(v, \mathrm{CertU})$,将加密结果 e 发送给乙方。

步骤 4:乙方收到 e 之后对其进行解密$(v, \mathrm{CertU}) = D_K(e)$,验证甲方的公钥证书 CertU 合法后,用甲方的公钥验证签名 $v = \mathrm{Sig_U}(H_3(y, a, r, \mathrm{Uid}))$,甲方的身份得到验证。

5.2.3　S/KEY 认证协议

S/KEY 认证协议是由贝尔通信研究所(Bellcore)提出的,并在 RFC1760 文档中定义,这是一种基于 MD4 或 MD5 的一次性口令生成方案,专门解决重放攻击问题。在被认证方初始化阶段,被认证方和服务器都必须用相同的口令和一个迭代次数配置。“迭代次数”是用来指定对挑战进行摘要运算的次数。

S/KEY 认证过程如下。

(1) 当需要进行身份验证时,被认证方通过发送一个初始化包来启动 S/KEY 交换,服务器用一个迭代次数(Seq)和种子(Seed)来响应。

(2) 被认证方计算一次性口令,将从服务器得到的种子和用户输入的口令连接起来,使用单向密码杂凑函数(MD4 或者 MD5)反复计算 Seq 次,将所得的数字摘要作为一次性口令传送至服务器端。

(3) 服务器端保存有一个文件，包含了每个用户上一次成功登录时的一次性口令。为了验证本次认证请求，服务器将接收到的一次性口令再进行一次安全密码杂凑函数运算，并与保存的文件内容作比较。若匹配则认证成功，并用接收到的一次性口令更新文件内容，供下次认证使用。同时，将 Seq 减 1。

(4) 由于 Seq 随认证次数的增多逐渐减少，必然存在重新初始化的问题。用户可以在初始化时重新指定口令、迭代次数和种子。

S/KEY 的优点主要有以下几个。

(1) 口令既不在被认证方机器上保存，也不存储于服务器端，更不在网络中传输，技术上不存在泄露问题，服务器也不受口令攻击。

(2) 每次传输的内容都不相同，有效地防止了重放攻击。

(3) 算法公开，任何人都可以使用。

(4) 如果没有一次性口令发生器，可以先保存一系列连续的一次性口令列表在通信时使用，但是不可以暴露当前使用到哪个一次性口令。

但由于种子和迭代次数均采用明文传输，会给黑客留下漏洞。例如，黑客可利用小数攻击来获取一系列口令冒充合法用户，即当被认证方向服务器请求认证时，黑客截获从服务器传来的种子和迭代次数，将迭代次数修改为较小的值并传送给被认证方，同时再截获被认证方计算出来的一次性口令，然后利用已知的安全密码杂凑函数依次计算较大迭代次数的一次性口令，逐次尝试直到认证通过为止。此外，通过该系统进行身份认证，被认证方需要多次进行密码杂凑函数运算，服务器要记录每次登录的口令，且每隔一段时间还需要重新初始化系统，认证过程的运算量和额外开销较大。

5.2.4　Kerberos 认证协议

另一种避免明文传输口令的方法是 Kerberos。Kerberos 认证系统是由美国麻省理工学院提出的基于可信赖的第三方的认证系统，一直在 UNIX 系统中广泛采用，Microsoft 公司在其推出的 Windows 2000 中也实现了这一认证系统，并作为它的默认认证系统。Kerberos 采用对称密钥体制对信息进行加密。其基本思想是：能正确对信息进行解密的用户就是合法用户。

基于 Kerberos 的认证系统包括以下几部分。

(1) 客户机(Client)：被认证方装有 Kerberos 客户端的计算机。

(2) 应用服务器(Server)：提供被认证方最终希望访问的服务器。

(3) 身份认证服务器(AS)：认证系统中所有用户的身份，保存所有用户口令，并负责向用户分发访问票据许可服务器的最初票据。

(4) 票据许可服务器(TGS)：为用户分发最终希望访问的服务器的票据(Ticket)，用户使用该票据向服务器证明身份。

TGS 与 AS 共同组成 Kerberos 密钥分配中心(KDC，也称 Kerberos 服务器)。Kerberos 认证系统的结构如图 5.3 所示。

在下面所述的认证过程中所使用的标记及其含义如下。

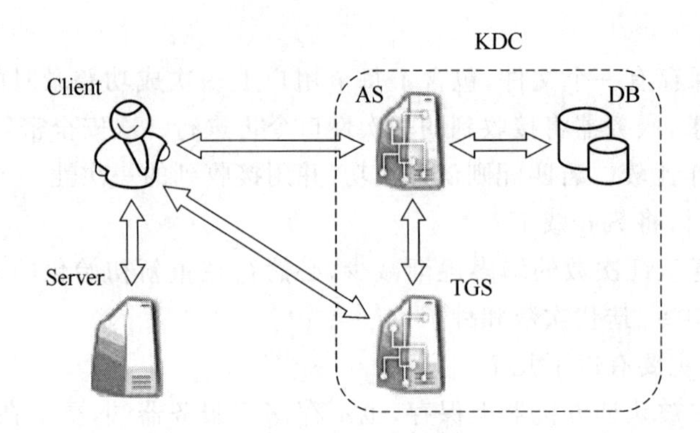

图 5.3　Kerberos 认证系统结构图

- Times:时间标志,表明票据的开始使用时间、截止使用时间等。
- Nonce:随机数,用于防止重传攻击。
- $Realm_U$:用户 U 所属的范围,在大型网络中,可能有多个 Kerberos,形成分级 Kerberos 体制。
- Options:用户请求的包含在票据中的特殊标志。
- AD_U:用户 U 的网络地址。
- $E_K(X)$:使用密钥 K 加密数据 X。
- "‖":连接操作,例如:10101101|00111010 = 1010110100111010。

Kerberos 系统具体的认证过程如下。

(1) 用户 U 用自己的登录 ID 通过 Kerberos 客户端向 AS 请求获得访问 TGS 的最初票据 T_{tgs}。

$$U \rightarrow AS: ID_U \| Times \| Options \| Nonce_1 \| Realm_U$$

(2) AS 根据得到的 ID_U 在本地数据库中查找相应的用户数据(口令及访问各种网络服务的权限等级),根据用户口令产生一个密钥 K_U,发放一个可以访问 TGS 的票据 T_{tgs},AS 同时发放一个用 K_U 加密的密钥 $K_{U,tgs}$ 用作用户 U 与 TGS 共享的会话密钥。

$$AS \rightarrow U: ID_U \| Realm_U \| T_{tgs} \| E_{K_U}(K_{U,tgs} \| Times \| Nonce_1 \| Realm_{tgs} \| ID_{tgs})$$

其中,$T_{tgs}=E_{K_{tgs}}(K_{U,tgs} \| ID_U \| AD_U \| Times \| Realm_U \| Flags)$,$K_{tgs}$ 为 TGS 的密钥。

(3) 用户 U 使用自己的口令同样产生密钥 K_U,解密出与 TGS 共享的会话密钥 $K_{U,tgs}$,向 TGS 转发票据 T_{tgs} 并请求访问 Server 的票据 T_S,使用 $K_{U,tgs}$ 加密。

$$U \rightarrow TGS: Options \| ID_S \| Times \| Nonce_2 \| T_{tgs} \| Auth_U$$

其中,$Auth_U=E_{K_{U,tags}}(ID_U \| Realm_U \| T_{S1})$。

(4) TGS 用自己产生的密钥 K_{tgs} 解密用户发来的票据 T_{tgs},验证时间戳的有效性和用户身份认证信息 $Auth_U$,验证通过后为用户发放票据 T_S,并用 Server 的密钥加密。

$$TGS \rightarrow U: Realm_U \| ID_U \| T_S \| E_{K_{U,tags}}(K_{U,S} \| Times \| Nonce_2 \| Realm_S \| ID_S)$$

其中,$T_S=E_{K_S}(Flags \| K_{U,S} \| Realm_U \| ID_U \| AD_U \| Times)$,$K_S$ 为 Server 的密钥。

(5) 用户 U 使用 $K_{U,tgs}$ 解密得到与 Server 共享的会话密钥 $K_{U,S}$,将 T_S 提交给 Server,获得服务。

$$U \rightarrow Server: Options \| T_S \| Auth_U$$

其中，$Auth_U = E_{K_{U,S}}(ID_U \| Realm_U \| T_{S2} \| Subkey \| Seq)$；Subkey 和 Seq 均为可选项，Subkey 指定此次会话的密钥，若不指定 Subkey 则会话密钥为 $K_{U,S}$，Seq 为本次会话指定的起始序列号，以防止重传攻击。

(6) Server 使用自己的口令解密 T_S，取出时间戳并检验有效性，验证用户身份认证信息 $Auth_U$，允许用户使用服务，然后向用户返回一个带时间戳的认证符，该认证符以用户与应用服务器之间的会话密钥 $K_{U,S}$ 进行加密。据此，用户可以验证应用服务器的合法性。

$$Server \rightarrow U: E_{K_{U,S}}(T_{S2} \| Subkey \| Seq)$$

至此，身份认证最终完成，用户 U 与 Server 拥有了会话密钥，其后进行的数据传递将以此会话密钥进行加密。当用户还需要访问 Server 上的资源时，只要票据 T_S 不过期，用户可以直接持该票据向 Server 请求服务，不必再经过 KDC 申请。

Kerberos 系统在大型的系统中使用比较多，它具有以下一些优点。

(1) 安全性高。Kerberos 系统中不存在口令信息的明文传输，使得窃听者难以在网络上取得相应的口令信息。

(2) 透明性高。第三方仲裁参与对开放网络中双方的认证，但是对用户来说又是完全感觉不到的。

(3) 可扩展性好，管理集中度高。Kerberos 为每一个服务提供认证，确保应用的安全。另外，对于大型的系统可以采用层次化的区域进行管理。

但是，Kerberos 也存在一些问题。

(1) Kerberos 服务器成为网络的单点瓶颈，若发生故障将使得整个安全系统无法工作。

(2) AS 存储了系统中所有用户的口令，其安全性必须得到充分的保证。

(3) AS 在传输用户与 TGS 间的会话密钥时是以用户密钥加密的，而用户密钥是由用户口令生成的，因此可能受到口令猜测的攻击。

(4) Kerberos 使用了时间戳，因此存在时间同步问题。

(5) 随用户数增加，密钥管理较复杂。Kerberos 拥有每个用户口令字的散列值，AS 与 TGS 负责用户间通信密钥的分配。当 N 个用户想同时通信时，仍需要 $N(N-1)/2$ 个密钥。

前面所述的 Kerberos 认证协议主要是针对固定计算环境(FCE)下的用户。在 FCE 之下，用户必须首先在 AS 上注册为合法用户才能访问系统资源。在移动计算环境(MCE)下，用户(如便携机)位置随时是可以变化的，而且其实际位置可能与其所注册的服务器十分遥远，信息的传输多采用无线方式，因此比 FCE 之下更易受到攻击。从安全性和服务的及时性方面来考虑，用户应该从离之最近的服务器得到所需要的服务。但是为了对用户进行认证，服务器需要保存全部用户的个人化参数，这是不切实际的。有人设计了一种方案，用户 ID 和其注册的服务器 ID 同属于某个变换群。如果知道了用户 ID，则可通过某种变换得到其注册的服务器 ID。同样由服务器 ID，可以求得所有的用户 ID。

5.3 访问控制

访问控制和认证服务有时候容易混淆。尽管它们之间有某些共性和相互的关系，但这两种服务却是不相同的。有些访问控制依赖于角色,因此需要对身份进行认证以确保真实。成功的身份认证使发起者获得某些访问控制信息,可以将身份认证作为访问控制的第一道屏障。同时身份认证和访问控制是密不可分的。可以通过访问控制策略指定认证和访问控制之间的关系。例如,假如使用一个不太安全的机制对发起者进行鉴别,访问控制策略可能不允许对目标进行某些操作(如增加、修改、删除);如果对发起者使用某种较安全的机制进行鉴别,则可以允许执行那些操作。

作为 ISO7498-2 提出的一种基本的安全服务,访问控制决定开放系统环境中允许使用哪些资源、在什么地方适合阻止未授权访问。在一次访问控制的过程中,访问可以是对一个系统(即对一个系统通信部分的一个实体)或对一个系统内部进行,对计算机网络而言就是计算机内网或外网。除请求访问和通知访问结果的操作序列外,还要提交信息条目以获得访问,所有这些都在访问控制框架内予以考虑。访问控制是用来处理主体和客体之间交互的限制,是安全操作系统最重要的功能之一。

5.3.1 访问控制模型

访问控制机制是安全防范和保护的主要内容,它的主要任务是保证网络资源不被非法使用和非法访问,是维护网络系统安全、保护网络资源的重要手段。各种安全机制必须相互配合才能真正起到保护作用,其中安全访问控制是保证网络安全的核心。

访问控制的基本目标是防止对任何资源(如计算资源、通信资源或信息资源)进行未授权的访问,从而使系统在合法范围内使用:决定用户能做什么,也决定代表一定用户利益的程序能做什么。这里未授权的访问指未经授权的使用、泄露、修改、销毁信息以及颁发指令等。它包括非法用户进入系统和合法用户对系统资源的非法使用。由此可知,访问控制对机密性、完整性起直接的作用。

下面介绍有关访问控制的一些基本概念。

- 客体(Object):规定需要保护的资源,又称作目标(Target)。
- 主体(Subject):或称为发起者(Initiator),是一个主动的实体,规定可以访问该资源的实体(通常指用户或代表用户执行的程序)。一个主体为了完成任务,可以创建另外的主体,这些子主体可以在网络上不同的计算机上运行,并由父主体控制它们。主客体的关系是相对的。
- 授权(Authorization):规定可对该资源执行的动作(如读、写、执行或拒绝访问)。

访问控制就是要在访问者和目标之间介入一个安全机制,验证访问者的权限,控制受保护的目标。访问者提出对目标的访问请求,被访问控制执行单元(Access Control Enforcement Function,AEF)实际是应用内实现访问控制的一段代码或者监听程序,用来执行单元将请求信息和目标信息以决策请求的方式提交给访问控制决策单元(Access Control Decision Function,ADF,是一个判断逻辑,如访问控制代码中的判断函数);决策单元根据相关信息返回决策结果(结果往往是允许/拒绝),执行单元根据决策结果决定是否执行访问。其中执行单元和决策单元不必是分开的模块。

每一种访问控制授权方案都可以表示成图 5.4 所示的访问控制模型。

同样,影响决策单元进行决策的因素也可以抽象成图 5.5 所示。

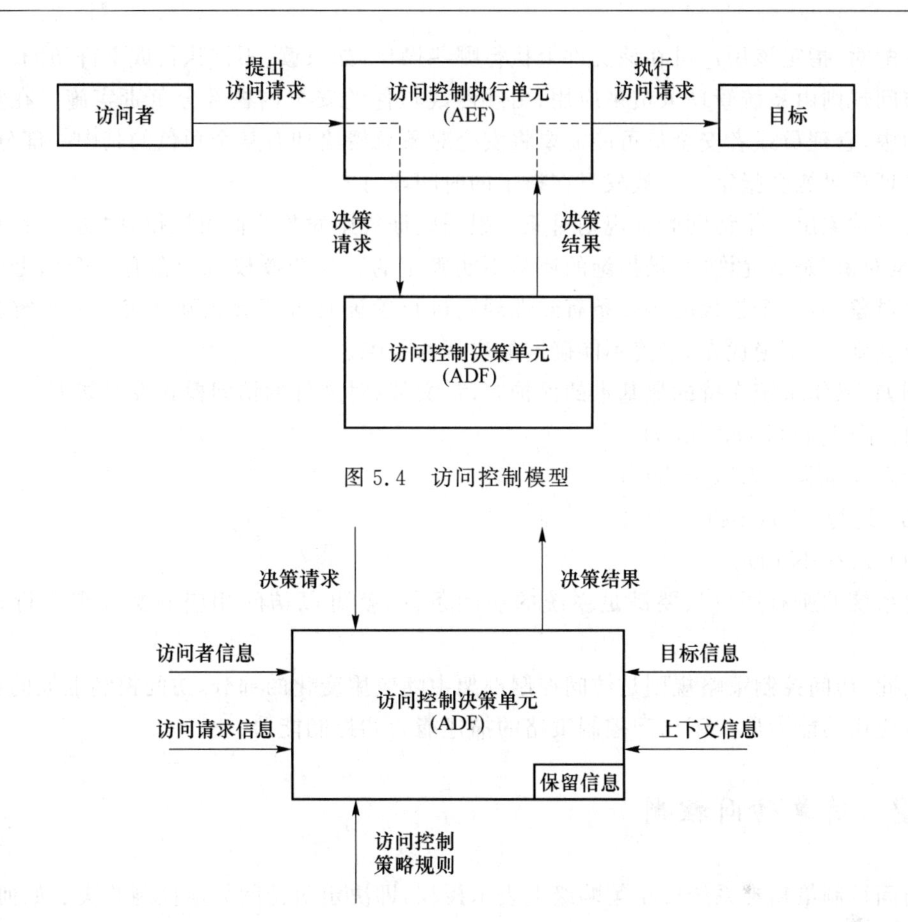

图 5.4　访问控制模型

图 5.5　ADF 示意图

访问控制决策单元具有权限验证者的全部功能。为了便于作出判决决定，给 ADF 提供了访问请求(作为判决请求的一部分)和下列几种访问控制判决信息(ADI)。

(1) 发起者 ADI(ADI 由绑定到发起者的 ACI 导出)。

(2) 目标 ADI(ADI 由绑定到目标的 ACI 导出)。

(3) 访问请求 ADI(ADI 由绑定到访问请求的 ACI 导出)。

其中，ACI(Access Control Information)是指访问控制信息。

ADI 的其他输入是访问控制策略规则(来自 ADF 的安全域权威机构)和用于解释 ADI 或策略的必要上下文信息。

因此，决策请求中包含了访问者信息、访问请求信息、目标信息和上下文信息。访问者信息指用户的身份、权限信息(属性证书信息)等；访问请求信息包括访问动作等信息；目标信息包含资源的等级、敏感度等信息；上下文信息主要指影响决策的应用端环境，如会话的有效期等。

决策单元中包含保留信息，主要是一些决策单元内部的控制因素。最重要的决策因素是访问控制策略规则。因为相对于其他决策因素来说，不同的应用系统这些因素的变化相对小得多，但是不同的应用系统访问控制策略是完全不同的。

访问规则规定了若干条件，在这些条件下，可准许主体访问一个资源。访问规则使用户与资源配对,指定该用户可在该文件上执行哪些操作,如只读、不许执行或不许访问。

访问规则由系统管理人员来应用,由硬件或软件的安全内核部分负责实施。在实际安全管理中,管理员或者安全员可能需要将安全对象只授给拥有某个角色的其中一部分用户,另外管理员可能会指定一个授权只在指定的时间段有效。

可以抽象出一个访问验证规则对象。根据验证规则对象我们可以得到“访问者”访问一个“安全对象”是被允许的、被拒绝的还是不能确定的。一个授权可能会有一个以上的有效性规则对象,对一个授权的每一条有效性规则进行验证有可能会相互冲突。一个解决冲突的有效规则是:拒绝优先,最终不能确定的应视为拒绝。

例如,操作系统支持的最基本的保护客体:文件,对文件的访问模式设置如下。

(1) 读-拷贝(Read-copy)。

(2) 写-删除(Write-delete)。

(3) 运行(Execute)。

(4) 无效(Null)。

对系统的所有用户只要满足系统的访问条件,就可以访问相应的文件和执行相应的操作。

因此,访问控制策略规则是访问控制框架中随应用变化的部分,访问控制框架的灵活性和适应应用的能力取决于访问控制策略的描述能力和控制能力。

5.3.2 简单访问控制

访问控制策略在系统安全策略级上表示授权,即决定对访问如何控制并决定如何访问。访问控制的实现依赖于访问控制策略(Access Control Policy)的实现。而访问控制机制(Access Control Mechanism)可以看成访问控制策略的具体实现。访问控制机制与策略相互独立,可允许安全机制的重用。

安全策略之间没有更好的说法,只是一种可以比另一种提供更多的保护。访问控制的策略规则是随着应用变化的,而权限不必依赖于具体的应用进行管理。如果没有这样一种策略对应用进行支持,那么 PMI 无法真正发挥在访问控制应用方面的灵活性、适应性和降低管理成本的优势。

具体来说,策略包含着应用系统中的所有用户和资源信息以及用户和信息的组织管理方式、用户和资源之间的权限关系、保证安全的管理授权约束、保证系统安全的其他约束。因此,策略主要包含的基本因素如下。

(1) 访问者

应用中支持哪些用户,定义了用户的范围。

(2) 目标

策略要保护的是哪些目标,定义了受保护的资源的范围。

(3) 动作

应用中限定访问者可以对目标设施的操作。

(4) 权限信任源

应用信任什么机构发布的权限信息。

（5）访问规则

访问者具有什么权限才能够访问目标。

目前使用的主要访问控制实现方法主要有以下几种。

（1）自主访问控制（Discretionary Access Control，DAC）

针对用户给出访问资源的权限，例如，该用户能够访问哪些资源。

（2）强制访问控制（Mandatory Access Control，MAC）

该模型在军事和安全部门中应用较多，目标具有一个包含等级的安全标签（如不保密、限制、秘密、机密、绝密）；访问者拥有包含等级列表的许可，其中定义了可以访问哪个级别的目标。

（3）访问控制列表（Access Control List，ACL）

访问控制列表方式是目前应用得最多的方式，它是目标资源拥有访问权限的列表，如该资源允许哪些用户访问等。

（4）基于角色的访问控制（Role-Based Access Control，RBAC）

定义一些组织内的角色，再根据授权策略给这些角色分配相应的权限。

在 PMI 中访问控制的实现主要以基于角色的访问控制为框架。

1．自主访问控制

在 US 计算机安全标准 TCSEC（Trusted Computer System Evaluation Criteria）和大多数的应用中，关于 DAC 的定义是这样的：DAC 是一种访问机制，它许可系统用户去允许或者拒绝用户去访问系统控制的目标。它根据主体的身份和授权以及他们所属的组来决定访问。

"自主"的意思是，信息在移动过程中其访问权限关系会被改变。例如，用户 A 可将其对目标 O 的访问权限传递给用户 B，从而使不具备对 O 访问权限的 B 可以访问 O。DAC 机制允许授予或者废除访问任意一个目标权限给每个用户。

2．强制访问控制

TCSEC 中定义 MAC 为：一种基于目标信息的敏感度（如安全标签）和用户对访问信息的正式授权（如清除）来对目标进行限制的方法。

MAC 有如下特点。

（1）将主体和客体分级，根据主体和客体的级别标记来决定访问模式，如绝密级、机密级、秘密级、无密级。

（2）其访问控制关系分为上读/下写（完整性）、下读/上写（机密性）。该特点可以更精确地表述为，在 MAC 系统中包含主体集 S 和客体集 O，每个 S 中的主体 s 及客体集中的客体 o 都属于一固定的安全类 SC，安全类 SC＝＜L，C＞包括两个部分：有层次的安全级别和无层次的安全范畴。构成一偏序关系（≤）。有如下两个规则。

① Bell-LaPadula：保证保密性。

- 无上读：仅当 $SC(o) \leqslant SC(s)$ 时，s 可以读取 o。
- 无下写：仅当 $SC(s) \leqslant SC(o)$ 时，s 可以修改 o。

② Biba：保证完整性。

- 同①相反。

(3) 通过安全标签实现单向信息流通模式。

安全标签是限制在目标上的一组安全属性信息项。在访问控制中,一个安全标签隶属于一个用户、一个目标、一个访问请求或传输中的一个访问控制信息。最通常的用途是支持多级访问控制策略。

在处理一个访问请求时,目标环境比较请求上的标签和目标上的标签,应用策略规则(如 Bell-LaPadula 规则)决定是允许还是拒绝访问。

图 5.6 所示为 MAC 访问信息流。横坐标是主体,而纵坐标表示客体。资源的机密等级分为四个等级。

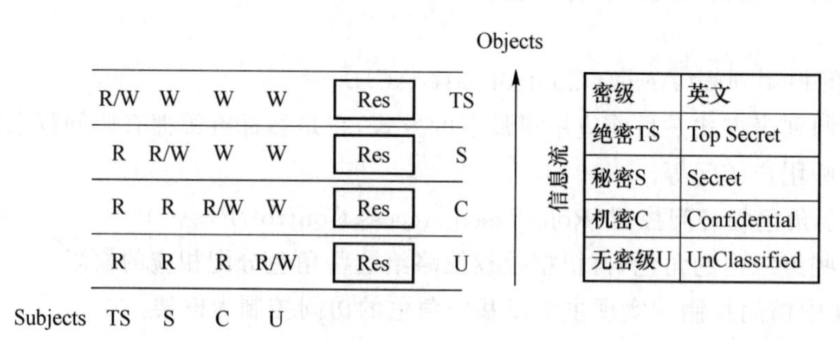

图 5.6 MAC 访问信息流

MAC 通过与用户(更准确地说是主体)和客体关系密切的安全标签来实现访问控制。DAC 通过用户配置允许、拒绝或者二者都有来实现目标的访问控制,通常这些用户是目标的拥有者。

一般而言,DAC 和 MAC 各有用途,但作为访问控制的强度来说,自主式太弱,强制式太强。而且二者工作量都比较大,不便于管理。

例如,1 000 个主体访问 10 000 个客体,需要 1 000 万次配置。如果每次配置需要 1 秒,每天工作 8 小时,就需要 10 000 000/(3 600×8)=347.2 天。

后面将要介绍的基于角色的访问控制可以视为访问控制独立的一个部分,是一个 MAC 和 DAC 恰好共存在一起的访问控制机制。

3. 访问控制列表

任何访问控制策略最终均可模型化为访问控制矩阵(图 5.7)形式:该矩阵的行对应于用户,列对应于目标,每个矩阵元素规定了相应的用户对应于相应的目标被准予的访问许可、实施行为。

	File1	File2	File3	File4	Account1	Account2
John	Own R W		Own R W		Inquiry Credit	
Alice	R	Own R W	W	R	Inquiry Credit	Inquiry Credit
Bob	R W	R		Own R W		Inquiry Credit

图 5.7 访问控制模型

在图 5.8 中,按列看是访问控制表的内容,按行看是访问能力表的内容。

	Objects		
Subjects	O_1	O_2	O_3
S_1	R/W		
S_2		W	
S_3	OWN		R

图 5.8　访问控制矩阵

每个客体附加一个可以访问它的主体的明细表，则组成了访问控制列表(图 5.9)。

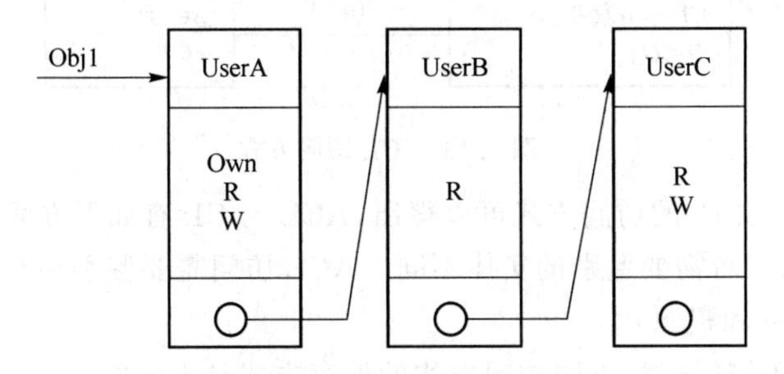

图 5.9　访问控制列表

每个主体都附加一个该主体可访问的客体的明细表，该表即是访问能力列表(图 5.10)。

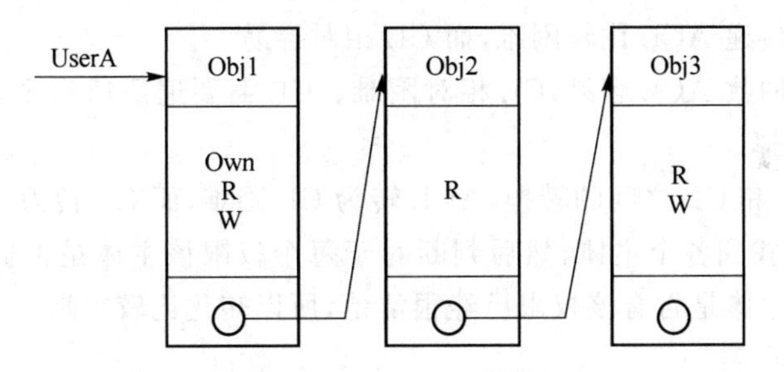

图 5.10　访问能力列表

无论是访问控制列表还是访问能力列表，都可以组成授权关系。授权关系列表如图 5.11所示。

UserA	Own	Obj1
UserA	R	Obj1
UserA	W	Obj2
UserA	R	Obj2
UserA	W	Obj1

图 5.11　授权关系列表

图 5.12 所示为 ACL 访问方式，用户 Subject 通过客户端访问 Object 服务端。这时候需要输入(s,r)，假如(s,r)满足 s 属于 S 集合和 r 属于资源的集合的条件，则可以访问。

图 5.13 所示为 CL 访问方式，用户 Subject 通过客户端访问 Object 服务端。这时候已知(o,r)输入，假如(o,r)满足 o 属于 O 集合和 r 属于资源的集合的条件，则可以访问。

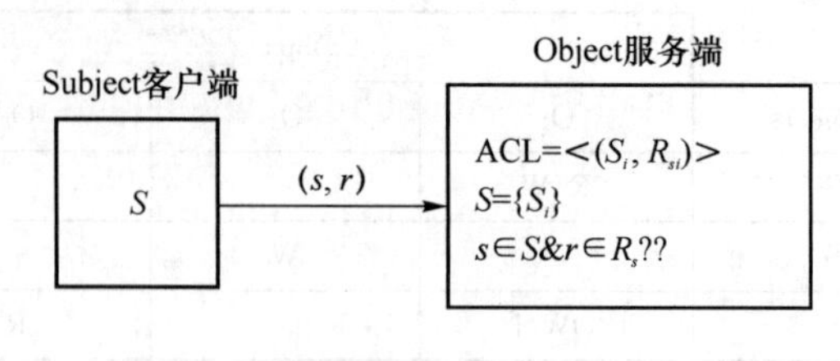

图 5.12 ACL 访问方式

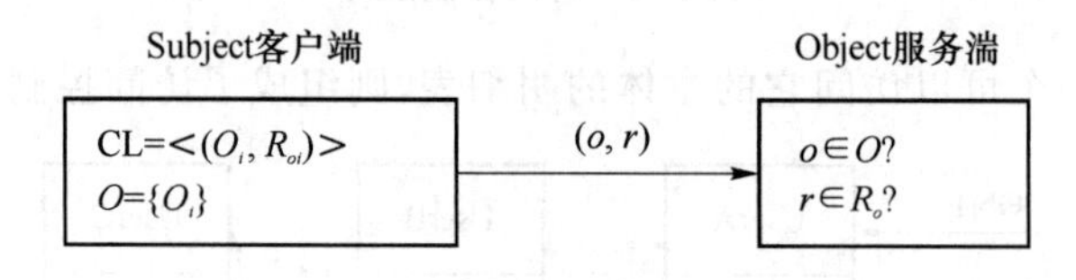

图 5.13 CL 访问方式

由图 5.12 和图 5.13 的访问方式可以得出,ACL 与 CL 有如下方面的不同。

(1) 鉴别方面:二者需要鉴别的实体不同。ACL 访问需要鉴别用户 s 和资源 r。而 CL 访问需要鉴别目标 o 和资源 r。

(2) 保存位置不同:显然,不同访问方式的保存方式是不同的。

(3) 浏览 ACL 容易,而浏览 CL 比较困难。因为 ACL 将访问权限连接起来,浏览较为容易。而 CL 将主体访问权限连接起来,浏览访问权限比较困难。

(4) 访问权限传递 ACL 比较困难,而 CL 相对容易。

(5) 访问权限回收 ACL 容易,CL 相对困难。CL 需要遍历所有主体的访问权限链表,找到该权限然后删掉。

(6) 对于 ACL 和 CL 之间的转换,ACL 转为 CL 困难,而 CL 转为 ACL 容易。ACL 转化为 CL,首先需要找到各个主体,然后判断对于每个权限该主体是否拥有它。而 CL 转为 ACL 的时候,每个主体是否有该权限已经很清楚,所以转化比较容易。

5.3.3 基于角色的访问控制

基于角色的访问控制(RBAC)属于访问控制系统中的一种,它的主要思想就是将授权和角色联系在一起,而用户被分配到合适的角色,大大简化了授权的管理。模型在不同的系统配置下可以显示不同的安全控制功能,可以构造具备自主访问控制类型的系统,也可以构造强制访问控制类型的系统,比较灵活。

在一个系统中,根据业务要求和管理要求设置若干称之为"角色"的客体,角色也就是一般业务系统中的岗位或职位,系统掌管资源的存取权限,将不同类别和级别的权限赋予不同的角色,并随时根据业务需求对这些权限进行管理。在系统中,将特定用户的集合和业务分工相联系的授权联系在一起,这种授权管理比针对个体的授权管理有更好的可操作性和可管理性。

1. RBAC 支持的原则

RBAC 支持 3 个安全原则:最小特权、责任分开和数据抽象。

最小特权原则要求不要赋予主体多于其进行工作的特权。确保符合了最小特权原则需要识别主体的工作是什么，判断进行该工作的最小权限集，同时限制了主体只在该权限范围内工作。根据哪些主体的任务拒绝主体不必要的操作，哪些拒绝的权限就不能用来破坏组织的安全政策。通过使用RBAC可以方便地对系统用户实现最小特权原则。因为RBAC可以通过配置将许可给予那些要完成该任务的主体拥有该权限的角色。

RBAC支持责任分开。通过确保各个互斥的角色可以调用来完成一个灵活的任务，例如，会计员和会计经理一起来参与发行支票，将责任分开。

RBAC支持数据抽象。数据抽象的支持通过抽象的许可，例如，一个目标账户的贷款和借款，而不是像操作系统中经典的读、写和执行许可。然而RBAC并不能实现这些原则的应用。安全管理员可以配置RBAC，从而可能使它违反这些原则。同时，数据抽象的程度是否支持也是由实现的细节决定的。

RBAC支持数据的完整性，即数据和操作只能通过认证的途径来进行。因此，RBAC是适合真实系统的比较合理的安全解决方案。通常，判断数据是否在已通过认证的途径内被改变和修改的操作种类差不多复杂。操作的实际方法是确保操作是已通过认证和可信的。当然RBAC并不是完全适合所有系统的。

2. RBAC的基本模型

为了方便了解RBAC的各个方面，定义了4个概念上的模型。它们的关系如图5.14所示。

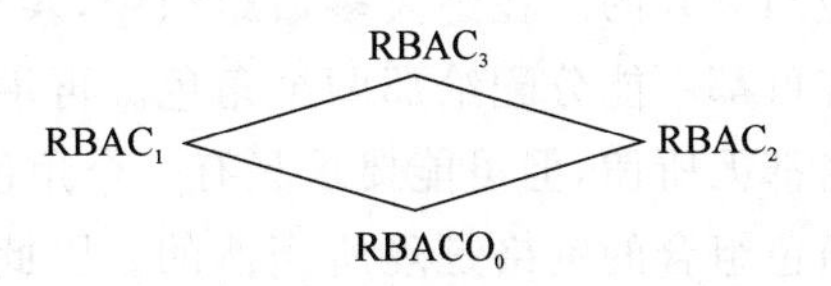

图5.14　RBAC模型关系图

$RBAC_0$是基本的模型，置于最底下表明它是任何表示要支持RBAC系统的最小要求。$RBAC_1$和$RBAC_2$都包括了$RBAC_0$，但有其自身独立的特性。这个就是相当于角色层次的概念。而$RBAC_1$和$RBAC_2$彼此不一样。统一的模型$RBAC_3$包括$RBAC_1$和$RBAC_2$，同时传递性拥有了$RBAC_0$模型。

$RBAC_0$模型的基本要素是用户、角色、会话和授权。授权就是将客体存取访问的权限在可靠的控制下，连带角色所需要的操作一起提供给角色所代表的客户。可以赋予一个角色多个授权，一个授权也可以赋予多个角色，一个用户可以扮演多个角色，一个角色也可以接纳多个用户。

当每个用户进入系统得到自己的控制时，就得到一个会话，一个会话可以激活该用户全部角色的一个子集，用户获得的是全部被激活角色的所有授权。在$RBAC_0$系统中，每个角色至少具备一个授权，每个用户至少扮演一个角色。一个用户可能同时拥有多个会话，例如，在工作站上每一个会话运行在不同窗口里。每个会话由不同的活动角色组合。用户可以在该会话中激活任何一个适合完成该任务的角色子集。因此，一个拥有很强角色的用户可以让该用户保持不活跃的状态，当需要时再显式地激活它。

$RBAC_0$的形式化表示如下。

- U、R、P和S（用户、角色、授权和会话）。

- PA⊆$P\times R$,授权到角色的多对多的关系。
- UA⊆$U\times R$,用户到角色的多对多的关系。
- user:$S\rightarrow U$ 将每个会话 s_i 简单映射到单一用户的函数 user(s_i)。
- roles:在数学上,$S\rightarrow 2^R$,将每个会话 s_i 与一个角色集合连接起来的映射 roles(s_i)⊆$\{r|(\text{user}(s_i),r)\in \text{UA}\}$,该会话可能随时间变化而变,且会话 s_i 授权 $U_{r\in \text{roles}(s_i)}\{p|(p,r)\in \text{PA}\}$。

RBAC_1 引进了角色层次(RH)的概念。

在数学上,层次是偏序的关系。一个偏序关系满足自反、传递和反对称关系。继承之所以满足自反的关系,是因为角色能够继承它自己的许可。而传递关系是角色自然的要求,反对称关系排除了因互相继承而产生冗余的角色的可能性。RBAC_1 的层次结构反映了职权的线性关系,可以实现多级安全系统所要求的保密级别的排列要求和保密存取类的范畴要求。

RBAC_0 的另一个增强方向是约束模型 RBAC_2,整体上确定对角色分配的约束条件。最常见的约束条件就是角色的互斥状态,另外还有授权的互斥机制、对角色数量的约束和对角色前提的约束。

约束模型 RBAC_2 已经成为研究 RBAC 的一个主要动机。约束模型在 RBAC 中最常提及的就是互相排斥的角色。举一个普遍的例子来说明哪些角色需要互斥:像销售经理和应付账款经理这样的角色是应当分开的。在绝大多数组织中,甚至同一个主体也不允许拥有这样的两个角色。或者说许可都不能分配给那两个角色。再举一个例子,角色 A 或角色 B 谁拥有一个特别账户的签名都无所谓,但可能要求只有一个角色能得到此许可。

通常用户拥有由各种角色组合的资格是理所当然的。因此在不同的项目中,用户是程序员或测试员都是可以接受的,但在同一个项目中往往是不可接受的。

RBAC_2 的另一个用户分配约束的应用是限制角色能够拥有的最大用户数目。例如,一般一个部门只有一个经理。类似的,单个用户拥有的角色数目也应当限制。

RBAC_1 和 RBAC_2 可以通用的地方是,角色级别 RH 可以看作一种约束。这个约束指分配给下级角色的许可都分配给上级角色。或者可以这样说,约束是分配给用户上级的角色必须分配所有下级角色给该用户。从某种意义来说,因为 RBAC_1 和 RBAC_2 有多余的成分从而相互包含。

统一的模型 RBAC_3 包含了 RBAC_1 和 RBAC_2,因此也提供了角色层次和角色限制。角色限制和角色层次有微弱的冲突,如图 5.15 所示。

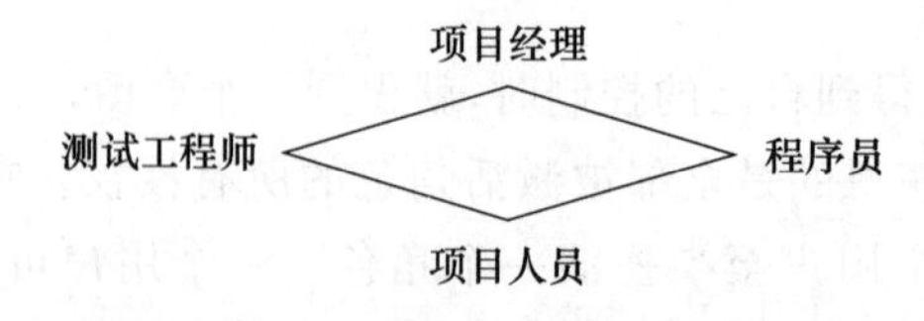

图 5.15 RBAC_2 模型的一个例子

项目经理角色违反了相互排斥的原则。这样上级角色的违反有时候是可以接受的,有时候则不能。如何解决这类问题呢? 可以通过添加私有角色的限制来解决。在上面的例子中,给测试工程师和程序员相应地都添加一个私有角色,如图 5.16 所示。这样测试工程师的私有角色、程序员的私有角色和项目经理都是互相排斥的了。因为不再有更高级的角色，所以就不会有冲突了。

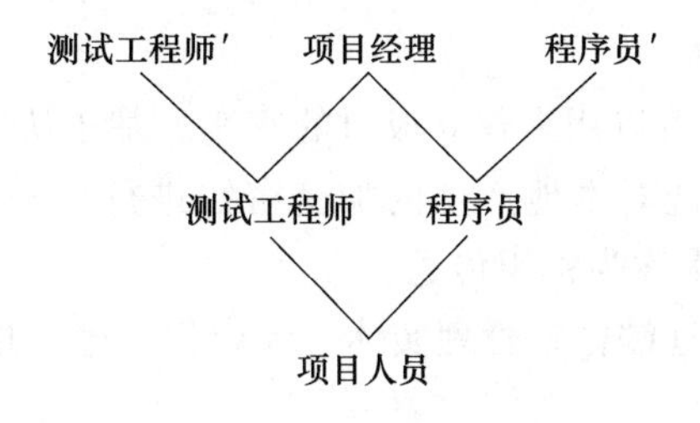

图 5.16　角色冲突的解决方案

互相排斥的私有角色可以在不引起任何冲突的基础上指定。例如，图 5.16 中的程序员须分配给程序员′角色。程序员′角色就作为项目经理角色共享许可的一种手段。

5.4　密钥管理

现代密码学系统密码算法都是公开的，因此密码的保密以密钥的安全为基础，同样密钥也是认证的基础。密钥管理一直是密码研究的一个重要分支，密码的各种新应用对密钥管理提出了新问题和新要求。本节对密钥分配、密钥协商、密钥认证、密钥共享和密钥托管等密钥管理中的重要问题进行介绍。

5.4.1　密钥分配

密钥分配是密钥管理系统中最为复杂的问题。密钥的分配一般要解决两个问题：一是采用密钥的自动分配机制，以提高系统的效率；二是尽可能减少系统中主流的密钥量。根据不同的用户要求和网络系统的大小，有不同的解决方法。根据密钥信息的交换方式，密钥分配可以分成三类：人工密钥分发、基于可信第三方的密钥分发和基于认证的密钥分发。

1. 人工密钥分发

人工密钥分发就是采用人工的方式给每个用户发送一次通信所需的密钥。通信过程中的信息用这个密钥加密后，再进行传送。人工密钥分发所需的工作量比较大，而且对传送密钥的人员忠诚度要求特别高。对一些保密要求很高的部门，采用人工分配是可取的，只要密钥分配人员是忠诚的，并且实施的计划周密，则人工分配密钥是安全的。但是人工分配密钥不适应现代计算机网络的发展需要。利用计算机网络的数据处理和数据传输能力实现密钥分配自动化，无疑有利于密钥安全，反过来又提高了计算网络的安全。

2. 基于可信第三方的密钥分发

在基于可信第三方的密钥分发中，第三方在其中扮演两种角色：密钥分发中心（Key Distribution Center，KDC）和密钥转换中心（Key Translation Center，KTC）。

上述方案的优势在于，用户 A 知道自己的密钥和 KDC 的公钥，就可以通过密钥分发中心获取他将要进行通信的他方的公钥，从而建立正确的保密通信。大多数的密钥分发方法都适合于特定的应用和情景。例如,依赖于时间戳的密钥分发方案比较适合本地认证环境,因为在这种环境中,所有的用户都可以访问大家都信任的时钟服务器。

3. 基于认证的密钥分发

基于认证的密钥分发也可以用来建立成对的密钥。基于认证的密钥技术分为两类。

(1) 用公开密钥加密系统对本地产生的加密密钥进行加密,来保护秘密密钥发送到密钥管理中心的过程,整个技术称为密钥传送。

(2) 秘密密钥由本地和远端密钥管理实体一起合作产生。这个技术称为密钥交换或密钥协议。

5.4.2 密钥协商

在 IEEE P1363 draft 标准中列举了一些利用长期非对称密钥的密钥协商方案。其中采用证书签名是常见的实现方式。由可信任权威(如证书权威 CA)为用户颁发公钥证书,攻击者 Eve 不能用自己的公钥代替 Alice 或 Bob 证书中的公钥,因此无法冒充 Alice 或 Bob,可以防止中间人攻击。最经典的协议是站到站(Station to Station,STS)协议。这类方案需要证书权威,系统复杂,优点是从根本上解决了用户秘密信息的管理和共享问题,而且利用签名可以提供不可否认性。

1. 基于口令的可认证密钥交换

基于口令的可认证密钥交换协议需遵循以下安全准则。

(1) 整个协议执行过程中,不能泄露关于口令的任何信息,攻击者直接窃听通信的往来报文进行离线式字典攻击猜测口令是不可行的。

(2) 协议执行中,不能泄露关于会话密钥的任何信息。

(3) 获取已经分配的会话密钥,不能帮助攻击者获得口令。

(4) 如果攻击者知道了用户的口令或者验证口令,他不能推断出之前的会话密钥(完美前向安全性)。

(5) 提供验证机制,验证用户知道真正的口令,防止某个攻击者获取了主机对用户的验证口令,从而冒充用户。

(6) 用户端不需要存储一些永久性数据,如公开密钥、私钥,仅需要一个能记忆的口令作为独立的元素即可。

最经典的这类协议是加密密钥交换(Encrypted Key Exchange,EKE)协议,该方法同时使用对称和非对称密码,采用共享口令加密随机产生的公开密钥。A 和 B 共享一个公共口令 S,利用这个协议,他们能够相互认证并产生一个公共会话密钥。协议流程如下。

(1) A 产生一个随机公开密钥/私人密钥对,以 S 作为密钥的对称加密算法记为 $E_S()$,用 $E_S()$对随机公开密钥 K'加密,A→B:A,$E_S(K')$。

(2) B 知道口令 S,解密得到 K',然后产生随机会话密钥 K,B→A:$E_S(E'_K(K))$。

(3) A 解密得到 K,产生随机数 r_A,A→B:$E_K(r_A)$。

(4) B 解密得到 r_A,产生随机数 r_B,B→A:$E_K(r_A,r_B)$。

(5) A 解密得到 r_A 和 r_B,如果来自 B 的 r_B 与第(3)步 A 发送给 B 的 r_A 相同,则 A→B:

$E_K(r_B)$。

(6) B 解密得到 r_B，如果来自 A 的 r_B 与第(4)步 B 发送给 A 的 r_B 相同，协议完成，双方以 K 作为会话密钥进行通信。

Eve 可能猜测 S，在没有破译公开密钥算法之前，Eve 不能证实她的猜想。如果 K 和 K' 都是随机选择的话，这是一个无法解决的难题。协议的第(3)步到第(6)步的应答部分证实了协议的有效性，第(3)步到第(5) 步 A 证实 B 知道 K，第(4)步到第(6)步 B 证实 A 知道 K。

EKE 可以用各种密码算法实现：RSA、ElGamal、Diffie-Hellman。其基本强度是基于以一种对称密码和非对称密码都得到加强的方式联合使用这两种密码体制，从一般的观点看来，当对称和非对称体制一起使用时，可加强这两种比较弱的密码体制。例如，使用指数密钥交换时，192 位的模数长度很容易被破译，但是若在攻击之前必须猜出口令，则破译变得不可能；反之，猜测口令攻击是可行的，因为每次猜测可以很快得到验证，但是如果完成验证需要求解一个指数密钥交换，则总的破译时间将急剧增加。

2. 简单可认证密钥协商算法

由于 EKE 算法复杂，1999 年 Seo 等人提出的简单可认证密钥协商(Simple Authenticated Key Agreement，SAKA)借鉴 EKE 的思想，协商过程的消息数目同 Diffie-Hellman 相同，仅需两条消息验证秘密的会话密钥。

其原理是：Alice 和 Bob 按照预先设定的方式根据口令 S 计算两个整数 Q 和 $Q^{-1} \bmod (n-1)$，假定 Q 是唯一的，且与 $n-1$ 互素，不同口令生成相同的 Q 的概率足够低。

(1) A 选择随机的大整数 a，A→B：$X_1=g^{aQ} \bmod n$。

(2) B 选择随机的大整数 b，B→A：$Y_1=g^{bQ} \bmod n$。

(3) A 计算 $Y=Y_1^{Q^{-1}} \bmod n=g^b \bmod n$，$K_A=Y^a \bmod n=g^{ab} \bmod n$。

(4) B 计算 $X=X_1^{Q^{-1}} \bmod n=g^a \bmod n$，$K_B=X^b \bmod n=g^{ab} \bmod n$。

验证过程如下。

(1) A→B：$K_A^Q \bmod n=g^{abQ} \bmod n$。

(2) B→A：$K_B^Q \bmod n=g^{abQ} \bmod n$。

(3) A 和 B 利用 Q^{-1} 分别计算对方的密钥，并与自己的密钥进行比较。

由于 Eve 不知道 Q 和 Q^{-1}，不能与 Alice 或 Bob 建立共享密钥。

该协议的漏洞主要源于两个验证消息(1)和(2)数值相同。验证过程中，Eve 收到来自 Alice 的(1)消息 K_A^Q 后，Eve 冒充 Bob 将 K_A^Q 重新发送给 Alice(2)，那么(3)中 Alice 验证一定是成功的，尽管 Eve 不能计算和 Alice 共享的密钥，但 Alice 总是认为自己获得了正确的密钥，因此该协议并不提供对用户身份的认证。另外，由于验证消息是 $K_B^Q \bmod n$，一旦 Q 泄露，攻击者可以计算 $(K_B^Q)^{Q^{-1}} \bmod n$ 从而获得旧的会话密钥，因此该协议不具备完美前向安全性。

3. 双方签名的可认证密钥协商

签名能够直接提供数据源认证、数据完整性和不可否认性，但不能直接提供实体认证。试想这样的情形：Alice 希望确信她正与 Bob 建立实时通信，如果 Bob 对“我是 Bob”进行签名，并发给 Alice，Alice 相信这条消息是 Bob 生成的(签名能够提供数据源认证)。但是 Eve 可能存储这条消息，并在以后发给 Alice，所以 Bob 的签名不能提供对 Bob 身份的认证。因此签名算法必须经过改造才能提供实体认证,STS 协议是利用签名算法实现认证和密钥协商的一个经典协议。

STS 协议包括 Diffie-Hellman 密钥创建过程和认证签名的交换过程,协议中 Alice 和 Bob 分别对消息签名。会话密钥的创建形式与基本 Diffie-Hellman 协议完全相同,会话密钥不依赖 A 和 B 的长期非对称密钥,因此泄露 A 或 B 的长期密钥不会危及会话密钥。

基本的 STS 协议假设:①用于密钥创建的参数(即循环群和相应的本原元)是固定的,并且对所有用户是可知的;②Alice 有 Bob 的公开密钥证书,同时 Bob 有 Alice 的公开密钥证书,这些证书由处于协议之外的一些值得信赖的机关签名,即 A 和 B 相互知道对方真正的公钥,第②个假设在实用的 STS 协议中可以取消。协议中的 Diffie-Hellman 操作基于模指数运算,这暗示所使用的循环群是乘法群,但是该协议同样适用于加法群(如椭圆曲线上的点组成的群)。

假设 q 是大素数,g 是有限域 F_q 的本原元,q 和 g 是公开的。每个用户及可信管理机构(TA)都有一个签名算法,不妨设用户 i 的验证算法为 $V_i()$,签名算法为 $S_i()$。TA 的验证算法为 $V_{TA}()$,签名算法为 $S_{TA}()$。另外,每一个用户 i 有一个 TA 签署的证书 $Cert_i$。

(1) 基于 STS(站到站)密钥协商

① Alice 产生随机数 x,A→B:g^x。

② Bob 产生随机数 y,根据 Diffie-Hellman 协议,B 计算共享秘密密钥 $K=(g^x)^y$。B 对 g^x、g^y 签名,并且用 K 加密签名。B→A:g^y,$E_K(S_B(g^x,g^y))$。

③ Alice 计算共享秘密密钥 K,用 K 对 B 发送的消息解密,并验证 B 的签名。然后 A 把包括 x、y 的签名消息用 K 加密后送给 Bob:$E_K(S_A(g^x,g^y))$。

Bob 解密消息并验证 Alice 的签名。基本的 STS 协议如图 5.19 所示。

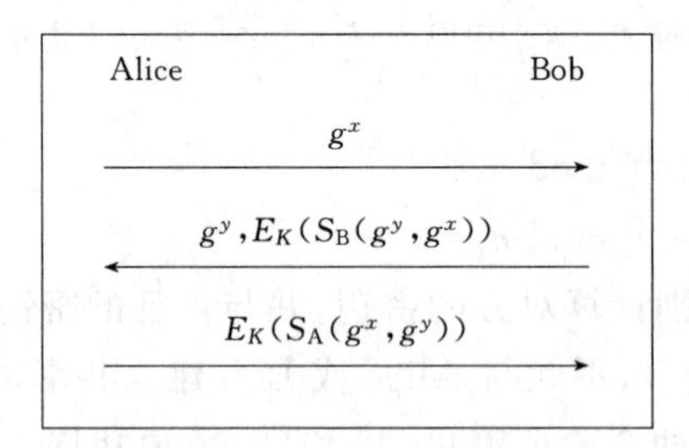

图 5.19 基本的 STS 协议

由基本 STS 协议可以得到一个更为对称的形式,双方首先交换指数,然后交换加密后的签名。这样 A 或 B 无须知道是谁发起协议,这种变形适用于事先不知道谁发起呼叫的场合,如语音电话和 X.25 数据传输。

(2) 实用的 STS 协议

为便于用户公钥和用户特定 Diffie-Hellman 参数的分发,可以在交互消息中使用证书,这就是实用的 STS 协议,协议流程如图 5.20 所示。其中 $Cert_A=\{Alice,P_A,g,q,S_T(Alice,P_A,g,q)\}$,$P_A$ 是 A 的公钥。以下重点描述与基本 STS 协议的不同之处。

① Alice 发送她的 Diffie-Hellman 参数,注意这里不使用全网范围内固定的 g 和 q,Bob 接收到第三个消息后才验证这些参数。

② Bob 向 Alice 发送他的证书。

③ Alice 通过验证权威的签名来确认 Bob 的公钥，并验证 Bob 对消息的签名。然后 Alice 向 Bob 发送自己的证书，以便 Bob 验证 Alice 的 Diffie-Hellman 参数和 Alice 对消息的签名。Alice 的证书在第三个消息中才发送给 Bob，好处有两个：一是第三个消息之前 Bob 不需要 Alice 的证书，从而无须提前存储 Alice 的证书；二是允许 Alice 和 Bob 选择是否对证书进行加密，在某些应用中，对证书加密可以防止对通信双方身份的被动式窃听。

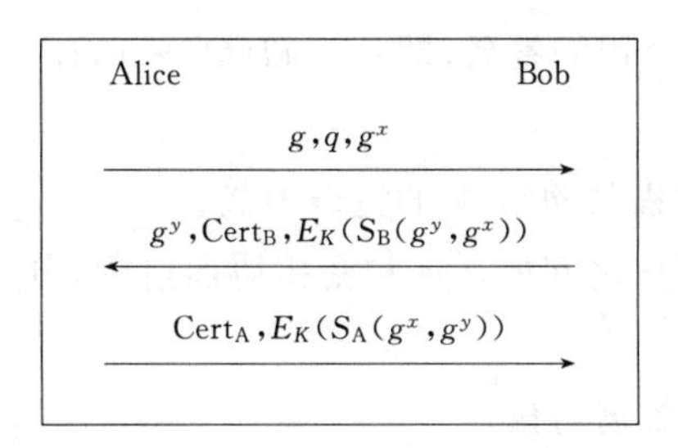

图 5.20　实用的 STS 协议

4. 单方签名的可认证密钥协商

STS 协议在安全性和复杂度上取得了很好的平衡，但对以移动终端为代表的受限终端而言，减少其计算和存储负担非常重要。利用 ECDSA 的签名快、验证慢的特点，为减少用户端的运算量，下面借鉴 STS 的思想介绍一种单方签名的双向认证和密钥协商协议。网络对用户的认证通过用户签名实现，同时用户签名提供不可否认性；用户对网络的认证是隐式的，通过验证会话密钥实现。该协议的目标包括以下几点。

(1) 隐式的双向可认证会话密钥协商。

(2) 双向密钥确认。

(3) 密钥新鲜性的双向确认(双向密钥控制)。

(4) 用户向网络发送的数据具有不可否认性(用户端签名)。

协议前提如下。

选取有限域 F_q，在域上随机生成一条椭圆曲线 $E(F_q)$，保证椭圆曲线群上的离散对数是难解的；然后选取一点 P 作为基点，P 的阶为 n，n 为一个大素数，P 公开。网络用 A 表示，用户用 B 表示。

用户和证书权威之间存在安全信道以传递证书相关信息。网络 A 和用户 B 分别拥有长期私钥 d_A、d_B 和长期公钥 d_AP、d_BP；用户 B 事先知道网络 A 的身份和长期公钥 d_AP，用户 B 能执行签名算法 $S()$。

整个协议分为初始化阶段、认证和密钥协商阶段。

第一个阶段是用户和网络的初始化。

在协议中，需要认证中心 CA 来创建和分发证书。用户为了得到证书，首先通过安全通道把公钥 d_AP 和身份信息发给 CA，CA 用自己的私钥对用户公钥、暂时身份 I、证书期限 t 等串接起来的字符串的密码杂凑函数值作签名，然后 CA 通过安全通道把签了名的信息发送给用户。实际应用中，CA 可以将签了名的信息存储在 smart 卡中，分发给用户。经过初始化阶段,网络A获得匿名 I_A 和长期公钥 d_AP、证书 $Cert_A$;用户B获得匿名 I_B 和长期公钥 d_BP,证书 $Cert_B$。

以网络端为例,网络A初始化获得公钥证书的过程如下。

(1) A:选择长期私钥 $d_A \in [2, n-1]$,计算长期公钥 $Q_A = d_AP$,$A \to CA: Q_A$。

(2) CA:选择唯一的 I_A 作为A的匿名,选择随机数 $k_A \in [2, n-1]$,计算 $R_A = k_AP$,$r_A = R_Ax$,$s_A = k_A^{-1}(H(Q_A \cdot x, I_A, t_A) + d_{CA} \cdot r_A)$,$CA \to A: Q_{CA}, I_A, (r_A, s_A), t_A$。

(3) A验证CA对长期公钥的签名,即 $e_A = H(Q_A \cdot x, I_A, t_A) + d_{CA} \cdot r_A$,存储 $Q_A, Q_{CA}, I_A, (r_A, s_A), e_A, t_A$ 作为证书。

用户获得公钥证书的过程与网络A的完全类似。

第二个阶段是网络和用户之间的认证和密钥协商过程,分为用户端发起或网络端发起两种情况。

(1) 用户端发起的单方签名协议。

① B:选择随机数 $d_B \in [2, n-1]$,计算短期公钥,$Q_B = d_BP$,这一步骤可以预处理。

$$B \to A: Q_B$$

② A:选择随机数 $d_A \in [2, n-1]$,计算短期公钥 $Q_A = d_AP$ 和会话密钥 $K_{AB} = H_1((d_Ad_BP) \cdot x, (d_Ad_BP) \cdot x)$,会话密钥是A的长期公钥和A/B的短期公钥的函数。

$$A \to B: Q_A, H_2(K_{AB}, Q_B \cdot x, I_A)$$

③ B计算 $K_{AB} = H_1((d_Ad_BP) \cdot x, (d_Ad_BP) \cdot x)$,验证 $H_2(\ )$,如果验证成功,计算 $m = H_3(K_{AB}, I_A, (d_aP) \cdot x, Q_A \cdot x, Q_B \cdot x)$,对 m 进行签名,选择随机数 k,$R = kP$,$r = R \cdot x$,$s = k^{-1}(m + d_Br)$。

$$B \to A: E(K_{AB}, I_A, m, r, s)$$

④ A解密得到 m, r, s,计算 m,与来自B的 m 进行比较,如果相同,接下来验证签名的正确性:计算 $w = s^{-1} \bmod n$;计算 $u_1 = ew \bmod n$ 和 $u_2 = rw \bmod n$;计算 $R = u_1P + u_2Q$,若 $R = 0$,则拒绝签名,若 $R \cdot x = r$,接受签名。

(2) 网络端发起的单方签名协议。

① 网络A:选择随机数 $d_A \in [2, n-1]$,计算短期公钥 $Q_A = d_AP$。

$$A \to B: Q_A$$

② 用户B:选择随机数 $d_B \in [2, n-1]$,计算短期公钥 $Q_B = d_BP$ 和会话密钥 $K_{AB} = H_1((d_Bd_AP) \cdot x, (d_Ad_B\mathrm{P}) \cdot x)$,对 m 进行签名,选择随机数 k,$R = kP$,$r = R \cdot x$,$s = k^{-1}(m + d_Br)$。

$$B \to A: Q_B, E(K_{AB}, I_A, m, r, s)$$

③ A计算 $K_{AB} = H_1((d_Ad_BP) \cdot x, (d_Ad_BP) \cdot x)$ 和 m,对上述消息解密,得到 m, r, s,比较 m,如果相同,则验证B的公钥证书,如果证书是合法的,A验证B对 m 的签名:计算 $w = s^{-1} \bmod n$;计算 $u_1 = ew \bmod n$ 和 $u_2 = rw \bmod n$;计算 $R = u_1P + u_2Q$,若 $R = 0$,则拒绝签名,中止协议;若 $R \cdot x = r$,接受签名并 $A \to B: H_2(K_{AB}, Q_B \cdot x, I_A)$。

④ B验证来自A的 $H()$。

5.4.3 密钥认证

密钥认证就是认证密钥。下面从一个简单的实例开始介绍。

1. HY-密钥认证方案简介

1996年，Gwoboa Horng 和 C. S. Yang 在 *Computer Communications* 杂志上发表了一个密钥认证方案，简称为HY-方案。在HY-方案中，用户的公开密钥证书由他/她的口令和秘密密钥组成，因此不需专门的第三方认证机构，且认证过程非常简单。

在HY-方案中，每个用户都有一个用户身份user-id和一个口令pwd。设 $K_{pub}=g^{K_{priv}} \bmod p$ 是用户的公开密钥，其中 p 是一个大素数，g 是 Z_p^* 的生成元，K_{priv} 是用户的秘密密钥。用户的证书为

$$C=\text{pwd}+K_{priv} \bmod p-1$$

设 $f:Z_p \to Z_p$ 是单向函数 $f(x)=g^x \bmod p$。用户的公开密钥为 K_{pub}，其相应的证书为 C，存放在一个公开目录中，用户的口令加密为 $f(\text{pwd})$，存放在公开的口令表中。

为发送秘密消息，发方首先从公开目录中取得收方的 K_{pub} 和 C，从公开的口令表中得到 $f(\text{pwd})$。然后，发方检验等式 $f(C)=f(\text{pwd}) * K_{pub}$ 是否成立，若等式成立，则发方就用 K_{pub} 来加密消息，否则，发方就拒绝 K_{pub}。

但是，HY-方案有安全缺陷。事实上，可以利用口令猜测攻击来攻击HY-方案。首先，攻击者从公开的口令表中得到用户的 $f(\text{pwd})$。然后，攻击者选择一个 p'，计算 $f(p')$，若 $f(p')=f(\text{pwd})$，则他就求出了 $\text{pwd}=p'$，否则他就从口令猜测清单中选择新的 p' 来进行试验。由于对大量的口令进行试验可以离线进行，猜测的正确性可得到验证，并且试验错误不会被检测，因此对HY-方案的猜测攻击是计算上容易的。

一旦攻击者通过猜测攻击找出了用户的口令pwd，他就可通过下面的等式进一步求出用户的秘密密钥：

$$K_{priv}=C-\text{pwd} \bmod \text{p}-1$$

其中，C 从公开密钥目录中获得。由此可见，HY-方案有严重的安全缺陷。

此外，攻击者还可利用pwd来伪造用户的公开密钥，具体方法如下：攻击者在 Z_p^* 中选择随机数 x'，随后发布假的公开密钥 $K_{false}=g^{x'} \bmod p$ 和证书 $C_{false}=\text{pwd}+x' \bmod p-1$。容易验证，

$$f(C_{false})=f(\text{pwd}) * K_{false} \bmod p$$

这样，攻击者就伪造了用户的公开密钥。

2. HY-方案的改进

与原始HY-方案相似，我们假设每个用户都有一个用户身份user-id和一个口令pwd。设 $K_{pub}=g^{K_{priv}} \bmod p$ 是用户的公开密钥，其中 p 是一个大素数，g 是 Z_p^* 的生成元，K_{priv} 是用户的秘密密钥。

当用户注册时，每个用户在 $Z_p{}^*$ 中选择他的口令pwd和随机数 r，并将 $f(\text{pwd}+r)$ 和 $R=g^r \bmod p$ 秘密提交给服务器。服务器将 $f(\text{pwd}+r)$ 存放在公开口令表中，将 R 存放在秘密口令表中，用户生成证书：

$$C=\text{pwd}+K_{\text{priv}}+r \bmod p-1$$

容易验证,

$$f(C)=f(\text{pwd}+r)*K_{\text{pub}} \bmod p$$

当有人要检验用户的公开密钥证书时,他从公开密钥目录中得到用户的 K_{pub} 和 C,从公开口令表中得到 $f(\text{pwd}+r)$,然后他验证 $f(C)=f(\text{pwd}+r)*K_{\text{pub}}$ 是否成立。若成立,则他就可以用 K_{pub} 来加密消息;否则,就拒绝 K_{pub}。

从用户的角度来看,我们的改进方案与HY-方案一致;从服务器的角度来看,认证可通过检验 $f(\text{pwd}+r)=f(\text{pwd})*R$ 是否成立来完成。

下面对改进方案进行安全性分析。

(1) 猜测攻击

假设服务器是可信的,则入侵者只能得到 $f(\text{pwd}+r)$,不可能得到 $f(\text{pwd})$ 和 R。如果入侵者希望通过猜测攻击来得到用户的口令pwd,他就必须同时猜测 r 和pwd,但由于 r 是长的随机数,要猜到 r 是非常困难的。由此可见,若服务器是可信的,对改进方案进行猜测攻击将是计算上困难的。

若入侵者不能获得用户的口令,那么入侵者也不能伪造用户的公开密钥。

(2) 口令泄露

下面我们分析若用户的口令泄露,改进方案的安全性。事实上,若服务器是可信的,即使入侵者知道了用户的口令pwd,他也不能得到用户的秘密密钥,同时也不能伪造用户的公开密钥。即使入侵者知道用户的口令pwd,但由于他不知道 r,因此他不能从 $C=\text{pwd}+r+K_{\text{priv}}$ 得到用户的 K_{priv}。若入侵者想伪造一个用户的公开密钥,他必须选择 K_{false},并求出 C_{false} 使得 $f(C_{\text{false}})=f(\text{pwd}+r)*K_{\text{false}}$。由已知的pwd入侵者可求出 $f(\text{pwd})$ 和 R,为了求出 C_{false},入侵者必须计算:

$$C_{\text{false}}=f^{-1}(f(\text{pwd})*R*K_{\text{false}})$$

或

$$C_{\text{false}}=\text{pwd}+f^{-1}(R)+f^{-1}(K_{\text{false}}) \bmod p-1$$

由于入侵者不知道 r,即使知道了pwd和 $f^{-1}(K_{\text{false}})$,要求出 C_{false} 他仍需求离散对数问题。

在服务器不可信的情形下,入侵者仍然不能获得用户的秘密密钥,但可以伪造用户的公开密钥。事实上,由于入侵者不知道 r,因此他不能从 $C=\text{pwd}+r+K_{\text{priv}}$ 求出用户的秘密密钥 K_{priv}。但是,若入侵者与服务器共谋,则他们能伪造用户的公开密钥。首先,入侵者用伪造的 $(R_{\text{false}}, K_{\text{false}})$ 代替用户的 (R, K_{pub}),然后计算:

$$C_{\text{false}}=\text{pwd}+f^{-1}(R_{\text{false}})+f^{-1}(K_{\text{false}}) \bmod p-1$$

由于已知pwd、$f^{-1}(R_{\text{false}})$ 和 $f^{-1}(K_{\text{false}})$,他就不必求离散对数问题了。最后,服务器用 $f(\text{pwd})*R_{\text{false}}$ 代替 $f(\text{pwd}+r)$,现在伪造的 K_{false} 就能通过认证了。

3. 基于智能卡的改进方案

设 K_{priv} 和 K_{pub} 分别是用户的私钥和公钥,满足 $K_{\text{pub}}=g^{K_{\text{priv}}} \bmod p$。pwd是用户的登录口令字,$C$ 为用户的公钥证书,$f(x)=g^x \bmod p$。

方案1:所有智能卡中存储相同的认证参数

假定系统管理员 admin 是可信赖的，每个用户将自己的 pwd$+K_{\text{priv}}$、$f(\text{pwd})$、K_{pub} 给 admin，admin 在$(1,p-1)$内随机选两个整数 S_1 和 S_2，admin 通过这些数据计算公钥证书 C（具体表达式后述），然后在系统中存入$(C,f(\text{pwd}),K_{\text{pub}})$，并在所有用户的智能卡中写入相同的认证参数 S_1 和 g^{S_2}。

令公钥证书 $C=(\text{pwd}+K_{\text{priv}})*S_1+S_2 \bmod p-1$，容易推算：

$$
\begin{aligned}
f(C)&=f(((\text{pwd}+K_{\text{priv}})*S_1+S_2) \bmod p-1)\\
&=g^{(\text{pwd}+K_{\text{priv}})*S_1+S_2} \bmod p\\
&=((g^{\text{pwd}}*g^{K_{\text{priv}}})^{S_1}*g^{S_2} \bmod p\\
&=(f(\text{pwd})*K_{\text{pub}})^{S_1}*g^{S_2} \bmod p
\end{aligned}
$$

在这种方式下，对 K_{pub} 的认证通过$(C,f(\text{pwd}),K_{\text{pub}})$及读取智能卡中的 S_1 和 g^{S_2}，并验证下式是否成立：

$$f(C)=(f(\text{pwd})*K_{\text{pub}})^{S_1}*g^{S_2} \bmod p$$

方案 2：智能卡中存入各个用户不同的认证参数 g^{S_i}

此方案不需要 CA。每个用户在$(1,p-1)$内随机选择自己的公钥认证参数 S_i，将 pwd$+K_{\text{priv}}+S_i$、$f(\text{pwd})$、K_{pub}、g^{S_i} 送给 admin，把 pwd$+K_{\text{priv}}+S_i$ 作为公钥证书，然后在系统中存入$(C,f(\text{pwd}),K_{\text{pub}})$，在用户智能卡中写入所有用户的认证参数$(g^{S_i},i=1,2,\cdots,n)$。

因为 $C=\text{pwd}+K_{\text{priv}}+S_i \bmod p-1$，所以

$$
\begin{aligned}
f(C)&=f((\text{pwd}+K_{\text{priv}}+S_i) \bmod p-1)\\
&=g^{\text{pwd}+K_{\text{priv}}+S_i} \bmod p\\
&=f(\text{pwd})*K_{\text{pub}}*g^{S_i} \bmod p
\end{aligned}
$$

在这种方式下，每一个智能卡中需保存所有用户的(user_id,g^{S_i})，对 K_{pub} 的认证通过智能卡中的操作系统接口，首先查找 user_id，读取智能卡中的 g^{S_i} 并验证下式是否成立：

$$f(C)=f(\text{pwd})*K_{\text{pub}}*g^{S_i}$$

方案 1 和方案 2 的公钥认证流程如图 5.21 和图 5.22 所示。

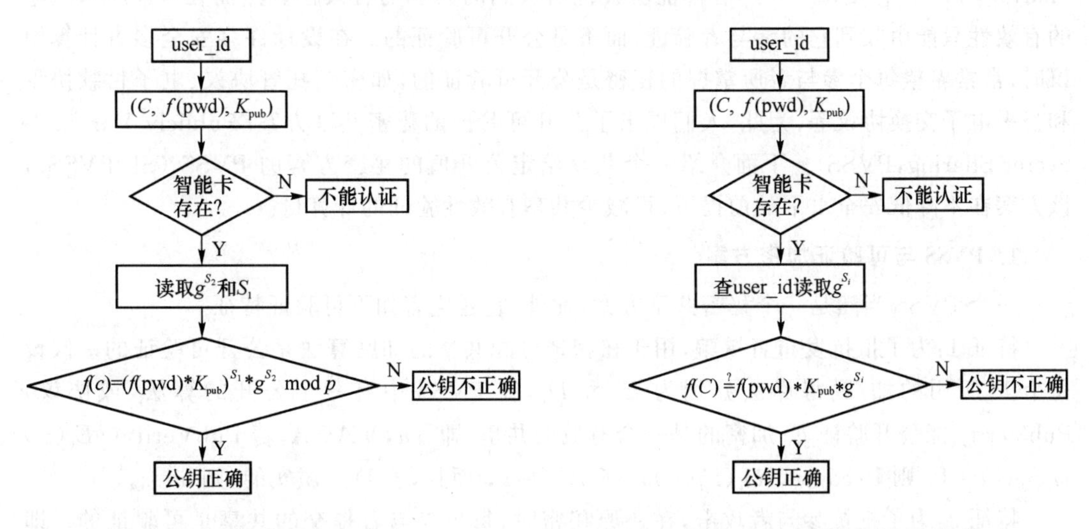

图 5.21　公钥认证流程(方案 1)　　　图 5.22　公钥认证流程(方案 2)

方案 1 中 $C=(\text{pwd}+K_{\text{priv}})*S_1+S_1 \bmod p-1$，除 admin 之外(admin 知道 S_1、S_2)，即

使攻击者窃获了用户口令 pwd,由于其不知道存储于智能卡中的 S_1 和 S_2,因此用户的私钥得到了保护;如果 admin 不可信赖,admin(或和 admin 合作)只有在口令猜测的攻击下才可获取用户的私钥。

方案 2 中用户自己计算公钥证书 C,并且不需要 CA,同时又能抵抗口令猜测的攻击。两种方案比较起来各有优劣:方案 1 实现简单,不需要智能卡有较大的内存,但由于所有智能卡所含的认证参数由 admin 所选择,其安全性基于 admin 完全可信赖,另外公钥认证过程中需要作模指数的运算;方案 2 虽然比方案 1 安全,但是需要智能卡有较大的内存空间,如果每个 S_i 按 512 bit 计算,1 000 个用户的系统需要大约 64 KB EEPROM,现在的智能卡还达不到这个要求。

5.4.4 密钥共享

一个秘密共享方案(SS)由一个发布者 D、n 个参与者 $P_1,\cdots,P_n$ 和一个访问结构 $A \subseteq 2^{\{1,\cdots,n\}}$ 构成,访问结构是单调的,即若 $C \in \mathbf{A}$,$A \subseteq B$,则 $C \in \boldsymbol{B}$。为了让参与者共享秘密 s,D 运行一个算法 Share:

$$\text{Share}(s)=(s_1,\cdots,s_n)$$

然后将 s_i 秘密地送给 P_i,$i=1,\cdots,n$。当一组参与者希望还原秘密 s 时,他们运行算法 Recover,该算法具有如下特征:

$$\forall A \in \mathbf{A}: \quad \text{Recover}(\{s_i \mid i \in C\})=s$$

并且对所有的 $C \notin \mathbf{A}$,从 $\{s_i \mid i \in C\}$ 求 s 是计算上困难的。

普通的秘密共享方案有两个不足,其一是不能防止参与者欺骗,即在还原秘密时,参与者提交错误的共享;其二是不能防止发布者欺骗,即发布者能发布错误的共享,使不同的一组参与者还原出的秘密不同。为此,有人提出了可验证的秘密共享方案(Verifiable Secret Sharing,VSS),它使每个参与者都能验证他所收到的共享的有效性。然而在 VSS 中,共享的有效性只能由收到它的参与者验证,而不是公开可验证的。在设计许多安全多方计算协议时,常常希望每个参与者所掌握的秘密是公开可验证的,如密钥托管协议、电子付款协议和公平电子交换协议等,为此,人们提出了公开可验证的秘密共享方案(Publicly Verifiable Secret Sharing,PVSS)。下面介绍一个共享给定公开值的秘密方幂的 PVSS (SP-PVSS),该方案在不降低安全水平的前提下,可减少共享有效性验证的计算量。

1. PVSS 与可验证加密方案

一个 PVSS 当然是一个秘密共享方案,此外,它还应有如下可验证特征。

特征 1:为了抵抗发布者欺骗,用于秘密地分配共享的加密算法是公开可验证的。假设每个 P_i 所用的加/脱密算法分别为 E_i 和 D_i,在 PVSS 中有一个公开的算法(或协议)PubVerify 能公开验证 E_i 加密的是一个有效的共享,即 $\exists u$,$\forall A \in \mathbf{A}$,若 $\text{PubVerify}(\{E_i(s_i) \mid i \in A\})=1$,则 $\text{Recover}(\{D_i(E_i(s_i)) \mid i \in A\})=u$,而且,若 D 是诚实的,则 $u=s$。

特征 2:为了抵抗参与者攻击,在还原秘密时,每个参与者提交的共享是可验证的。即在 PVSS 中有一个算法(或协议)Verify 来验证每个参与者提交的共享,即 $\exists u$,$\forall A \in \mathbf{A}$,若 $\text{Verify}(\{s_i \mid i \in A\})=1$,则 $\text{Recover}(\{s_i \mid i \in A\})=u$,而且若 D 是诚实的,则 $u=s$。

由以上的特征可见，设计PVSS的关键在于设计公开可验证的加密方案。一个公开可验证的加密方案由一个加密方案和一个验证算法（或协议）构成，使得在已知密文和一个公开已知的值后，即使不知道明文，任何人仍然能验证：正确脱密该密文得到的明文与公开值之间是否具有一个预先规定的关系。

先介绍一个有用的可验证加密方案（如图5.23所示），该方案的目标是使任何人均能验证所加密的明文是一个已知公开值的离散对数。它使用的加密算法为ElGamal密码算法。设p是一个大素数，且$q=(p-1)/2$也是一个素数，h是Z_p^*的一个q阶元素，$g\in Z_p^*$是一个生成元。首先每个参与者随机选取一个秘密密钥$z\in Z_q$并公开其公开密钥$y\equiv h^z \bmod p$。为了加密消息m，发布者D随机选$\alpha\in Z_q$，并计算：$c_1\equiv h^\alpha \bmod p$，$c_2\equiv m^{-1}\cdot y^\alpha \bmod p$。解密过程为：$m\equiv c_1^z/c_2 \bmod p$。公开值为$V\equiv g^m \bmod p$，如下的协议用来验证$(c_1,c_2)$加密的明文为$V$的离散对数。

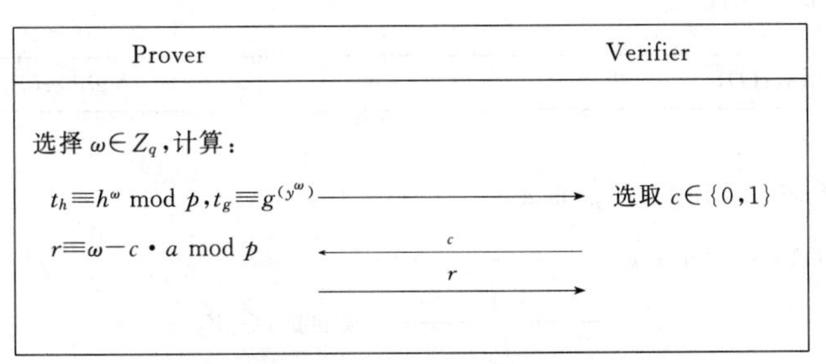

图5.23 可验证加密方案

(1) 验证$t^h\equiv h^r c_1^c \bmod p$是否成立。

(2) 当$c=0$时，验证$t_g\equiv g^{(y^r)} \bmod p$是否成立；当$c=1$时，验证$t_g\equiv g^{(c_2\cdot y^r)} \bmod p$是否成立。

在以上协议中，一个证明者进行欺骗成功的概率为1/2，因此，为了提高安全性，如上协议必须被重复多次，若要使证明者进行欺骗成功的概率不超过2^{-K}，则上面的协议必须至少重复K次，同时每次验证都要进行双指数计算，这就使验证过程需要进行大量的计算。下面再介绍一个新的PVSS，它设计了一个新的可验证加密方案，其计算量大大低于以上方案的计算量。

2. 共享给定公开值的秘密方幂的PVSS (SP-PVSS)

设发布者D的秘密密钥为$x_d\in_R Z_p^*$，公开密钥为$Y_d\equiv g^{x_d} \bmod p$；参与者$P_i$的秘密密钥为$x_i\in_R Z_p^*$，公开密钥为$Y_i\equiv g^{x_i} \bmod p, i=1,\cdots,n$。假设$D$要共享的秘密为$s\equiv Y_d^r \bmod p$，$r\in_R Z_p^*$是秘密的。公开值$S\equiv g^r \bmod p$，则$s\equiv S^{x_d} \bmod p$。下面我们就来设计一个共享$s$的PVSS。

(1) 共享生成Share

设$\mathbf{A}$是一个单调访问结构，对每一个$A=\{j_1,\cdots,j_l\}\in\mathbf{A}$，$D$按如下方式计算每一个秘密共享：

$$s_i\equiv Y_d^{r_i} \bmod p,\qquad r_i\in_R Z_p^*, i=j_1,\cdots,j_{l-1}$$

$$s_l\equiv\frac{s}{\prod_{i=1}^{l-1}s_i} \bmod p,\quad r_l\equiv r-\sum_{i=1}^{l-1}r_i \bmod p$$

此外,Dealer 公开 $S \equiv g^r \bmod p, S_i \equiv g^{r_i} \bmod p$。

(2) 共享发送

为了将秘密共享 s_i 发送给 P_i,D 采用 ElGamal 加密算法来将 s_i 加密后发送给 P_i。具体过程如下。

① D 计算

$$c_i \equiv Y_i^{r_i} s_i \bmod p \qquad i = j_1, \cdots, j_{l-1}$$

② D 将(S_i, c_i)公开。

(3) 共享的公开验证 PubVerify

在 PVSS 中,要求任何人均能验证每个参与者收到的共享的有效性,即要证明参与者 P_i 从(S_i, c_i)中求出的共享将是 $s_i = S_i^{x_d} \bmod p$。为此我们设计了如图 5.24 所示的协议 PubVerify 来实现这一功能。

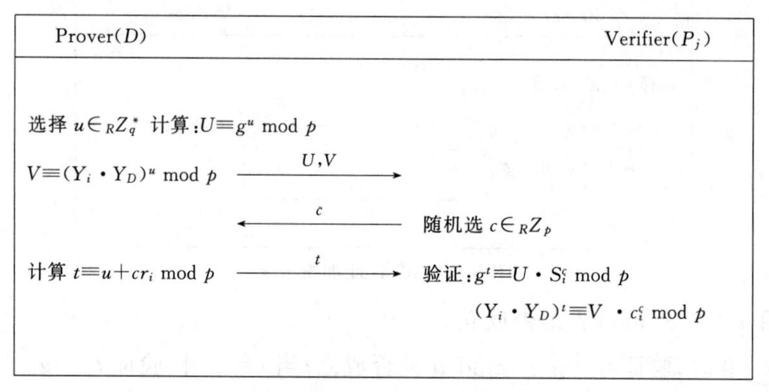

图 5.24 共享的公开验证

若最后两式成立,则 P_j 认为 P_i 收到了有效的共享,否则,他认为 P_i 收到的共享不正确。

(4) 秘密还原

为了还原秘密 s,A 中的参与者 P_i 计算 $s_i = c_i / S_i^{x_d} \bmod p$。为了验证每个参与者提供的共享的有效性,每个参与者使用如图 5.25 所示的协议 Verify 来证明自己提供的共享的有效性。

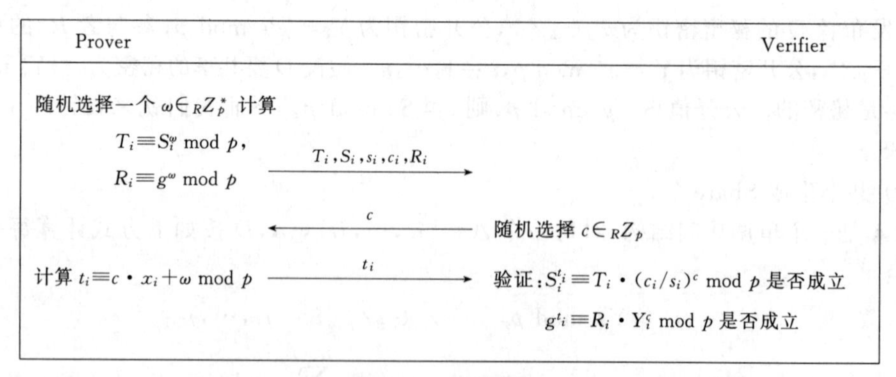

图 5.25 秘密还原

当 A 中所有参与者的共享均通过验证后,他们就可还原出秘密:$s = \prod_{i \in A} s_i$。

假设计算离散对数和破译 ElGamal 密码算法都是困难的,那么容易证明 SP-PVSS 是一个秘密共享方案。下面证明该方案满足 PVSS 的另外两个特征。

引理 5.1 协议 PubVerify 是证明$\log_{Y_iY_D}c_i=\log_g S_i(i=1,\cdots,l)$的一个零知识证明协议,且不诚实的证明者欺骗成功的概率不超过 $1/p$。

定理 5.1 SP-PVSS 满足 PVSS 特征 1。

证明:由于 $S,S_i(i=1,\cdots,l)$均是公开的,因此通过验证 $S\equiv\prod_{i\in A}S_i \bmod p$ 可公开验证每个公开值的有效性。由引理 5.1,当经过 PubVerify 协议的验证后,就证明了参与者收到的 $c_i\equiv(Y_iY_D)^{\log_g S_i}\equiv S_i^{x_i}\cdot Y_D^{\log_g S_i} \bmod p$,因此参与者 P_i 脱密出的共享将为 $Y_D^{\log_g S_i} \bmod p$,故 $\prod_{i\in A}Y_D^{\log_g S_i}\equiv Y_D^{\log_g(\prod_{i\in A}S_i)}\equiv Y_D^{\log_g S}\equiv S^{x_D} \bmod p$。由于公开值 S 和发布者的秘密密钥 x_D 均是固定的,因此 $\forall A\in\mathbf{A}$,若 PubVerify$(\{E_i(s_i)|i\in A\})=1$,则 Recover$(\{D_i(E_i(s_i))|i\in A\})=S^{x_D} \bmod p$。此外,若 D 是诚实的,则 $s\equiv S^{x_D} \bmod p$。

引理 5.2 协议 Verify 是证明$\log_{S_i}(c_i/s_i)=\log_g Y_i$ 的零知识证明协议,且一个不诚实的证明者欺骗成功的概率不超过 $1/p$。

定理 5.2 SP-PVSS 满足 PVSS 特征 2。

证明:在经过 PubVerify 的验证后,已证明 $c_i\equiv S_i^{x_i}\cdot S_i^{x_D} \bmod p$。当通过 Verify 的验证后,则表明 $c_i/s_i\equiv S_i^{x_i} \bmod p$,所以 $s_i\equiv S_i^{x_D} \bmod p$。由 $S\equiv\prod_{i\in A}S_i \bmod p$ 可推出 $\prod_{i\in A}s_i\equiv S^{x_D} \bmod p$,因此,$\forall A\in\mathbf{A}$,若 Verify$(\{s_i|i\in A\})=1$,则 Recover$(\{s_i|i\in A\})\equiv S^{x_D} \bmod p$,而且,若 D 是诚实的,则 $s\equiv S^{x_D} \bmod p$。

由上面的定理 5.1 和定理 5.2 可见,SP-PVSS 确实是一个公开可验证的秘密共享方案,它既可防止参与者欺骗,又可防止发布者欺骗。

现在描述 SP-PVSS 在密钥共享中的可能应用:假设发布者要共享用于对称加密算法的随机会话密钥,他按如下方式生成会话密钥:随机选取 $r\in Z_p^*$,计算 sk$=h(Y_D^r \bmod p)$,$S\equiv g^r \bmod p$,其中 $H()$为杂凑函数。由于 r 是随机的,因此我们可认为 sk 也是随机的,因而满足会话密钥的要求。然后,发布者就可用 SP-PVSS 来共享 $s\equiv Y_D^r \bmod p$。当参与者还原 sk 时,他们首先用 SP-PVSS 的 Recover 求出 s,然后计算 sk$=h(s)$采用这个方案,每个密钥共享者都能检验密钥发布者是否诚实,任何一个参与者在密钥还原阶段是否提交了正确的共享。

5.4.5 密钥托管

为满足合法用户的通信安全和执法部门合法监听的需要,美国政府于 1993 年 4 月公布了托管加密标准(Escrowed Encryption Standard,EES)。密钥托管技术受到了广泛关注,吸引了一大批密码研究者从事这方面的研究,特别是在软件密钥托管技术方面,因其不依赖物理设备的安全性而成为研究的热点。

但是关于如何平衡个人安全通信和执法机构监听这一问题仍有许多争论,原因是目前提出的托管方案大都假设用户的秘密密钥完全依赖于可信赖的托管机构,正如 1995 年 Shamir 指出:即使今天的政府或大的组织机构是可信赖的,但在未来也可能会被不诚实的政府或其他组织机构所代替,这些不诚实的机构为了自身的利益很可能突然解托所有用户的密钥,监听每一个用户的通信。为了解决这一问题,Shamir 提出了部分密钥托管这一思想,他指出减少政策突然改变所产生的影响的方法是实行“部分密钥托管(Partial Key Escrow)”。

该方案基于 56 bit 的 DES 密钥 S,方案中用户不是交托他的整个密钥 S,而是仅仅交托 S 的前 8 bit(不妨称被托管的部分为 x)。那么现在即使托管代理有 x,他们仍需花费 2^{48} 步的时间来搜寻 S(为了 S 的其余 48 bit,他们不得不进行穷尽搜索),只是由于 2^{48} 步并不是不可行的,所以恢复一个特殊的密钥并不难,但如果想同时突然暴露大量用户的密钥,则计算时间将会急剧增加,这在计算上是不可行的。作为 Shamir 这一思想的推广,Micali 和 Shamir 基于 DH(Diffie-Hellman)协议提出了有保证的“部分密钥托管(Guaranteed Partial Key Escrow,GRKE)”方案,方案中公钥为 $P=g^{x+a}$,其中 x 是长的,但 a 只有 80 bit,现在 x 同以前一样使用 VSS 方案托管,然后用户提供一个“零知识”证明 a 确实是 80 bit 长。用 Shank 的 baby-step giant-step 方法,2^{40} 计算步可足以从 g^a 中恢复出 a,并且没有更快的方法被发现,因此部分特性被达到。

1. 可验证部分密钥托管方案

(1)系统描述

假设用户采用标准的加密算法(如 DES、IDEA 等)来加密消息 M,且其中使用的会话密钥 k 是用 ElGamal 公钥密码体制来加密传递的。密码系统中有一个密钥管理中心 KMC 负责颁发通信用户的公钥证书;有 m 组委托代理(其中第 i 组有 n_i 个委托代理($T_{i1}, T_{i2}, \cdots, T_{in_i}$)),负责托管用户的部分密钥 x;有一个法律授权机构负责监听授权;有一个监听机构负责实施用户通信的监听。在描述托管方案之前,首先简单介绍一下 ElGamal 公钥体制和多级共享方案。

ElGamal 公钥体制的安全性是基于有限域上求解离散对数的困难性。设 p 是一大素数,g 是有限域 GF(p)的一个本原元。用户 A 任选一随机数 $c \in (0,p)$,并计算 $Y \equiv g^c \bmod p$,该用户以 c 作为他的私钥,以(p,g,Y)作为他的公钥。任一用户要加密信息 M 给用户 A,只需随机任意选取一整数 $t \in (0,p)$,计算 $y_1 \equiv g^t \bmod p$,$y_2 \equiv M * Y^t \bmod p$,并将($y_1, y_2$)传递给 A,用户 A 收到($y_1, y_2$)后,由 $M \equiv y_2 * (y_1^c)^{-1} \bmod p$ 还原出明文 M。

m 级共享方案是由 m 个(k_i, l_i)门限方案组成的,且满足以下条件:①在每个(k_i, l_i)门限方案中,任意 t($t \geq k_i$)个参与者共同作用都能恢复秘密 c,少于 k_i 个则不能恢复;②(k_i, l_i)门限方案与(k_j, l_j)门限方案($i \neq j$)是相互独立的,即多个方案中的部分参与者共谋与单个方案中这些参与者的共谋效果一样。此类共享方案的优点是托管形式灵活,有更强的适应性。

(2) 密钥托管方案

此处的可验证部分密钥托管方案是由 m 个(n_i, n_i)门限方案组成的。想利用该系统通信的用户,首先要向密钥管理中心注册申请公钥证书,密钥管理中心选择一个大于 512 bit 的安全素数 p 和 GF(p)的一个本原元 g,令 $\beta=g^2$,G 是由 β 产生的阶为 q 的循环群,利用下面的托管协议生成用户的秘密密钥($c=x+a$)及公钥证书(其中公钥为 $Y=\beta^{x+a}$,$x \in (0,q)$,可取到 512 bit,a 只有 80 bit),并对用户的部分密钥 x 进行托管。协议分为如下几个步骤。

第一步：用户 A 随机任意选取 $c'\in(0,q)$，计算 $Y'\equiv g^{2c'}\bmod p$，并将 Y' 传送给密钥管理中心 KMC。

第二步：密钥管理中心 KMC 随机任意选取 $t\in(0,q)$，c''，$b\in(0,q)$，使得 $Y\equiv g^{2c''}$，$Y'\neq 1\bmod p$，计算 $y_1\equiv g^{t}\bmod p$，$y_2\equiv c''(Y')^{t}\bmod p$，$\gamma=g^{2b}$。公开：$(p,g,Y)$。保密：$b$。将 (y_1,y_2)，γ 传送给用户 A。

第三步：用户 A 计算 $c''\equiv y_2*(y_1^{2c'})^{-1}\bmod p$，$c\equiv c'+c''\bmod q$，保密 c 作为用户 A 的秘密密钥。然后随机任意选取 $u,v_0,v_1,\cdots,v_{79}\in(0,q)$ 和一个 80 bit 的随机数 $s=a_0 2^0+a_1 2^1+\cdots+a_{79}2^{79}(a_i\in\{0,1\})$，计算 $x\equiv c-a\bmod q$，$X\equiv\beta^{x}\gamma^{u}\bmod p$，$A_i\equiv\beta_i^{a}\gamma_i^{v}\bmod p(i=0,1,\cdots,79)$，$w=u+v_0 2^0+v_1 2^1+\cdots+v_{79}2^{79}\bmod q$，并把 $(X,A_0,\cdots,A_{79},W)$ 传给密钥管理中心。同时用户 A 随机选取 $n_i-1(i=1,2,\cdots,m)$ 个 $x_{ij},u_{ij}\in(0,q)(j=1,2,\cdots,n_i-1)$，计算 $x_{in_i}\equiv x-\sum_{j=1}^{n_i-1}x_{ij}\bmod q$，$u_{in_i}\equiv u-\sum_{j=1}^{n_i-1}u_{ij}\bmod q$，$X_{ij}=\beta_{ij}^{x}\gamma_{ij}^{u}\bmod p$。公开：$(X,X_{ij})$。把 (x_{ij},u_{ij}) 秘密传给委托代理 T_{ij}。

第四步：委托代理 T_{ij} 收到 (x_{ij},u_{ij}) 后，验证 $X_{ij}\equiv\beta_{ij}^{x}\gamma_{ij}^{u}\bmod p$ 和 $X\equiv\prod_{j=1}^{n_i}X_{ij}\bmod p$ 是否成立，若成立，则计算签名 $s_1=\mathrm{Sig}_{T_{ij}}(h(\mathrm{ID_A},X_{ij},X))$，并将 $(\mathrm{ID_A},X_{ij},X,s_1)$ 传给密钥管理中心 KMC，否则不进行签名。

第五步：密钥管理中心收到用户 A 的 $(X,A_0,\cdots,A_{79},W)$ 和每个委托代理的 $(\mathrm{ID_A},X_{ij},X,s_1)$ 后，首先验证 $Yr^{w}\equiv XA_0^{2^0}\cdots A_{79}^{2^{79}}\bmod p$ 是否成立，若成立，则继续进行图 5.26 所示的比特交托协议。然后通过验证签名、X 的一致性及 $X\equiv\prod_{j=1}^{n_i}X_{ij}\bmod p$ 是否成立来验证 $(\mathrm{ID_A},X_{ij},X,s_1)$ 的有效性。若以上验证全部通过，则计算签名 $s=\mathrm{Sig_{KMC}}(h(\mathrm{ID_A},p,g,Y))$，并颁发用户 A 公钥证书 $C(\mathrm{A})=(\mathrm{ID_A},p,g,Y,s)$。否则，告知用户 A 注册失败。

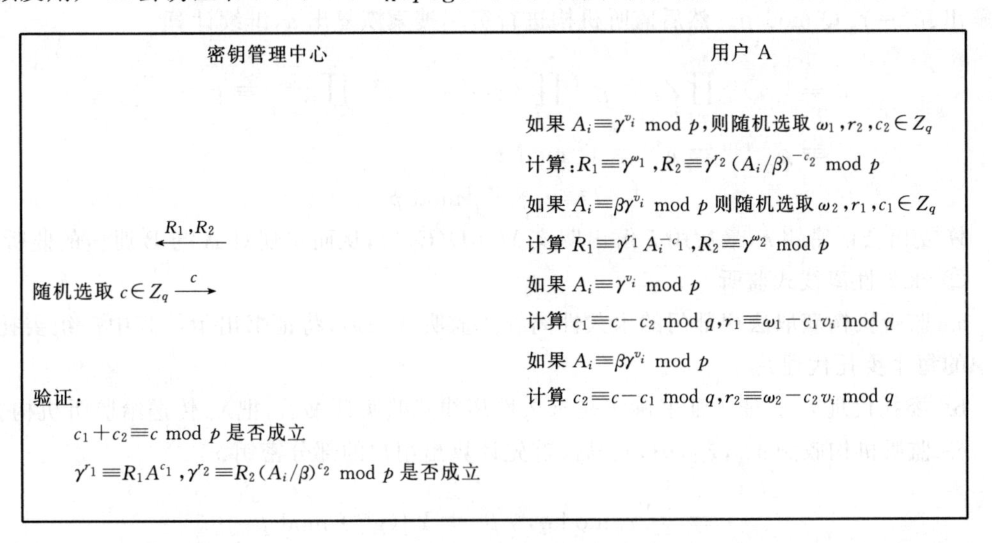

图 5.26　比特交托协议

2. 用户间的通信及监听

(1) 用户间的通信

当用户A欲向用户B发送秘密消息M时,A首先要从KMC或用户B那里获取用户B的公钥证书$C(\mathrm{B})$;然后随机选取$k,t\in(0,p)$,其中k作为加密消息M的会话密钥,计算$y_1\equiv g^t \bmod p$,$y_2\equiv k*Y^t \bmod p$,$s=\mathrm{Sig}_{\mathrm{A}}(h(y_1,y_2,\mathrm{Time},\mathrm{ID}_{\mathrm{A}},\mathrm{ID}_{\mathrm{B}}))$,构造$\mathrm{LEAF}=(y_1,y_2,\mathrm{Time},\mathrm{ID}_{\mathrm{A}},\mathrm{ID}_{\mathrm{B}},s)$;最后用标准的加密算法和会话密钥$k$把$M$加密成密文$C=E(M,k)$,并把(LEAF,$C$)传递给B。用户B收到(LEAF,$C$)后,通过计算$k\equiv y_2*({y_1}^{2c})^{-1} \bmod p$还原出会话密钥$k$,然后再用$k$解出明文$M=D(C,k)$。

(2) 监听过程

在本方案中,法律授权机构可根据监听机构的具体情况,给监听机构颁发有效期内一次性在线式监听证书或永久性离线式监听证书,从而使得监听具有更大的灵活性,监听过程如下。

① 有效期内在线式监听

在这种情况下,要求在传递LEAF时带一时间戳(例如,传递$(y_1,y_2,\mathrm{Time},\mathrm{ID}_{\mathrm{A}},\mathrm{ID}_{\mathrm{B}},S)$),并通过以下过程实施监听。

a. 监听机构获取法律部门的有效期内在线式监听证书后,将证书和监听到的$(y_1,\mathrm{Time},\mathrm{ID}_{\mathrm{A}},\mathrm{ID}_{\mathrm{B}},s)$出示给其中一组委托代理中的每个委托代理$T_{ij}$。

b. 委托代理T_{ij}验证了证书的有效期与LEAF中Time的一致性后,计算

$$Y_{ij}\equiv\beta^{x_{ij}} \bmod p,\quad Z_{ij}\equiv(y_1)^{2x_{ij}} \bmod p$$

并把(Y_{ij},Z_{ij})传送给监听机构。

c. 监听机构收到$(Y_{i1},Z_{i1}),(Y_{i2},Z_{i2}),\cdots,(Y_{in_i},Z_{in_i})$后,计算

$$Q\equiv\prod_{j=1}^{n_i}Y_{ij}\equiv\prod_{j=1}^{n_i}\beta^{x_{ij}}\equiv\prod_{j=1}^{n_i}g^{2x_{ij}}\equiv g^{2\sum_{j=1}^{n_i}x_{ij}}\equiv g^{2x} \bmod p$$

并解出:$\beta^a=Y/Q \bmod p$。然后监听机构进行穷尽搜索恢复出a,继续计算

$$\begin{aligned}Z&\equiv(y_1)^{2a}\prod_{j=1}^{n_i}Z_{ij}\equiv g^{2at}\prod_{j=1}^{n_i}(y_1)^{2x_{ij}}\equiv g^{2at}\prod_{j=1}^{n_i}g^{2tx_{ij}}\equiv g^{2at}g^{2t\sum_{j=1}^{n_i}x_{ij}}\\&\equiv g^{(2x+a)t}\equiv g^{2ct}\equiv Y^t \bmod p\end{aligned}$$

$$k\equiv y_2*Z^{-1} \bmod p$$

恢复出会话密钥k,最后用k解出明文$M=D(C,k)$,从而实现对A与B通信的监听。

② 永久性离线式监听

a. 监听机构获取法律部门的永久性离线式监听证书后,将证书出示给其中一组委托代理中的每个委托代理T_{ij}。

b. 委托代理T_{ij}验证了证书确实是永久性离线式监听证书后,把X_{ij}传送给监听机构。

c. 监听机构收到$x_{i1},x_{i2},\cdots,x_{in_i}$后,首先计算出用户的部分密钥$x$:

$$x\equiv\sum_{j=1}^{n_i}x_{ij} \bmod q,\quad \beta^a\equiv Y/(g^{2x}) \bmod p$$

然后监听机构进行穷尽搜索恢复出a,再继续计算

$$c\equiv x+a \bmod q$$

恢复出 A 与 B 的会话密钥加密密钥 c，然后从 LEAF 中计算出会话密钥 $k \equiv y_2 * (y_1{}^{2c})^{-1} \bmod p$，再用 k 解出明文 $M=D(C,k)$，从而实现对 A 与 B 通信的监听。

3. 安全性分析

现在简单分析一下该软件密钥托管方案的安全性。

(1) 该方案能克服“早恢复”的缺点，达到“延迟恢复”的目的，从而有效地阻止了突然大范围解托用户密钥的现象。由方案可知，用户为了交托部分密钥 x，随机任意选取 $u \in Z_q$，计算 $X \equiv \beta^x \gamma^u \bmod p$，并将密钥碎片$(x_{ij}, u_{ij})$和 X 一起传送给委托代理。由 g 是 GF(p)的本原元可知，β 的阶为 q，G 的阶为素数 q，从而可得 G 的每个元的阶要么是1，要么是 q，因而 G 的非单位元的阶一定是 q，即 G 的非单位元一定是 G 的生成元。又对任意的 $b \in (0,q)$，由 b 与 q 互素可知，$(g^2)^b$ 是 G 的生成元，也即 γ 是 G 的生成元，从而存在 $n \in Z_q$，使得 $\beta = \gamma^n$，即有 $X \equiv \gamma^{nx+u}$，又由 nx 是一固定数可知，当 u 遍历 Z_q 时，X 正好遍历 G，所以 X 在循环群 G(由 β 产生的)上是均匀分布的，即接收者从 X 中不能得到关于 β^x 的任何信息，从而封装了 β^x，使得 β^x 在交托中没有被暴露。所以只要不是某一组中的全体代理共同作用来恢复 x 或 β^x，都无法得到 β^x，也无法进一步解出 g^{2a}，从而克服了“早恢复”的现象，实现了“延迟恢复”。

(2) 该密钥托管方案通过提供有效期内在线式监听授权和永久性离线式监听授权，有效地限制了监听机构的监听权力。

当监听机构得到的是有效期内在线式监听证书时，它只能把有效期内监听到的 LEAF 交给托管代理，并从托管代理提供的信息中求出 β^x 和该次通信所用的 Y^t，进而求出该次通信的会话密钥 k 实现监听，但监听机构无法从托管代理提供的信息中求出长比特的部分密钥 x，从而也无法解出用户的会话密钥加密密钥 c，由 ElGamal 公钥密码体制本身的特点可知，它不能利用该次所获得的信息来求出其他通信所使用的会话密钥 k，因此只能够进行一次性的在线式监听，从而防止了监听机构滥用权力的现象。当监听机构得到的是永久性离线式监听证书时，则它可利用托管代理提供的信息求出部分密钥 x，进而搜索出 a，解出用户的会话密钥加密密钥 c，从而具有与用户同样的脱密能力，即可对用户进行永久性监听，保证了监听的有效性。

(3) 由于方案中用户的秘密密钥 c 是由密钥管理中心 KMC 选取的随机数 c' 和用户选取的随机数 c'' 共同作用产生的，因此它可有效地防止由于用户独立选取密钥所引起的易受潜信道攻击的缺点，并能避免由于 KMC 或用户单方面不具备好的随机数发生器而造成用户密钥安全性降低的现象。

(4) 方案能保证每个托管代理所托管的用户密钥碎片的真实性，从而确保合法监听的有效实施。由方案可知，只有当 KMC 验证完所有$(\mathrm{ID_A}, X_{ij}, X, s_1)$的有效性后，才能颁发用户的公钥证书，从而保证了对每个 i，都有 $X \equiv \prod_{j=1}^{n_i} X_{ij} \bmod p$，并且保证了对所有的 i、j、X_{ij} 都是经 T_{ij} 验证过的，即有 $X_{ij} \equiv \beta_{ij}^x \gamma_{ij}^u \bmod p$，进而由

$$X \equiv \prod_{j=1}^{n_i} X_{ij} \equiv \prod_{j=1}^{n_i} \beta^x{}_{ij} \gamma_{ij}^u \equiv \beta \sum_{j=1}^{n_i} x_{ij} \gamma \sum_{j=1}^{n_i} u_{ij} \equiv \beta^x \gamma^u \bmod p$$

可知，用户若想提供假的(x_{ij}, u_{ij})来欺骗委托代理，他一定要在 Z_q 中找到一对不同于(x,u)

的数(x',u'),使得 $\sum_{j=1}^{n_i} x_{ij} \equiv x' \bmod q$,$\sum_{j=1}^{n_i} u_{ij} \equiv u' \bmod q$,并且满足 $\beta^x\gamma^u \equiv \beta^{x'}\gamma^{u'} \bmod p$,即有 $\beta^{x'-x} \equiv \gamma^{u'-u} \bmod p$,又因为 β 和 γ 是 G 的生成元,且 $u'-u \neq 0 \bmod p$,可知 $u'-u$ 在 $GF(q)$ 中有逆元,不妨设逆元为 h,则有 $\log \beta^\gamma \equiv h(x-x') \bmod q$,从而他可有效地解出离散对数 $\log \beta^\gamma$。由 p 是一大的安全素数及 γ 是 G 的随机生成元可知,用户求出离散对数 $\log \beta^\gamma$ 的值在计算上是不可行的,即用户想在 Z_q 中找到(x',u')使得等式 $\beta^x\gamma^u \equiv \beta^{x'}\gamma^{u'} \bmod p$ 成立在计算上是不可行的,从而保证了 $X \equiv \beta^x\gamma^u \bmod p$ 中的 x 确实已被每个委托代理有效地托管。又因为密钥管理中心在颁发用户的公钥证书之前还验证了 $Y_{r^w} \equiv XA_0^{2^0}\cdots A_{79}^{2^{79}} \bmod p$ 及比特交托协议,因此,X 和 A_i 确实定义了用户的秘密密钥 $x+a$,并且 a 也确实只有 80 bit 长。由以上分析可知,我们提出的密钥托管方案可确保托管代理托管的密钥碎片的有效性,从而保证了合法监听的有效实施。

(5) 方案能有效地阻止部分代理共谋,确保用户密钥的安全性。方案中每个委托代理所托管的内容是一随机数,致使每组中任意 $t(t<n_i)$ 个委托代理共谋想恢复出用户的长比特部分密钥 x 不会比随机选取效果更好。同时由多级共享协议的特性可知,方案每组中的委托代理对其他组中的委托代理恢复用户的部分密钥 x 无任何帮助,使得任意两组中部分成员共谋不会比其中一组中的这些成员共谋效果更好。这样只要不是其中一组中所有成员共同作用,任意委托代理一起共谋都不会比随机选取效果更好。

此外,由于采用的是 m 级密钥托管方案,从而可根据托管代理的具体情况对每组分别作相应设计,提高用户密钥的安全性。同时由于每组中的所有成员共同作用都能恢复用户的部分密钥 x,保证了即使某组中的委托代理无法工作,也能由其他组正常恢复出 x,使得方案具有更强的适应性。

思 考 题

1. 基于口令的认证有哪些不足?
2. 对口令认证协议主要有哪几种攻击?
3. 访问控制实现的方法主要有哪几种?
4. 简述 RBAC 支持的 3 个安全原则。
5. 简述基于认证的密钥技术的分类。

第6章　云计算安全

6.1　云计算安全简介

随着分布式存储、并行计算、虚拟化等传统技术和互联网技术的不断发展与融合，云计算技术近年来得到广泛应用。云计算的核心是将计算资源、软件资源和存储资源组合构建成一个资源池，根据用户的需求按需远程为用户提供服务。由于云计算具有虚拟化、按需服务、高可靠性、适用范围广、服务灵活、超大规模和价格低廉的特点，云计算的应用领域越来越广泛。但在云计算快速发展的同时，也带来诸多新的安全挑战。

6.1.1　云计算简介

云计算是把软硬件计算资源抽象成为功能强大的计算机资源共享池，共享池资源中包括网络、服务器、存储、应用软件和服务等。企业和用户能够像使用本地资源一样，通过相应的接口按需使用云端的资源，而不需要部署。使用各种云计算的资源就像人们使用自来水和电力资源一样简单。云服务专业供应商负责云端资源的管理和提供云计算的服务，用户通过相应的接口登录，付费使用服务。

从用户体验的角度，可将云计算分为基础设施即服务（Infrastructure as a Service，IaaS）、平台即服务（Platform as a Service，PaaS）和软件即服务（Software as a Service，SaaS）。

（1）基础设施即服务

IaaS的主要用户是系统管理员，此类服务的用户必须具备一定的专业知识能力，可以直接利用云计算提供的资源进行业务的部署或简单的开发。基础设施服务提供商提供给用户的服务是计算和存储基础设施，包括CPU、内存、存储、网络和其他基本的资源，用户能够部署和运行操作系统和应用程序软件。用户不管理或控制任何云计算基础设施，但能选择操作系统、存储空间和部署的应用，也可获得有限的网络组件（如路由器、防火墙、负载均衡器等）的控制权。阿里云、腾讯云、华为云、中国电信天翼云都可以提供IaaS服务。

（2）平台即服务

PaaS的主要用户是开发人员。PaaS是把二次开发的平台以服务的形式供用户开发软件。开发人员不需要管理或控制底层的云计算基础设施,但可以方便地使用很多在构建应用时必要的服务,还能控制部署的应用程序开发平台。PaaS 的典型案例有微软的 Visual Studio 开发平台和 Google App Engine(应用引擎)平台。

(3) 软件即服务

SaaS 的客户群体是普通用户。服务提供商提供给用户的服务是运行在云计算基础设施上的应用程序,用户只需要通过终端设备接入即可使用,简单方便,用户无须进行软件开发,也无须管理底层资源。例如,Office 365 应用软件就属于典型的 SaaS。在云平台上,Office 365 把 Word、Excel、PowerPoint、Project、Power BI、OneNote、One Drive、Exchange、Skype、SharePoint 集成为企业所需的办公云平台,它不仅可以在线使用,还可以下载到本地以客户端的形式使用,是一套完整、容易入门、性价比高、支持混合部署、支持自定义的办公解决方案。

以上三种服务模式总结如表 6.1 所示。

表 6.1　云计算三种服务模式的比较

服务类别	服务内容	盈利模式	实例
SaaS	互联网 Web 2.0 应用、企业应用、电信业务、网页寄存	提供满足最终用户需求的业务,按使用收费	Office 365 等
PaaS	提供应用运行和开发环境,提供应用开发的组件(如数据库)	将 IT 资源、Web 通用能力、通信能力打包出租给应用开发和运营者,按使用收费	Microsoft Azure 的 Visual Studio 工具等
IaaS	出租计算、存储、网络等 IT 资源	按使用收费,通过规模获取利润	Amazon EC2 云主机

云计算按部署模式可分为公有云计算、私有云计算和混合云计算。

(1) 公有云

公有云用户以付费的方式根据业务需要弹性使用 IT 分配的资源,用户无须自行构建硬件、软件等基础设施以及后期维护,可以在任何地方、任何时间通过多种方式,以互联网的形式访问获取资源。公有云如同日常生活中按需购买的水、电一样,用户可以方便、快捷地享受服务。当今有很多公有云提供商,如亚马逊云 Amazon Web Services、微软云 Azure、阿里云等。

公有云提供了大量基于云的全球性产品,包括计算、存储、数据库、分析、联网、移动产品、开发人员工具、管理工具、安全性和企业级应用程序。公有云提供了安全、可靠且可扩展的云服务平台,这些服务可帮助企业或组织快速发展自己的业务、降低 IT 成本。

(2) 私有云

私有云一般在某个组织内部使用,同时由该组织来运营。私有云是某个组织自己组建数据中心为组织内部使用,运营者也是使用者,如某个企业自己运营的企业内部云。

(3) 混合云

混合云是将公有云和私有云进行整合。混合云既能利用企业在 IT 基础设施的巨大投入,又能解决公有云带来的数据安全等问题,是避免企业变成信息孤岛的最佳解决方案。混合云强调基础设施是由两种或多种云组成的,但对外呈现的是完整的整体。企业正常运营时，把重要数据（如财务数据）保存在自己的私有云里，把不重要的信息或需要对公众开放的信息放到公有云里，两种云组合形成一个整体，这就是混合云。

搭建混合云时可使用OpenStack，它把各种云平台资源进行异构整合，推出企业级混合云，这样企业可以根据自己的需求灵活自定义各种云服务。在搭建企业云平台时，使用OpenStack架构是最理想的解决方案。

6.1.2 云计算的安全问题

云计算是基于网络的共享资源模式，和传统的计算模式相比，具有开放性、分布式存储、无边界、虚拟性、多租户等特点。这些特点也给云计算带来诸多安全隐患，云计算中包含大量软件和服务、海量的用户重要数据，对不法的攻击者来说具有更大的诱惑力，因此云计算的安全性面临着比以往更为严峻的考验。

目前，云计算安全问题集中体现在以下几个方面。

(1) 数据安全性

在IaaS的应用场景中，用户可以完全控制虚拟资源，数据的安全性可以通过公钥基础设施（Public Key Infrastructure，PKI）来实现，而在PaaS/SaaS这种应用场景中，平台和软件由云服务商提供。这样用户的数据文件、平台和软件的交互使用就会出现新的安全问题。

(2) 数据隔离

当多用户共享存储器资源时，可能会存在用户恶意访问其他用户存储器数据的可能，不能依赖软件的访问控制机制来防范，应该依靠信息安全技术从根本上解决问题。与之相似的还有服务器集群工作状态下单个机器故障还原数据的问题，针对当前的集群工作故障还原策略，设计符合工作实际的安全方案，是确保数据完整性、机密性的关键。

(3) 数据安全审计

数据安全审计要求数据外包存储时，能让第三方通过客户端进行安全审计判断数据是否完整，所有权属于用户。在当前网络传输速度远小于本地访问速度的情形下，减少网络传输要求，通过少量数据实现安全审计，是实现云模式下数据安全审计的思路之一。

6.1.3 云计算安全基本架构

云计算主要面临如下安全威胁：数据泄露、数据丢失、流量劫持、大流量DDoS攻击、SQL注入攻击、暴力破解攻击、木马、XSS攻击、网络钓鱼攻击、云服务中断、滥用云服务、多租户隔离缺失、安全责任界定不清、不安全的接口、审计不到位、内部员工越权、滥用权力和操作失误等。为应对上述安全风险，需要在数据层、应用层、主机层、网络层等各个层面进行安全防护，建立起一整套的云计算安全体系架构为云计算保驾护航。

在数据层方面，需要对数据库实时备份、多副本备份、异地容灾和主备镜像。数据在持久化保存时需要对敏感信息进行加密保存。

在应用层方面，需要通过数字证书识别对方的真实身份，验证通过后需要对传输的数据进行加密。通过应用防火墙防御SQL注入、木马上传、服务器插件漏洞、过滤恶意消耗网站资源的CC攻击,并对IP进行屏蔽、非授权核心资源的访问和漏洞防护,以防止恶意攻击者的定向攻击。防止OWASP常见威胁和避免注入类的攻击导致数据泄露,防止用户注册及登录页面的多次刷新,防止访问网站的手机用户数据泄露、短信流量被恶意消耗,避免恶意网站、爬虫软件获取网站的数据,延缓对登录页面的暴力破解,获取用户名和密码进入业务系统内部。对敏感信息的识别如文字、声音、视频、图片,过滤垃圾广告和数据合规性进行监控。

在服务器层面,需要对登录进行双重认证,对所有服务器补丁进行统一管理,及时更新补丁,对单台服务器的补丁状态进行监控,对没有及时打上补丁的服务器及时报警,并通知用户等;通过智能引擎对木马实时、精准查杀,包括文本、二进制文件、脚本等,并对高危文件进行主动隔离,实时通知用户;防止密码暴力破解,支持SSH、RDP、FTP、MySQL和SQL Server等应用暴力破解、异常登录报警,识别异地、异常登录行为,将该行为实时通知用户;对端口、账号、进程、日志文件异常的监控和报警;对服务器中的操作系统备份、在线迁移等。

在网络层面,最强大、最难防御的攻击之一是DDoS攻击,这让目标地址无法提供正常的服务。近年来DDoS攻击水平的迅速提升,直接威胁着整个互联网的安全。DDoS防御能有效抵御各种类型和不同层面的DDoS攻击,包括DNS Query Flood、NTP Reply Flood等攻击。依据大数据实现自动监测和自动匹配技术,清洗DDoS攻击,保护业务服务不受影响。

在云平台层面,实现用户数据安全隔离的重要方式之一是多租户的隔离。在设计云计算的架构中,租户隔离是必须要考虑的技术问题。云计算安全架构从基础架构层、网络层、应用层等各个层隔离租户数据,确保不同用户之间数据的私密性。

在运维层面,运维人员使用多重认证机制,通过堡垒机登录云平台。堡垒机的作用是和云平台中的业务系统隔离,避免运维人员直接登录云平台系统,而且所有指令操作在堡垒机中均有日志并可追溯查询,从而更好地规划和设计安全策略,起到安全隔离的作用。在云计算中各个层面都需要进行安全防护,堡垒机扮演着非常重要的角色,是维系整个系统安全的基石。

6.1.4 关键技术分析

1. 可信访问控制技术

由于无法完全信任云计算机构为客户定义的访问策略,因此在云计算情况下,很多科研人员都研究了如何采用有效的控制技术来实现安全访问数据信息。研究最多的是以密码学为基础的数据访问,主要由不同层级的密钥形成和分配技术来实现数据访问的控制,通常采用属性数据加密处理算法、密文方式的数据处理方案、密文嵌入访问控制法等。密码数据信息类解决方案主要面对的问题是如何实现权限撤销,最基础的解决方案可以为密钥设置失效时间,根据时间的不同在身份认证处理中心形成新的密钥。

2. 密文检索和处理

当数据信息转变为密文时会失去很多的特性,导致很多数据分析办法都失去效用。密文检索多采用两种常用的办法。一种是把安全索引作为基础的数据索引法，利用密文中的关键词形成安全索引，以查看关键词是否存在。另一种是通过密文扫描的方式，对密文内容的每个数据进行比较，检查出是否存在关键词，从而统计出关键词产生的次数。密文处理技术主要是研究密码同态加密算法的设计方式。国外学者提出的全同态加密技术，可以更好地使用和操作加密情况下的数据信息。

3. 数据存在和可用性证明

通信系统需要付出很大的代价来应用大量数据信息，并且无法下载所有的数据来验证是否正确。所以，云计算的用户应该在提取少量数据信息的前提下，对云端数据的完整性和正确性进行识别和判断，可以采用面对客户验证数据信息可检索性法、数据信息持有证明法。

4. 数据信息隐私保护

云计算数据信息隐私保护与数据寿命的每个时期都有着很密切的联系，可以采用数据隐私保护技术，避免在云计算过程中形成的没有授权的数据信息被泄露出去，并对数据计算结果实行自动除密操作。而在数据信息存储以及应用阶段，可以使用客户端的隐私管理技术，组建以客户为中心的数学信任模型，从而管控好敏感数据信息在云端的存储和应用。国外学者还提出了采用匿名方式搜索和获取数据，从而保证搜索内容无法被对方得知，而与搜索信息无关的内容不会被泄露。

5. 虚拟安全技术

虚拟化技术是实现云计算的关键核心技术，使用虚拟化技术的云计算平台上的云架构提供者可以向其客户提供安全性和隔离保证。虚拟化技术是将各种计算及存储资源充分整合和高效利用的关键技术。虚拟化是为某些对象创造的虚拟化(相对于真实)版本，如操作系统、计算机系统、存储设备和网络资源等。

- 安全运行：虚拟化技术是表示计算机资源的抽象方法，通过虚拟化可以用与访问抽象前资源一致的方法访问抽象后的资源，从而隐藏属性和操作之间的差异，并允许通过一种通用的方式来查看和维护资源，从而保证系统可以安全运行。
- 安全隔离：虚拟化技术将应用程序以及数据，在不同的层次以不同的面貌加以展现，从而使得不同层次的使用者、开发及维持人员，能够方便地使用不同层面的数据、应用于计算和管理的程序。通过采用云存储数据隔离加固技术和虚拟机隔离加固技术，可以使数据和服务端分别隔离，确保安全。

6. 云资源访问控制

采用云计算方式对数据信息进行存储和控制，需要每个云计算应用都分布于不同的安全管理域中，从而更好地管理本地数据资源的客户。如果客户跨过不同安全管理域进行数据访问，应该在域界限内实现认证服务，从而对进行数据访问的用户实现身份认证。如果跨过多个安全管理域进行访问，则每个域都需要制定出各自的数据访问控制策略，所以要对策略的结合创造更多的条件。国外学者在数据强制访问架构下，提出了数据强制访问控制策略架构，把两个安全格组建成新的架构，合成过程中需要保证策略的安全性，不可以违反每个域的数据控制策略。

6.2 同态加密

随着云计算的广泛应用,云平台上存储的数据越来越多,如何有效地保护用户隐私成为当今密码学研究领域的热点。若数据以明文形式进行存储,则有可能将敏感数据暴露给云服务商,无疑会给用户机密数据带来一系列的安全问题。为解决这一问题,同态加密方案应运而生,利用全同态加密方案对用户数据进行加密,再将密文发送到云端,在云端可以对数据进行一系列的上传、下载、删除、更新、检索等操作,且操作的数据均是密文。该操作既避免了数据在传输过程中被拦截、复制、篡改或伪造等风险,也避免了数据存储方将数据泄露或数据在服务器端被攻破的危险。

6.2.1 基本概念

同态加密(Homomorphic Encryption)由 Rivest 等人于 1978 年首次提出的,其思想来源是加密函数的同态性质:对加密后的密文进行运算处理,即等同于通过对明文进行运算处理来保护数据的隐私性。同态加密利用其同态性质,为云计算环境中存储与外包计算等服务的隐私安全问题提供了良好的解决方案,理论上,利用全同态加密算法能从根本上解决在第三方不可信或半可信平台上,进行数据存储和数据操作时的隐私保护问题。

同态的概念来源于近世代数中群与环的同态,设$<H_1,\circ>$、$<H_2,*>$为两个代数结构,$f:H_1\rightarrow H_2$:为 H_1 到 H_2 的一个映射,$\forall a,b\in H_1$,都有 $f(a\circ b)=f(a)*f(b)$,则称 $f:H_1\rightarrow H_2$ 是一个同态映射。

一个同态加密算法 ε 包括 4 个部分,分别是密钥生成算法Gen_ε、加密算法Enc_ε、解密算法Gec_ε、密文运算算法Cal_ε。

(1) 密钥生成算法$\text{Gen}_\varepsilon:U\rightarrow \text{key}$ 表示用户通过输入参数 U 生成密钥 key。

(2) 加密、解密算法 $\text{Enc}_\varepsilon:(\text{key},P_\varepsilon)\rightarrow C_\varepsilon$,$\text{Dec}_\varepsilon:(\text{key},C_\varepsilon)\rightarrow P_\varepsilon$,$P_\varepsilon$ 为明文空间,C_ε 为密文空间。

(3) 计算算法 $\text{Cal}_\varepsilon:(P_\varepsilon,F_\varepsilon)\rightarrow(C_\varepsilon,F_\varepsilon)$,$\circ\in F_\varepsilon$,$(p_1,p_2,\cdots,p_n)\in P_\varepsilon$,$F_\varepsilon$ 是P_ε 的运算集合,对于$\circ\in F_\varepsilon$,$(p_1,p_2,\cdots,p_\varepsilon)\in P_\varepsilon$,$\text{Cal}_\varepsilon$ 将P_ε 上进行的运算$\circ$转化为 C_ε 上的运算再进行计算,结果是等价的。

同态加密从诞生到现在经历了 30 多年,尚未有统一的分类标准,按照其发展阶段、支持密文运算的种类和次数,可将其分为部分同态加密(Partial Homomorphic Encryption, PHE)、类同态加密(Somewhat Homomorphic Encryption, SHE)以及全同态加密(Fully Homomorphic Encryption, FHE)。部分同态加密仅支持单一类型的密文同态运算(加或乘同态);类同态加密能够支持密文域有限次数的加法和乘法同态运算;全同态加密能够支持任意次密文的加、乘同态运算。

同态加密技术对计算环境中的数据存储、密文检索和可信计算都有着很大的应用前景。用户隐私数据在云端始终以密文形式存储,服务商无法获知数据内容,从而避免其在非法盗用、篡改用户数据的情况下对用户隐私进行挖掘,为用户充分利用云计算资源进行海量数据分析与处理提供了安全基础，尤其是可以与安全多方计算协议相结合，从而较好地解决用户外包计算服务中的隐私安全问题。

6.2.2 同态加密方案

同态加密思想从提出到现在经历了以下的发展时期：1978—1999 年是部分同态加密方案的繁荣发展时期；1996—2009 年是部分同态加密与类同态加密的交织发展时期，也是类同态加密方案的繁荣时期。下面将以时间为主线，按照同态加密方案的发展过程介绍同态加密方案的类型。

1. 部分同态加密方案

部分同态加密方案按照明文空间上能实现的代数运算或算术运算分为乘法同态、加法同态和异或同态这 3 种类型。下面从几个著名的同态加密方案的优缺点入手，总结一下乘法同态、加法同态、异或同态加密方案的特性。

(1) 乘法同态加密方案

乘法同态加密方案的同态性表现为 $m_1 \times m_2 = D(E(m_1) \times E(m_2))$。

RSA 是最早的具有乘法同态性的加密方案，它是基于因子分解困难问题的，属于确定性加密，不能低于选择明文攻击。

ElGamal 体制是第一个基于离散对数的公钥加密体制，是埃及密码学家 ElGamal 于 1984 年提出的。该加密方案具有乘法同态性，并且具有选择明文攻击下的不可区分(IND-CPA)安全。ElGamal 体制的安全性是基于离散对数问题的困难性的。ElGamal 算法分为以下几个步骤。

① 密钥的产生。设 p 是一个大素数，g 是 Z_p^* 的生成元。随机选择 x，且 $1<x<p-1$，计算 $y=g^x \bmod p$，公钥 $pk=y$，私钥 $sk=x$。

② 加密过程。对于明文空间 Z_p^* 上的任意明文 m，随机选择 k，且 $k\in(1,p)$，加密得到密文 $c=E_{pk}(m)=(c_1,c_2)$，$c_1\equiv g^k \pmod p$，$c_2\equiv my^k \pmod p$。

③ 解密过程。对于任意密文 c，解密得到明文：

$$m=D_{sk}(c)=\frac{c_2}{c_1}=\frac{my^r}{g^{xr}}=\frac{mg^{xr}}{g^{xr}} \bmod p$$

根据上述步骤，可以得到 ElGamal 算法满足乘法同态。满足乘法同态的表达式为

$$\begin{aligned} E_{pk}(m_1)\times E_{pk}(m_2) &= (g^{r1}, m_1 y^{r1})(g^{r2}, m_2 y^{r2}) \\ &= (g^{r1+r2}, (m_1\times m_2) y^{r1+r2}) = E_{pk}(m_1 m_2) \end{aligned}$$

ElGamal 算法是基于有限域上的运算，算法特点是密文由两部分组成，满足乘法同态特性。ElGamal 算法在电子投票、多方排序等领域取得了广泛应用。

(2) 加法同态加密方案

加法同态加密方案的同态性表现为 $m_1+m_2=D(E(m_1)\oslash E(m_2))$($\oslash$为定义在密文空间上的某种代数运算或算术运算)。

具有加法同态性的加密方案有很多，应用最为广泛的当属 Paillier 体制。Paillier 体制是第一个基于判定合数剩余类问题的加法同态加密密码体制，是学者 Paillier 于 1999 年提出，该体制支持任意多次加法同态操作。Paillier 算法分为以下几个步骤。

① 密钥生成。设 p、q 是两个满足要求的大素数，且 $N=pq, g\in Z_{N^2}^*$，设 $L(x)=(x-1)/N$，公钥 $pk=(N,g)$，其中 N 为公开模，而 g 为公开基。密钥 $sk=\lambda(N)=\mathrm{lcm}(p-1,q-1)$。

② 加密过程。对于任意明文 $m\in Z_n$，随机选择 $r\in Z_N^*$，得到密文 $c=E_{pk}(m)=g^m r^N \bmod N^2$。

③ 解密过程。对于任意密文 $c\in Z_n$，解密得到明文

$$m=D_{sk}(c)=\frac{L(c^{\lambda(N)} \bmod N^2)}{L(g^{\lambda(N)} \bmod N^2)} \bmod N$$

假定明文为 m_1、m_2，分别对其进行加密操作 $E(m_1)=g^{m_1}r_1^N \bmod N^2$ 和 $E(m_2)=g^{m_2}r_2^N \bmod N^2$，得到

$$E(m_1)\times E(m_2)=g^{m_1+m_2}(r_1r_2)^N \bmod N^2=E(m_1+m_2)$$

由以上表达式可知，Paillier 公钥密码体制满足加法同态特性。

(3) 异或同态加密方案

异或同态加密方案的同态性表现为 $m_1\times m_2=D(E(m_1)\oslash E(m_2))$（$\oslash$为定义在密文空间上的某种代数运算或算术运算）。

目前，只有 GM 体制具有异或同态性，GM 体制基于二次剩余困难问题，虽具有 IND-CPA 安全，但每次只能加密单比特，因此加密效率比较低。

2. 类同态加密方案

类同态加密方案能同时进行有限次乘法和加法运算的加密。从某种程度上讲，该类型的加密方案是人们在研究解决 RSA3 时提出的公开问题（如何设计全同态加密方案）的过程中出现的“副产品”。

目前最为著名的类同态加密方案是 Boneh 等人基于理想成员判定困难假设设计的 BGN 体制。BGN 体制是第一种可以同时支持任意多次加法和一次乘法同态运算的方案，即能计算密文的二次函数，加密过程无密文长度扩展，且具有语义安全性。BGN 体制仅适用于二次表达式。BGN 算法分为以下几个步骤。

- 密钥产生算法：输入安全参数 $\tau\in Z^+$，运行算法 $G(\tau)$ 得到元组 (q_1,q_2,G,G_1,e)，G、G_1 是阶为 $n=q_1q_2$ 的群，$e:G\times G\to G_1$ 是双线性映射，随机选择两个生成元 $k,u\leftarrow G$，并令 $h=u^{q_2}$，那么 h 就是群 G 的 q_1 阶子群的随机生成元。系统公钥 $PK=(n,G,G_1,e,h,k)$，私钥 $SK=q_1$。
- 加密算法：明文空间为 $\{0,1,\cdots,T\}$ $(T<q_2)$，随机选择 $r\leftarrow\{0,1,\cdots,n-1\}$，输入明文消息 m 和公钥 PK，输出密文 $C=k^m h^r\in G$。
- 解密算法：输入密文 C 及私钥 SK，计算 $C^{q_1}=(k^m h^r)^{q_1}=(k^{q_1})^m$，利用 Pollard's lambda 算法解密以 k^{q_1} 为底的离散对数即可恢复出明文消息 m；对于 $m\in\{0,\cdots,T\}$，解密算法复杂度为 $O\sqrt{T}$。
- 同态性分析：加法同态

$$C=C_1C_2h^r=k^{m_1}h^{r_1}\cdot k_2^m h^{r_2}=k^{m_1+m_2}h^{r_1+r_2+r}\in G$$

乘法同态

$$q_1=e(k,k),h_1=e(k,h)$$

则 k_1 的阶为 n，h_1 的阶为 q_1，并且一定有 $\beta\in Z$ 使得 $h=k^{\beta q_2}$，计算

$$C=e(C_1,C_2)h_1^r=e(k^{m_1}h^{r_1},k^{m_2}h^{r_2})h_1^r=k_1^{m_1m_2}h_1^{m_1r_2+m_2r_1+\beta q_2r_1r_2+r}=k_1^{m_1m_2}h_1^{\tilde{r}}\in G$$

3. 全同态加密方案

2009 年,Gentry 设计了首个全同态加密方案,这一里程碑事件形成了全同态研究的热潮。目前,全同态加密方案按照构造思想大致可以分为以下三代。

(1) 以 Gentry 设计方案为代表的、基于格上困难问题构造的第一代全同态加密方案,这类方案的设计思想大致如下。

① 设计一个能够执行低次多项式运算的类同态加密算法。

② 控制密文噪声增长,即依据稀疏子集和问题对解密电路执行“压缩”操作,然后再执行自己的解密函数实现同态解密,从而能够达到降噪的目的。

③ 依据循环安全假设(即假定用方案的公钥加密自身密钥作为公钥是安全的)实现纯的全同态加密。

(2) 以 Brakerski-Vaikuntanathan 为代表、基于带误差学习或环上带误差学习困难问题构造的第二代全同态加密方案,该类方案的构造思想大致如下。

① 归约的基础是误差学习或环上带误差学习困难问题。

② 用向量表示密钥与密文。

③ 用密钥交换技术来约减密文的膨胀维数,以达到降噪的目的。

(3) 以 Gentry-Sahai-Waters 为代表的、基于带误差学习或环上带误差学习困难问题构造的第三代全同态加密方案,此类方案的构造思想大致如下。

① 方案的安全性最终归约到带误差学习或环上带误差学习的困难问题上。

② 使用近似向量方法表示用户的私钥实际就是密文的近似特征向量。

③ 密文的同态计算使用的是矩阵的乘法与加法运算。

这类方案被认为是目前最理想的方案,其不再需要密钥交换与模转换技术。

6.2.3 同态加密的应用

同态加密技术在分布式计算环境下的密文数据计算方面,有着广泛而重要的应用。

1. 安全计算与委托计算

同态技术在该方面的应用可以使我们在云环境下,充分利用云服务器的计算能力,实现对明文信息的运算,而不会有损私有数据的私密性。例如,医疗机构通常拥有比较弱的数据处理能力,因此为了达到更好的医疗效果或者科研水平,医疗机构需要委托具有较强数据处理能力的第三方,实现数据处理(云计算中心)。但是医院有保护患者隐私的义务,不能直接将数据交给第三方。在同态加密技术的支持下,医疗机构可以将加密后的数据发送至第三方,待第三方处理完成后就可返回给医疗机构。整个数据处理过程、数据内容对第三方是完全透明的。

2. 远程文件存储

用户可以将自己的数据加密后存储在一个不信任的远程服务器上,日后可以向远程服务器查询自己所需要的信息,远程服务器用该用户的公钥将查询结果加密,用户可以解密得到自己需要的信息,而远程服务器却对查询信息一无所知。这样做还可以实现远程用户数据容灾。

3. 密文检索

随着云计算技术深入拓展到各个领域,云端数据的存储和使用呈几何爆炸式增长,对加密数据的检索成为急需解决的难点问题。目前已有的研究工作通常都是采用一种数据结构,来存储明文对应的多个可能的模糊关键字的密文,通过精确匹配来实现模糊检索,但是它们只适用于小规模数据的检索,且代价高、效率低。

基于全同态加密的数据检索技术能够在加密的数据上直接检索,避免检索数据被统计分析,不仅能做到按序检索,还能对检索的数据进行比较、异或等简单运算。Gopal 和 Singh 基于 Gentry 的 FHE 方案提出了一个 PPS 方案,该方案利用密钥加密文件中的每个关键字和查询,这样云端在不知道密钥的情况下,只能对密文数据进行操作返回密文结果。

Cao 等人提出了一种多关键字排序搜索技术,方案的思想是使用密钥加密向量时添加虚假关键字,进行分割或相乘操作(密钥由一个向量和两个矩阵组成),用户端也将应用相同的操作(做少许更改)对查询向量使用相同的密钥加密,然后发送到云端,云端接收后对加密的向量(查询和索引)进行处理,再生成相似向量。

4. 安全多方计算中的应用

在现实中,某个应用场景中需要多方参与计算,但是各方互相可能是可信的,也可能是不可信的。当需要对私有数据进行检索、分析、处理时,大家都不希望数据内容被其他参与方掌握,所有参与方将各自的数据以密文形式进行联合计算。使用全同态加密算法,可以使除用户和授权者外的第三方利用其同态特性在密文上直接操作,将结果返回后得到与明文计算相同的结果,从而满足用户的需求。

Bendlin 等人对多方安全计算和同态加密技术的关系进行了系统论述,基于同态加密算法解决了"百万富翁"难题。Goethals 等人在解决向量点积多方安全计算问题时,同样借助了同态加密算法。

现实中很多应用场景需要通过多方安全计算协议来实现,如电子投票、多人参与的网上棋牌游戏等,密钥分配协议、不经意传输协议等都是多方安全计算协议的特例,而同态加密算法则是构建多方安全计算协议的重要基础。

思 考 题

1. 云计算有哪些优势?
2. 针对云计算环境的攻击和相应的防护技术有哪些?
3. 有哪些典型的云计算安全体系架构?
4. 简述同态加密的安全性。
5. 应用同态加密主要是为了解决云计算的什么问题?

参考文献

[1] 杨义先,李子臣.应用密码学[M].北京:北京邮电大学出版社,2013.

[2] 李子臣.商用密码——算法原理与C语言实现[M].北京:电子工业出版社,2020.

[3] 阳少平.分组密码算法SHACAL-2的差分分析[D].西安:西安电子科技大学,2008.

[4] 肖堃,罗蕾.一种DES的改进方案[J].福建电脑,2008(5):77-78.

[5] 孙爱娟.基于AES加密算法的改进及其MATLAB实现[D].哈尔滨:哈尔滨理工大学,2009.

[6] 薛萍.对分组密码算法SM4的矩形攻击[D].济南:山东大学,2012.

[7] 舒昌勇.RSA公开密钥体制及其主要数学基础[J].数学通报,2008,47(6):32-35+38.

[8] 李志敏.基于RSA密码体制的安全性研究[J].电脑学习,2008(5):2-4.

[9] 汪朝晖,张振峰.SM2椭圆曲线公钥密码算法综述[J].信息安全研究,2016,2(11):972-982.

[10] 刘飞.密码杂凑函数研究与设计[D].南京:南京航空航天大学,2012.

[11] 张绍兰.几类密码杂凑函数的设计和安全性分析[D].北京:北京邮电大学,2011.

[12] 徐跃,吴晓刚.一种改进的MD5加密算法及应用[J].现代计算机(专业版),2018(28):31-33.

[13] 田椒陵.SM3算法界面设计及安全性分析[J].信息安全与技术,2014,5(5):24-26+33.

[14] 尤再来.多重数字签名算法研究[D].广州:华南理工大学,2010.

[15] 赵之洛.代理数字签名的关键技术研究[D].昆明:昆明理工大学,2014.

[16] 韦敏,肖鑫,沈雁,等.离散对数数字签名算法的改进[J].计算机与现代化,2013(11):82-84.

[17] 郭亚杰.基于离散对数的代理签名体制研究[D].长沙:湖南大学,2016.

[18] 景东亚.代理签名方案的研究[D].天津:天津工业大学,2017.

[19] 尤再来.多重数字签名算法研究[D].广州:华南理工大学,2010.

[20] 赵之洛.代理数字签名的关键技术研究[D].昆明:昆明理工大学,2014.

[21] 梁乐宏.云计算环境下的安全形势分析和防范[J].电脑知识与技术,2019,15(27):32-33.

[22] 李婷.浅析云计算安全技术[J].机电信息,2019(33):113-114.

[23] 邹震.云计算安全研究[J].中国设备工程,2019(16):229-230.
[24] 李浪,余孝忠,杨娅琼,等.同态加密研究进展综述[J].计算机应用研究,2015,32(11):3209-3214.
[25] 巩林明,李顺东,郭奕旻.同态加密的发展及应用[J].中兴通讯技术,2016,22(1):26-29.
[26] 罗红.云应用安全防护三大最佳实践[J].计算机与网络,2014,40(10):48-49.
[27] 中国国家标准化管理委员会.信息安全技术 SM2 椭圆曲线公钥密码算法 第1部分:总则:GB/T 32918.1-2016[S/OL].[2016-08-29].http://c.gb688.cn/bzgk/gb/showGb?type=online&hcno=3EE2FD47B962578070541ED468497C5B.
[28] 中国国家标准化管理委员会.信息安全技术 SM2 椭圆曲线公钥密码算法 第2部分:数字签名算法:GB/T 32918.2-2016[S/OL].[2016-08-29].http://c.gb688.cn/bzgk/gb/showGb?type=online&hcno=66A89DD6DA64F49C49456B757BA0624F.
[29] 中国国家标准化管理委员会.信息安全技术 SM2 椭圆曲线公钥密码算法 第3部分:密钥交换协议:GB/T 32918.3-2016[S/OL].[2016-08-29].http://c.gb688.cn/bzgk/gb/showGb?type=online&hcno=66A89DD6DA64F49C49456B757BA0624F.
[30] Schnorr C P. Efficient Signature Generation by Smart Cards[J]. Cryptology,1991(4):161-174.
[31] 詹榜华,胡正名.一个有效的公开可验证的秘密共享方案[J].网络安全技术与应用,2001(9):16-18.
[32] 李宗育,桂小林,顾迎捷,等.同态加密技术及其在云计算隐私保护中的应用[J].软件学报,2018,29(7):1830-1851.
[33] 李中献,詹榜华,杨义先.一种基于智能卡的公钥认证方案[J].北京邮电大学学报,1999,22(1):3.
[34] 谷利泽,郑世慧,杨义先.现代密码学教程[M].2版.北京:北京邮电大学出版社,2015.
[35] 杨波.现代密码学[M].4版.北京:清华大学出版社,2017.
[36] 宋荣功,詹榜华,胡正名,等.一个新的可验证部分密钥托管方案[J].通信学报,1999,20(10):24-30.
[37] 王小云,于红波.SM3密码杂凑算法[J].信息安全研究,2016,2(11):12.
[38] 中国国家标准化管理委员会.信息安全技术 SM2 椭圆曲线公钥密码算法 第4部分:公钥加密算法:GB/T 32918.4-2016[S/OL].[2016-08-29].http://c.gb688.cn/bzgk/gb/showGb?type=online&hcno=370AF152CB5CA4A377EB4D1B21DECAE0.
[39] 中国国家标准化管理委员会.信息安全技术 SM2 椭圆曲线公钥密码算法 第5部分:参数定义:GB/T 32918.5-2017[S/OL].[2017-05-12].http://c.gb688.cn/bzgk/gb/showGb?type=online&hcno=728DEA8B8BB32ACFB6EF4BF449BC3077.
[40] 中国国家标准化管理委员会.信息安全技术 SM3 密码杂凑算法:GB/T 32905-2016[S/OL].[2016-08-29].http://c.gb688.cn/bzgk/gb/showGb?type=online&hcn

o=45B1A67F20F3BF339211C391E9278F5E.

[41] 中国国家标准化管理委员会. 信息安全技术 SM4 分组密码算法：GB/T 32907-2016 [S/OL].[2016-08-29]. http://c.gb688.cn/bzgk/gb/showGb? type=online&hcno=7803DE42D3BC5E80B0C3E5D8E873D56A.

[42] 周亚建，王刚，雷敏，等. 信息系统安全[M]. 北京：国防工业出版社，2017.

英文缩略语

	A	
ACI	Access Control Information	访问控制信息
ACL	Access Control List	访问控制列表
ADF	Access Control Decision Function	访问控制决策单元
ADI	Access Control Decision Information	访问控制判决信息
AES	Advanced Encryption Standard	高级加密标准
AEF	Access Control Enforcement Function	被访问控制执行单元
	C	
CA	Certificate Authority	电子金融和电子认证服务
CBC	Cipher Block Chaining	密文分组链接方式
CL	Capability List	访问能力表
CPA	Chosen Plaintext Attack	选择明文攻击
CFB	Ciphertext Feedback	密文反馈方式
	D	
DAC	Discretionary Access Control	自主型访问控制
DES	Data Encryption Standards	数据加密算法标准
DFA	Differential Fault Analysis	差分故障攻击
DSS	Digital Signature Standard	数字签名标准
	E	
ECB	Electronic Code Book	电子密文方式
ECC	Elliptic Curve Cryptosystem	椭圆曲线密码体制
ECDLP	Elliptic Curve Discrete Logarithm Problem	椭圆曲线离散对数问题
EC2	Elastic Compute Cloud	弹性计算云
EES	Escrowed Encryption Standard	托管加密标准
EFF	Electronic Frontier Foundation	电子边境基金会
EKE	Encrypted Key Exchange	加密密钥交换协议

续 表

	F	
FHE	Fully Homomorphic Encryption	全同态加密
	I	
IaaS	Infrastructure as a Service	基础设施服务
IND-CPA	Indistinguishability under chosen-plaintext attack	选择明文攻击下的不可区分性
IV	Initialization Vector	初始向量
	G	
GRKE	Guaranteed Partial Key Escrow	部分密钥托管
	K	
KDC	Key Distribution Center	密钥分发中心
KMC	Key Management Center	密钥管理中心
KTC	Key Translation Center	密钥交换中心
	M	
MAC	Mandatory Access Control	强制型访问控制
MD	Message Digest	消息摘要
	N	
NBS	National Bureau of Standards	美国国家标准局
NIST	National Institute of Standard and Technology	美国国家标准与技术研究所
	O	
OFB	Output Feedback	输出反馈模式
	P	
PaaS	Platform as a Service	平台即服务
PAP	Password Authentication Protocol	密码认证协议
PHE	Partial Homomorphic Encryption	部分同态加密
PKI	Public Key Infrastructure	公钥基础设施
PVSS	Publicly Verifiable Secret Sharing	公开可验证的秘密共享方案
	R	
RBAC	Role-Based Access Control	基于角色的访问控制
	S	
S3	Simple Storage Service	简单存储服务
SaaS	Software as a Service	软件即服务
SAKA	Simple Authenticated Key Agreement	简单可认证密钥协商
SHA	Secure Hash Algorithm	安全散列算法
SHE	Somewhat Homomorphic Encryption	类同态加密
SP	Substitution-Permutation	SP 网络(又称 SP 结构)

续表

SSL	Secure Socket Layer	安全套接字层
STS	Station to Station	站到站
	T	
TCSEC	Trusted Computer System Evaluation Criteria	美国计算机安全标准
TLS	Transport Layer Security	运输层安全协议
	V	
VSS	Verifiable Secret Sharing	可验证的秘密共享方案
	W	
WAPI	WLAN Authentication and Privacy Infrastructure	无线局域网鉴别和保密基础结构